くわしい
中1数学

文英堂編集部　編

Σ BEST
シグマベスト

文英堂

本書の特色と使い方

圧倒的な「くわしさ」で，考える力が身につく

本書は，豊富な情報量を，わかりやすい文章でまとめています。丸暗記ではなく，しっかりと理解しながら学習を進められるので，知識がより深まります。

要点

この単元でおさえたい内容を簡潔にまとめています。学習のはじめに，**確実におさえましょう。**

例題／ここに着目！解き方

教科書で扱われている問題やテストに出題されやすい問題を，「基本」「標準」「応用」にレベル分けし，掲載しています。
「ここに着目！」で，例題の最重要ポイントを押さえ，「解き方」で答えの求め方を学習します。

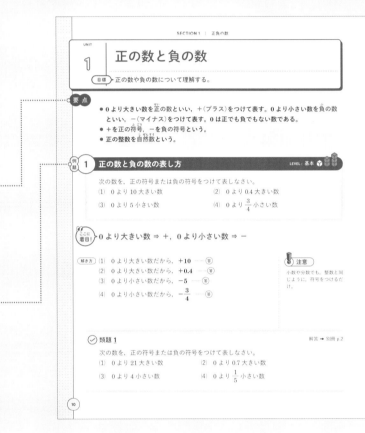

SECTION 1 | 正負の数

UNIT 1 正の数と負の数

目標 ▶ 正の数や負の数について理解する。

要点

● **0より大きい数を正の数といい，＋（プラス）をつけて表す。0より小さい数を負の数といい，－（マイナス）をつけて表す。0は正でも負でもない数である。**
● **＋を正の符号，－を負の符号という。**
● **正の整数を自然数という。**

例題 1 正の数と負の数の表し方 LEVEL：基本

次の数を，正の符号または負の符号をつけて表しなさい。
(1) 0より10大きい数
(2) 0より0.4大きい数
(3) 0より5小さい数
(4) 0より $\frac{3}{4}$ 小さい数

ここに着目！ **0より大きい数 ⇒ ＋，0より小さい数 ⇒ －**

解き方
(1) 0より大きい数だから，**＋10** ── 答
(2) 0より大きい数だから，**＋0.4** ── 答
(3) 0より小さい数だから，**－5** ── 答
(4) 0より小さい数だから，**$-\frac{3}{4}$** ── 答

注意
小数や分数でも，整数と同じように，符号をつけるだけ。

類題 1 解答 ➡ 別冊 p.2
次の数を，正の符号または負の符号をつけて表しなさい。
(1) 0より21大きい数
(2) 0より0.7大きい数
(3) 0より4小さい数
(4) 0より $\frac{1}{5}$ 小さい数

10

定期テスト対策問題

各章の最後に，テストで**問われやすい問題を**集めました。テスト前に，解き方が身についているかを確かめましょう。

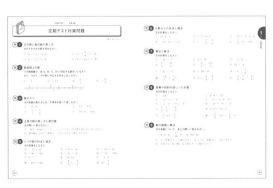

くーくん

HOW TO USE

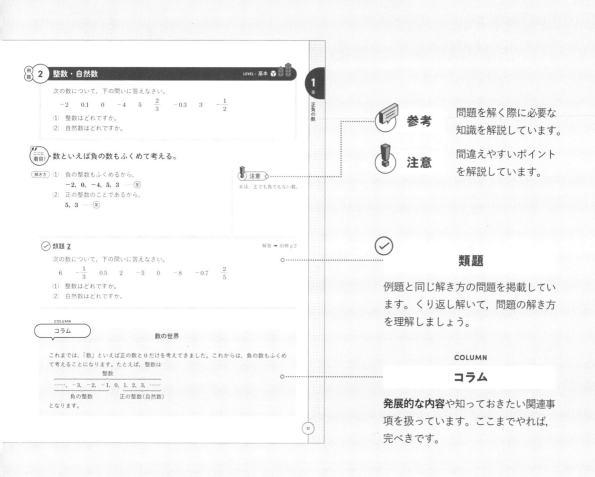

参考 問題を解く際に必要な知識を解説しています。

注意 間違えやすいポイントを解説しています。

✓ **類題**

例題と同じ解き方の問題を掲載しています。くり返し解いて，問題の解き方を理解しましょう。

COLUMN

コラム

発展的な内容や知っておきたい関連事項を扱っています。ここまでやれば，完ぺきです。

思考力を鍛える問題

「思考力」を問う問題を，巻末の前半に掲載しました。いままでに学習した知識を使いこなす練習をしましょう。

入試問題にチャレンジ

巻末の後半には，実際の入試問題を掲載しています。中1数学の**総仕上げ**として，挑戦してみましょう。

もくじ
CONTENTS

1章　正負の数

2章 文字と式

3章 方程式

4 章　比例と反比例

平面図形

空間図形

7章　データの分析と活用

KUWASHII
MATHEMATICS

1章

正負の数

中1 数学

UNIT

1 正の数と負の数

目標 ▶ 正の数や負の数について理解する。

要点

● 0 より大きい数を正の数といい，＋（プラス）をつけて表す。0 より小さい数を負の数といい，－（マイナス）をつけて表す。0 は正でも負でもない数である。
● ＋を正の符号，－を負の符号という。
● 正の整数を自然数という。

例題 **1** | **正の数と負の数の表し方** LEVEL：基本

次の数を，正の符号または負の符号をつけて表しなさい。
(1) 0 より 10 大きい数
(2) 0 より 0.4 大きい数
(3) 0 より 5 小さい数
(4) 0 より $\dfrac{3}{4}$ 小さい数

 ここに着目！ **0 より大きい数 ⇒ ＋，0 より小さい数 ⇒ －**

解き方 (1) 0 より大きい数だから，**＋10** ……⊛
(2) 0 より大きい数だから，**＋0.4** ……⊛
(3) 0 より小さい数だから，**－5** ……⊛
(4) 0 より小さい数だから，**$-\dfrac{3}{4}$** ……⊛

❗ 注意

小数や分数でも，整数と同じように，符号をつけるだけ。

✓ 類題 **1** 解答 ➡ 別冊 p.2

次の数を，正の符号または負の符号をつけて表しなさい。
(1) 0 より 21 大きい数
(2) 0 より 0.7 大きい数
(3) 0 より 4 小さい数
(4) 0 より $\dfrac{1}{5}$ 小さい数

例題 2 整数・自然数

LEVEL：基本

次の数について，下の問いに答えなさい。

$$-2 \quad 0.1 \quad 0 \quad -4 \quad 5 \quad \frac{2}{3} \quad -0.3 \quad 3 \quad -\frac{1}{2}$$

(1) 整数はどれですか。

(2) 自然数はどれですか。

 数といえば負の数もふくめて考える。

(解き方) (1) 負の整数もふくめるから，

−2，0，−4，5，3 ……(答)

(2) 正の整数のことであるから，

5，3 ……(答)

 注意

0 は，正でも負でもない数。

✓ **類題 2**

解答 ➡ 別冊 p.2

次の数について，下の問いに答えなさい。

$$6 \quad -\frac{1}{3} \quad 0.5 \quad 2 \quad -5 \quad 0 \quad -8 \quad -0.7 \quad \frac{2}{5}$$

(1) 整数はどれですか。

(2) 自然数はどれですか。

COLUMN

コラム 数の世界

これまでは，「数」といえば正の数と 0 だけを考えてきました。これからは，負の数もふくめて考えることになります。たとえば，整数は

整数

……，−3，−2，−1，0，1，2，3，……

負の整数　　　正の整数（自然数）

となります。

UNIT 2 正の数と負の数で表す

目標▶ 正の数や負の数を使って，量や基準との差を表すことができる。

要点

● 反対の性質をもつ量や基準とのちがいは，正の数や負の数を使って表すことができる。

例題 3 反対の性質をもつ量
LEVEL：標準

次のことがらを，正の数，負の数を使って表しなさい。
⑴ 500円の収入を ＋500円 と表すとき，1000円の支出
⑵ 3時間前を −3時間 と表すとき，2時間後

 ある性質をもつ量を正の数で表すとき，その反対の性質をもつ量は負の数を使って表すことができる。

解き方 ⑴ 「収入」を正の数で表しているから，「支出」は負の数で表される。
したがって， **−1000円** ……㊐

⑵ 「前」を負の数で表しているから，「後」は正の数で表される。
したがって， **＋2時間** ……㊐

参考
反対の意味の言葉
・収入 ↔ 支出
・利益 ↔ 損失
・前 ↔ 後
・増加 ↔ 減少

類題 3
解答 ➔ 別冊 p.2

次のことがらを，正の数，負の数を使って表しなさい。
⑴ 海面より100m高い地点を ＋100m と表すとき，海面より10m低い地点
⑵ 5万円を借りることを −5万円 と表すとき，3万円を貸すこと

例題 4

4 基準とのちがい

LEVEL：応用

ある組でテストを行ったところ，平均点は 70 点であった。右の表は，その組の A〜E の 5 人のテストの得点を示したものであり，平均点より高いことを正の数，平均点より低いことを負の数で表している。右の表のア〜ウにあてはまる数を求めなさい。

生　徒	A	B	C	D	E
得点(点)	66	73	79	62	70
平均点とのちがい	−4	+3	ア	イ	ウ

ここに着目！ 基準との差を調べる。

解き方 C の平均点との差は，79−70＝9（点）

C は平均点より高いから，ア…**+9** ……答

D の平均点との差は，70−62＝8（点）

D は平均点より低いから，イ…**−8** ……答

E の平均点との差は，70−70＝0（点）

E は平均点との差がないから，ウ…**0** ……答

● 基準の量

基準の量として 0 を使うことがある。

＋や−を使って表すと，平均点とのちがいがわかりやすいね。

✓ 類題 4

解答 ➡ 別冊 p.2

あるパックで卵の平均の重さを調べたところ，45g であった。右の表は，そのパックの A〜D の 4 個の重さを示したものであり，平均の重さより重いことを正の数，軽いことを負の数で表している。右の表のア〜ウにあてはまる数を求めなさい。

卵	A	B	C	D
重さ(g)	48	41	45	46
平均の重さとのちがい	+3	ア	イ	ウ

UNIT

3 数直線と数の大小

目標 数直線上の数と数の大小について理解する。

要 点

- 一直線上に基準の点をとって，数 0 を対応させて原点（げんてん）とし，原点から左右に等間隔（とうかんかく）で目もりをつけ，正の数，負の数を対応させた直線を数直線という。
- 原点より右側の点には正の数，左側の点には負の数が対応している。
- 右へいくほど数は大きくなり，左へいくほど数は小さくなる。

例題 5 数直線上の数 LEVEL：基本

下の数直線で，A ～ E の各点に対応する数をいいなさい。

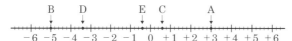

ここに着目！ 原点 ⇒ 0，原点より右側 ⇒ 正の数，原点より左側 ⇒ 負の数

解き方 数直線では，原点 (0) の右側は正の数，左側は負の数が対応している。A，C には正の数，B，D，E には負の数が対応する。上の数直線の 1 目もりは 1 を 5 等分しているので，0.2 になる。

A…+3 （答） B…−5 （答） C…+0.6 （答）

D…−3.4 （答） E…−0.4 （答）

◯ 数直線上の数

D に対応する数を −4.6 と読まないこと。負の数の目もりを読むときは，原点から左の方向にみて目もりを読む。

✓ 類題 5

解答 → 別冊 p.2

下の数直線上に，次の数に対応する点 A ～ D をしるしなさい。

A…+3.5　　B…$-\dfrac{5}{2}$　　C…$+\dfrac{1}{4}$　　D…−0.75

例題 6 数直線と数の大小

LEVEL：基本

次の各組の数の大小を，不等号を使って表しなさい。

(1)　+3,　−5,　−2

(2)　−4,　+1,　−2,　+5

ここに着目！ 数直線上にある数は，右にある数ほど大きく，左にある数ほど小さい。

解き方 (1)

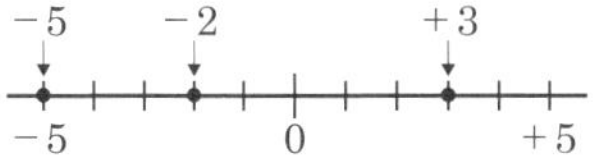

−5＜−2＜+3 ……… 答

(2)　負の数は −4 と −2，正の数は +1 と +5

−4 と −2 ではどちらが大きいか，+1 と +5 ではどちらが大きいかで考える。

右の数直線より，

−4＜−2＜+1＜+5 ……… 答

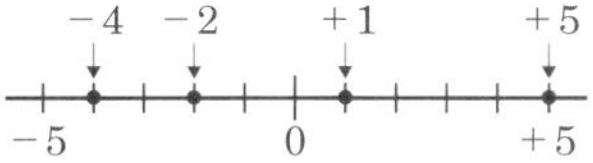

➡ 数直線と数の大小

数直線上の数は左にいくほど小さくなることより，−2 より −5 のほうが左にあるので，−5＜−2

−2 より −4 のほうが左にあるので，−4＜−2

類題 6

解答 ➡ 別冊 p.2

次の各組の数の大小を，不等号を使って表しなさい。

(1)　−4,　+7,　−1

(2)　−2,　−4,　−8

(3)　+2,　−3,　−5,　+4

UNIT
4 | # 絶対値

目標▶絶対値と数の大小について理解する。

要点

● **数直線上で，ある数を表す点と原点との距離をその数の絶対値という。**

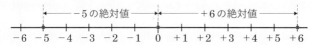

$$-5の絶対値\quad\quad +6の絶対値$$

$$-6\ -5\ -4\ -3\ -2\ -1\ \ 0\ +1\ +2\ +3\ +4\ +5\ +6$$

● **正の数どうしでは，絶対値が大きい数のほうが大きい。**
● **負の数どうしでは，絶対値が大きい数のほうが小さい。**

例題 **7** | ## 絶対値   LEVEL：基本

次の数の絶対値をいいなさい。

(1) $+6$
(2) -0.5
(3) $-\dfrac{1}{4}$
(4) 0

ここに着目! **絶対値 ⇒ 符号のついた数から符号を取る。**
0 の絶対値 ⇒ 0

解き方 (1) $+6$ と原点との距離は 6 だから，絶対値は，**6** ……答

(2) -0.5 と原点との距離は 0.5 だから，絶対値は，**0.5** ……答

(3) $-\dfrac{1}{4}$ と原点との距離は $\dfrac{1}{4}$ だから，絶対値は，**$\dfrac{1}{4}$** ……答

(4) 0 の絶対値は，**0** ……答

➡ **絶対値**

絶対値は，原点からの距離を表しているので，＋，－の符号はつかない。
絶対値が a（a は正の数）である整数 は $+a$ と $-a$ の 2 つが存在する。

類題 7　　　　　　　　　　　　解答 ➡ 別冊 p.2

次の問いに答えなさい。

(1) 次の数の絶対値をいいなさい。

① $+5$　　② -0.3　　③ $+\dfrac{1}{3}$　　④ $-\dfrac{1}{2}$

(2) 絶対値が 6 になる数を求めなさい。

 例題 **8** 絶対値と数の大小 LEVEL：基本

次の各組の数の大小を，不等号を使って表しなさい。

(1) -8, $+9$

(2) -0.1, -0.01

(3) $-\dfrac{2}{3}$, $-\dfrac{3}{4}$

ここに
着目！ 正の数どうし ⇒ 絶対値の大きい数のほうが大きい。
　　　　負の数どうし ⇒ 絶対値の大きい数のほうが小さい。

解き方 (1) -8 は負の数，$+9$ は正の数で，

（負の数）＜（正の数）だから，**$-8 < +9$** ……答

(2) 負の数どうしで，絶対値は $0.1 > 0.01$ より，-0.1 のほう

が絶対値が大きいから，**$-0.1 < -0.01$** 答

(3) 絶対値を通分すると，$\dfrac{2}{3} = \dfrac{8}{12}$，$\dfrac{3}{4} = \dfrac{9}{12}$ で，$\dfrac{8}{12} < \dfrac{9}{12}$ より，

$-\dfrac{3}{4}$ のほうが絶対値が大きいから，**$-\dfrac{2}{3} > -\dfrac{3}{4}$** ……答

◯ 数の大小

負の数どうしでは，絶対値の大きい数のほうが原点からはなれているので，小さくなる。

分数どうしで大きさを比べるときは，通分して比べる。

✓ **類題 8**

解答 ➜ 別冊 p.2

次の各組の数の大小を，不等号を使って表しなさい。

(1) $+24$, -36

(2) $+0.9$, $+0.09$

(3) $-\dfrac{7}{5}$, -1

UNIT

1

2つの数の加法①

(目標) 2数の加法の計算ができる。

要点

- たし算のことを加法という。
- 同符号の2数の和は，絶対値の和に，共通の符号をつける。
- 異符号の2数の和は，絶対値の差（絶対値大－絶対値小）に，絶対値の大きいほうの符号をつける。

例題 9 同符号の2数の加法 LEVEL：標準

次の計算をしなさい。

(1) $(+13)+(+24)$ 　　　　　　(2) $(-16)+(-18)$

(ここに着目!) **同符号の2数の和 ⇒ 絶対値の和に共通の符号**

(解き方) (1) 共通の符号は＋だから，

$$(+13)+(+24)=+(13+24)=\mathbf{+37}$$ ……(答)

数直線を用いてこの計算を考えると，

＋13から右へ24進むことを表している。

(2) 共通の符号は－だから，

$$(-16)+(-18)=-(16+18)=\mathbf{-34}$$ ……(答)

数直線を用いてこの計算を考えると，

－16から左へ18進むことを表している。

○ 同符号の和

先に符号を決めてから絶対値の和を求める。

✓ **類題 9** 　　　　　　　　　　　　　　　　　　解答 ➡ 別冊 p.3

次の計算をしなさい。

(1) $(+9)+(+16)$ 　　　　　(2) $(-35)+(-28)$

(3) $(+0.9)+(+0.6)$ 　　　　(4) $\left(-\dfrac{1}{8}\right)+\left(-\dfrac{3}{4}\right)$

例題 **10** 異符号の 2 数の加法　　　　　　　　　　　LEVEL：標準 ◆◆◆

次の計算をしなさい。

(1)　$(+14)+(-25)$

(2)　$(-23)+(+17)$

(3)　$\left(+\dfrac{2}{3}\right)+\left(-\dfrac{1}{2}\right)$

(4)　$(-0.5)+\left(+\dfrac{1}{3}\right)$

ここに着目！ **異符号の 2 数の和 ⇒ 絶対値の差に大きいほうの符号**

解き方 (1)　絶対値の大きいほうの符号は − だから，

$$(+14)+(-25)=-(25-14)=\mathbf{-11} \quad \text{………（答）}$$

(2)　絶対値の大きいほうの符号は − だから，

$$(-23)+(+17)=-(23-17)=\mathbf{-6} \quad \text{………（答）}$$

(3)　絶対値を通分すると，$\dfrac{2}{3}=\dfrac{4}{6}$，$\dfrac{1}{2}=\dfrac{3}{6}$ より，絶対値が大

きいほうの符号は + だから，

$$\left(+\dfrac{2}{3}\right)+\left(-\dfrac{1}{2}\right)=\left(+\dfrac{4}{6}\right)+\left(-\dfrac{3}{6}\right)=+\left(\dfrac{4}{6}-\dfrac{3}{6}\right)$$

$$=+\dfrac{\mathbf{1}}{\mathbf{6}} \quad \text{………（答）}$$

(4)　0.5 を分数になおすと $\dfrac{1}{2}$ で，絶対値を通分すると，

$\dfrac{1}{2}=\dfrac{3}{6}$，$\dfrac{1}{3}=\dfrac{2}{6}$ より，絶対値の大きいほうの符号は − だ

から，

$$(-0.5)+\left(+\dfrac{1}{3}\right)=\left(-\dfrac{1}{2}\right)+\left(+\dfrac{1}{3}\right)=\left(-\dfrac{3}{6}\right)+\left(+\dfrac{2}{6}\right)$$

$$=-\left(\dfrac{3}{6}-\dfrac{2}{6}\right)=-\dfrac{\mathbf{1}}{\mathbf{6}} \quad \text{………（答）}$$

➡ 異符号の和

答えの符号は，絶対値の大きいほうの符号になる。
分数の計算では，通分した後で答えの符号を決める。

➡ 分数，小数の和

正・負の数が分数や小数であっても，加法の計算のきまりはそのまま使える。
分数と小数が混じった問題では，小数を分数になおしてから計算しよう。

✓ **類題 10**　　　　　　　　　　　　　　　　　　解答 ➡ 別冊 p.3

次の計算をしなさい。

(1)　$(-9)+(+14)$

(2)　$(+13)+(-31)$

(3)　$\left(-\dfrac{3}{4}\right)+\left(+\dfrac{1}{6}\right)$

(4)　$\left(-\dfrac{7}{15}\right)+(+0.6)$

2 つの数の加法②

UNIT **2**

目標 ▶ 0 の加法と加法の計算の法則を理解する。

要 点

- どんな数に **0** を加えても，和ははじめの数になる。
- **0** にどんな数を加えても，和は加えた数になる。
- 加法の交換法則…2 つの正負の数の加法では，加えられる数と加える数を入れかえても和は変わらない。$a+b=b+a$
- 加法の結合法則…3 つ以上の正負の数の加法では，どこから先に計算しても和は変わらない。$(a+b)+c=a+(b+c)$

例題 **11** 数と 0 の加法　　　　　　　　　　　LEVEL：基本

次の計算をしなさい。

(1) $(-19)+0$ 　　　　(2) $0+(-28)$

ここに着目! ▶ $a+0=a$　　　$0+a=a$

解き方 (1) $(-19)+0=\mathbf{-19}$ ……(答)
(2) $0+(-28)=\mathbf{-28}$ ……(答)

0 を加えても数は増えないよ。

✓ **類題 11**　　　　　　　　　　　　　　　　　解答 → 別冊 p.3

次の計算をしなさい。

(1) $(-11)+0$ 　　　　(2) $(-43)+0$
(3) $0+(+19)$ 　　　　(4) $0+(-35)$

例題 12 正負の数の加法と交換法則・結合法則　　LEVEL：応用

次の計算をしなさい。

(1)　$(-13)+(+9)+(-7)$　　　　(2)　$(-9)+(+16)+(+9)$

(3)　$(+39)+(+14)+(+21)$　　　(4)　$(-16)+(+12)+(+8)+(-14)$

ここに着目！ **3 数以上の加法 ⇒ 交換法則や結合法則を利用して計算しやすくする。**

解き方

(1)　$(-13)+(+9)+(-7)=(+9)+(-13)+(-7)$
$$=(+9)+\{(-13)+(-7)\}$$
$$=(+9)+(-20)$$
$$=\boldsymbol{-11} \quad \text{（答）}$$

(2)　$(-9)+(+16)+(+9)=(-9)+(+9)+(+16)$
$$=\{(-9)+(+9)\}+(+16)$$
$$=0+(+16)$$
$$=\boldsymbol{+16} \quad \text{（答）}$$

(3)　$(+39)+(+14)+(+21)=(+39)+(+21)+(+14)$
$$=\{(+39)+(+21)\}+(+14)$$
$$=(+60)+(+14)$$
$$=\boldsymbol{+74} \quad \text{（答）}$$

(4)　$(-16)+(+12)+(+8)+(-14)$
$$=(+12)+(+8)+(-16)+(-14)$$
$$=\{(+12)+(+8)\}+\{(-16)+(-14)\}$$
$$=(+20)+(-30)$$
$$=\boldsymbol{-10} \quad \text{（答）}$$

◯ 計算法則の利用

計算しやすい数になるような数の順序や組み合わせをさがして，加法の計算をする。

2 つ以上のかっこのついた数をまとめて計算するときには，中かっこ｛　｝を使ってまとめる。

類題 12　　　　　　　　　　　　　　　　解答 ➡ 別冊 p.3

次の計算をしなさい。

(1)　$(-7)+(+22)+(-3)$　　　　(2)　$(+23)+(-31)+(+27)$

(3)　$(-25)+(+12)+(-15)$　　　(4)　$(+14)+(-11)+(+26)+(-19)$

UNIT
③ 2 つの数の減法

（目標）▶ 2 数の減法の計算ができる。

要 点

● ひき算のことを減法という。正の数・負の数の減法では，正の数をひくときも，ひく数の符号を変えてから加える。

● 0 からある数をひくことは，その数の符号を変えることと同じである。

● どんな数から 0 をひいても，差ははじめの数になる。

例題 ⑬ 正負の数の減法　　　　　　　　　　　　　LEVEL：基本

次の計算をしなさい。

(1) $(+10)-(+12)$ 　　　　　　　　(2) $(-21)-(+39)$

(3) $(+18)-(-24)$ 　　　　　　　　(4) $(-41)-(-16)$

ここに
着目！ 正の数・負の数の減法 ⇒ ひく数の符号を変えて加える。

（解き方）(1) $(+10)-(+12)=(+10)+(-12)=\mathbf{-2}$ ……（答）

(2) $(-21)-(+39)=(-21)+(-39)=\mathbf{-60}$ （答）

(3) $(+18)-(-24)=(+18)+(+24)=\mathbf{+42}$ （答）

(4) $(-41)-(-16)=(-41)+(+16)=\mathbf{-25}$ （答）

◆ 正の数・負の数の減法

－（正の数）⇒ ＋（負の数）
－（負の数）⇒ ＋（正の数）

✓ 類題 ⑬　　　　　　　　　　　　　　　　　　　解答 ➡ 別冊 p.3

次の計算をしなさい。

(1) $(+18)-(+35)$ 　　　　　　　　(2) $(-30)-(+29)$

(3) $(+84)-(-52)$ 　　　　　　　　(4) $(-96)-(-57)$

例題 **14**　**数と 0 の減法**　 LEVEL：基本

次の計算をしなさい。

(1)　$0-(+19)$

(2)　$0-(-23)$

(3)　$(+15)-0$

(4)　$(-32)-0$

ここに着目!　$0-(+a)=-a$　$0-(-a)=+a$　$(+a)-0=+a$　$(-a)-0=-a$

解き方　(1)　$0-(+19)=0+(-19)=$ **−19** ……答

(2)　$0-(-23)=0+(+23)=$ **+23** ……答

(3)　$(+15)-0=$ **+15** ……答

(4)　$(-32)-0=$ **−32** ……答

◇ 数と 0 の減法

0 からある数をひくと，その数の符号が変わる。

✓ 類題 **14**

解答 ➜ 別冊 p.3

次の計算をしなさい。

(1)　$0-(+14)$

(2)　$0-(-35)$

(3)　$(+19)-0$

(4)　$(-23)-0$

COLUMN

コラム

0 の減法

0 の絶対値は 0 です。したがって，0 から正の数や負の数をひいた差は，ひく数の符号を変えたものになります。

$0-(+19)=0+(-19)=-19$

$0-(-23)=0+(+23)=+23$

また，正の数から 0 をひくと，はじめの正の数になるように，負の数から 0 をひくと，はじめの負の数になります。

$(+23)-0=+23$　　$(-15)-0=-15$

1 章　正負の数

UNIT

4 加法だけの式と項

目標 ▶ 加法と減法の混じった式を加法だけの式になおすことができる。

要点

● 小さい数から大きい数をひく計算でも，加法だけの式になおして計算することができる。 $3-8=(+3)-(+8)=(+3)+(-8)$
● 加法と減法の混じった式でも同じように考えて計算することができる。
$2-5+7-9=(+2)+(-5)+(+7)+(-9)$
● $2-5+7-9$ は，$+2$，-5，$+7$，-9 の数の和を表していて，これらの数を，$2-5+7-9$ の式の項という。

例題 **15** 加法だけの式になおす   LEVEL：基本

次の式を加法だけの式になおしなさい。
(1) $9-15$
(2) $-8-27$
(3) $4-11+9$
(4) $-13-21+19-8$

ここに着目！ 減法の式 ⇒ 加法だけの式になおす。

解き方 (1) $9-15=(+9)-(+15)=(+9)+(-15)$ ……答
(2) $-8-27=(-8)-(+27)=(-8)+(-27)$ ……答
(3) $4-11+9=(+4)-(+11)+(+9)$
$=(+4)+(-11)+(+9)$ ……答
(4) $-13-21+19-8=(-13)-(+21)+(+19)-(+8)$
$=(-13)+(-21)+(+19)+(-8)$ ……答

減法を加法になおそう！

✓ 類題 **15**   解答 ➡ 別冊 p.3

次の式を加法だけの式になおしなさい。
(1) $8-27$
(2) $-14-19$
(3) $-5+13-28$
(4) $15-22+19-11$

例題 16 項

次の式の項を書きなさい。

(1) $3 - 8 - 5 + 7$

(2) $12 - 15 + 9 - 6$

(3) $-5 + 11 - 14 + 8$

(4) $-9 + 13 + 4 - 8$

ここに着目！ 加法だけの式になおす ⇒ 式の項がわかる。

解き方 (1) $3 - 8 - 5 + 7$

$= (+3) + (-8) + (-5) + (+7)$

式の項は，**+3，−8，−5，+7** ……… 答

(2) $12 - 15 + 9 - 6 = (+12) + (-15) + (+9) + (-6)$

式の項は，**+12，−15，+9，−6** ……… 答

(3) $-5 + 11 - 14 + 8 = (-5) + (+11) + (-14) + (+8)$

式の項は，**−5，+11，−14，+8** ……… 答

(4) $-9 + 13 + 4 - 8 = (-9) + (+13) + (+4) + (-8)$

式の項は，**−9，+13，+4，−8** ……… 答

> ● 加法だけの式になおす
>
> $a - b$ ⇒ a と $-b$ の和
> $-a - b$ ⇒ $-a$ と $-b$ の和
> と考えて加法だけの式になおす。

✓ 類題 16

解答 → 別冊 p.4

次の式の項を書きなさい。

(1) $2 - 6 - 8 + 9$

(2) $11 - 15 - 7 + 17$

(3) $-7 + 12 - 18 + 2$

(4) $-13 + 22 + 8 - 19$

COLUMN

コラム

式の項と加法の交換法則

加法だけの式になおすと，加法の交換法則を使って計算を簡単にすることができます。

$$-9 + 13 + 4 - 8 = (-9) + (+13) + (+4) + (-8)$$
$$= (+13) + (+4) + (-9) + (-8) \quad 交換法則$$
$$= (+17) + (-17) = 0$$

減法のままでは，$5 - 9 + 3 - 12 = (+5) - (+9) + (+3) - (+12)$ となり，順序が変えられないことに注意します。

加法と減法の混じった計算

UNIT 5

目標 ▶ 加法と減法の混じった計算ができる。

要点

● 加法と減法の混じった計算は，減法の符号（ふごう）を変えて，すべて加法にしてから計算する。正の数どうし，負の数どうしをまとめて計算すると簡単（かんたん）になる。
● 項（こう）だけを並べた，加法の記号とかっこがない式は，加法の交換法則（こうかんほうそく）を使って，同符号どうしの加法を行ってから計算するとよい。

例題 17 加法だけの式になおして計算する  LEVEL：標準

次の計算をしなさい。
(1) $(+7)-(-3)+(+4)-(+5)$　　　(2) $(-4)-(-7)+(-5)-(+3)$

ここに着目！ 加法・減法の混じった計算 ⇒ すべて加法にしてから計算

解き方 (1) $(+7)-(-3)+(+4)-(+5)$
$=(+7)+(+3)+(+4)+(-5)$
$=(+14)+(-5)$
$=\mathbf{+9}$ ……（答）

(2) $(-4)-(-7)+(-5)-(+3)$
$=(-4)+(+7)+(-5)+(-3)$
$=(+7)+(-4)+(-5)+(-3)$
$=(+7)+(-12)$
$=\mathbf{-5}$ ……（答）

● **加法だけの式になおす**
加法だけの式になおした後は，同符号どうしをまとめて計算する。

✓ 類題 17
解答 → 別冊 p.4

次の計算をしなさい。
(1) $(-9)-(-4)-(+3)-(+7)$　　　(2) $(-8)+(+6)-(+13)-(-32)$
(3) $(+6)+(-25)-(+18)-(-34)$　　(4) $(-35)-(-18)-(+16)-(-49)$

18 **項だけを並べて計算する**

LEVEL：標準

次の計算をしなさい。

(1)　$-5+2-7+3$

(2)　$-(-3)+7-5+(-4)$

(3)　$-1.3+0.9-0.7+0.5$

(4)　$\dfrac{3}{4}+\left(-\dfrac{5}{6}\right)+\left(-\dfrac{1}{2}\right)-\left(-\dfrac{5}{12}\right)$

ここに着目！ **かっこのついた式の加法・減法 ⇒ かっこのつかない式になおして計算**

解き方

(1)　$-5+2-7+3=2+3-5-7$
　　　　　　　　　　　$=5-12=\boldsymbol{-7}$ ……答

(2)　$-(-3)+7-5+(-4)=3+7-5-4$
　　　　　　　　　　　　　　$=10-9=\boldsymbol{1}$ ……答

(3)　$-1.3+0.9-0.7+0.5=0.9+0.5-1.3-0.7$
　　　　　　　　　　　　　　$=1.4-2$
　　　　　　　　　　　　　　$=\boldsymbol{-0.6}$ ……答

(4)　$\dfrac{3}{4}+\left(-\dfrac{5}{6}\right)+\left(-\dfrac{1}{2}\right)-\left(-\dfrac{5}{12}\right)$

$=\dfrac{3}{4}-\dfrac{5}{6}-\dfrac{1}{2}+\dfrac{5}{12}$

$=\dfrac{9}{12}-\dfrac{10}{12}-\dfrac{6}{12}+\dfrac{5}{12}$

$=\dfrac{9}{12}+\dfrac{5}{12}-\dfrac{10}{12}-\dfrac{6}{12}$

$=\dfrac{14}{12}-\dfrac{16}{12}=-\dfrac{2}{12}=\boldsymbol{-\dfrac{1}{6}}$ ……答

● かっこのはずし方

$+(-3) \Rightarrow -3$
$-(-3) \Rightarrow +3$
のように，かっこをはずすときは，かっこの前が＋なら，そのままはずす。かっこの前が－なら符号を変えてはずす。

● 正の符号の省略

計算の結果が正のとき，＋の符号を省くことができる。そのため，これ以降の答えの正の符号＋を省くことがある。

✓ **類題 18**

解答 ➡ 別冊 p.4

次の計算をしなさい。

(1)　$3-7-5+4$

(2)　$-9+13+4-10$

(3)　$-17-(-29)+3-(-14)-6$

(4)　$8-15-(+10)-(-12)$

(5)　$5.4-3.9-2.8+1.7$

(6)　$-\dfrac{2}{3}-\left(-\dfrac{3}{8}\right)+\left(-\dfrac{5}{6}\right)+\dfrac{3}{4}$

UNIT

1 2つの数の乗法①

目標 ⟩ 2数の乗法の計算ができる。

要点

- **乗法**…かけ算のことを**乗法**という。
- **同符号の2数の積** ⟹ 絶対値の積に，＋をつける。
- **異符号の2数の積** ⟹ 絶対値の積に，－をつける。

例題 19 同符号の2数の乗法　　　　　　　　　　LEVEL：標準

次の計算をしなさい。

(1) $(+15) \times (+7)$

(2) $(-9) \times (-23)$

(3) $(-2.5) \times (-0.8)$

(4) $\left(+\dfrac{3}{5} \right) \times \left(+\dfrac{2}{7} \right)$

ここに着目！ **同符号の2数の積 ⟹ 絶対値の積に＋**

解き方

(1)
同じ符号　＋をつける
$(+15) \times (+7) = +\underbrace{(15 \times 7)}_{\text{絶対値の積}} = \mathbf{105}$ ……答

(2)
同じ符号　＋をつける
$(-9) \times (-23) = +\underbrace{(9 \times 23)}_{\text{絶対値の積}} = \mathbf{207}$ ……答

(3) $(-2.5) \times (-0.8) = +(2.5 \times 0.8) = \mathbf{2}$ ……答

(4) $\left(+\dfrac{3}{5} \right) \times \left(+\dfrac{2}{7} \right) = +\left(\dfrac{3}{5} \times \dfrac{2}{7} \right) = \dfrac{\mathbf{6}}{\mathbf{35}}$ ……答

➡ **同符号の積**

同符号の2数の積の符号は＋（プラス）になるので，まず符号を＋に決めてから，絶対値の乗法をする。

➡ **分数の積**

分子どうし，分母どうしをかけ算する。

✓ **類題 19**　　　　　　　　　　　　　　　解答 ➡ 別冊 p.4

次の計算をしなさい。

(1) $(+8) \times (+12)$

(2) $(-24) \times (-6)$

(3) $(+1.4) \times (+3)$

(4) $\left(+\dfrac{5}{9} \right) \times \left(+\dfrac{3}{8} \right)$

異符号の 2 数の乗法

次の計算をしなさい。

(1)　$(+25) \times (-6)$

(2)　$(-16) \times (+13)$

(3)　$\left(-\dfrac{5}{6}\right) \times \left(+\dfrac{8}{15}\right)$

(4)　$(+0.6) \times \left(-\dfrac{5}{4}\right)$

 ここに着目！ **異符号の 2 数の積 ⇒ 絶対値の積に －**

解き方

(1)　異なる符号　－をつける

$(+25) \times (-6) = -(25 \times 6) = \boldsymbol{-150}$ ……（答）

絶対値の積

(2)　$(-16) \times (+13) = -(16 \times 13) = \boldsymbol{-208}$ ……（答）

(3)　$\left(-\dfrac{5}{6}\right) \times \left(+\dfrac{8}{15}\right) = -\left(\dfrac{5}{6} \times \dfrac{8}{15}\right) = \boldsymbol{-\dfrac{4}{9}}$ ……（答）

(4)　小数を分数になおす。　$0.6 = \dfrac{6}{10} = \dfrac{3}{5}$

$(+0.6) \times \left(-\dfrac{5}{4}\right) = -\left(\dfrac{3}{5} \times \dfrac{5}{4}\right) = \boldsymbol{-\dfrac{3}{4}}$ ……（答）

● 異符号の積

異符号の 2 数の積の符号は－（マイナス）になるので，まず符号を－に決めてから，絶対値の乗法をする。

● 小数×分数

小数は分数になおしてから計算する。約分できるときは，約分を忘れないようにする。

✓ **類題 20**

解答 ➔ 別冊 p.4

次の計算をしなさい。

(1)　$(+9) \times (-16)$

(2)　$(-15) \times (+12)$

(3)　$\left(+\dfrac{2}{3}\right) \times \left(-\dfrac{3}{8}\right)$

(4)　$(+3.2) \times (-6)$

(5)　$\left(-\dfrac{5}{12}\right) \times \left(+\dfrac{8}{15}\right)$

(6)　$(+1.4) \times \left(-\dfrac{7}{2}\right)$

UNIT

2 つの数の乗法②

目標 −1，0 との乗法が理解できる。

要点

● **−1，0 との乗法** ⇒ $(-1) \times a = a \times (-1) = -a$，$a \times 0 = 0 \times a = 0$

例題 **21** ## 数と −1，0 の乗法

LEVEL：基本

次の計算をしなさい。

(1) $(-1) \times (+5)$

(2) $\left(-\dfrac{5}{7}\right) \times (-1)$

(3) $\left(+\dfrac{2}{3}\right) \times 0$

(4) $0 \times (-6)$

ここに着目！ **−1 との乗法 ⇒ 符号を変える，0 との乗法 ⇒ 0**

解き方 (1) −1 にある数をかけると，その数の符号(ふごう)が変わる。

$(-1) \times (+5) = \mathbf{-5}$ ……（答）

(2) ある数に −1 をかけると，その数の符号が変わる。

$\left(-\dfrac{5}{7}\right) \times (-1) = \mathbf{\dfrac{5}{7}}$ ……（答）

(3) ある数に 0 をかけると，0 になる。

$\left(+\dfrac{2}{3}\right) \times 0 = \mathbf{0}$ ……（答）

(4) 0 にある数をかけると，0 になる。

$0 \times (-6) = \mathbf{0}$ ……（答）

◐ **−1 との乗法**
符号が変わる。

◐ **0 との乗法**
0 になる。

✓ **類題 21**

解答 → 別冊 p.5

次の計算をしなさい。

(1) $(-1) \times (+8)$

(2) $\left(-\dfrac{4}{9}\right) \times (-1)$

(3) $\left(+\dfrac{3}{5}\right) \times 0$

(4) $0 \times (-13)$

UNIT

3 ## 3 数以上の乗法①

(目標) 乗法の交換法則，結合法則が理解できる。

要点

● **乗法の交換法則**…$a \times b = b \times a$

● **乗法の結合法則**…$(a \times b) \times c = a \times (b \times c)$

例題 **22** **乗法と交換法則・結合法則**　　　　　LEVEL：標準

くふうして次の計算をしなさい。

(1)　$(-23) \times 25 \times (-4)$

(2)　$75 \times 50 \times (-2)$

(3)　$12.5 \times 39 \times (-8)$

(4)　$4 \times (-8) \times (-25) \times \dfrac{1}{8}$

ここに 着目！ **計算の順序を変えて簡単にする。**

(解き方) (1)　$(-23) \times 25 \times (-4) = (-23) \times (-100) = \boldsymbol{2300}$ ……(答)

(2)　$75 \times 50 \times (-2) = 75 \times (-100) = \boldsymbol{-7500}$ ……(答)

(3)　$12.5 \times 39 \times (-8) = 12.5 \times (-8) \times 39 = (-100) \times 39$
　　　　$= \boldsymbol{-3900}$ ……(答)

(4)　$4 \times (-8) \times (-25) \times \dfrac{1}{8} = 4 \times (-25) \times (-8) \times \dfrac{1}{8}$
　　　　　　$= (-100) \times (-1)$
　　　　　　$= \boldsymbol{100}$ ……(答)

◐ 3 数以上の乗法

交換法則・結合法則を用いて，数の順序や組み合わせを変えることで，計算が簡単にできないかを考える。

✓ **類題 22**

解答 ➙ 別冊 p.5

くふうして次の計算をしなさい。

(1)　$(-25) \times 19 \times (-4)$

(2)　$2 \times (-3.8) \times (-50)$

(3)　$25 \times 37 \times (-4)$

(4)　$(-50) \times 13 \times 4$

(5)　$14 \times 2.5 \times \dfrac{1}{7} \times (-4)$

(6)　$(-125) \times \dfrac{3}{5} \times (-8) \times 10$

UNIT 4 3数以上の乗法②，累乗の計算

(目標) 3数以上の乗法，累乗の計算ができる。

要点

● **3数以上の乗法**…負の数が偶数個 ⇒ 正の数，負の数が奇数個 ⇒ 負の数
● **累乗と指数**…同じ数を何個かかけたものを累乗，右上に小さく書いた数を指数といい，累乗の指数は，その数を何個かけたかを表す。

$$(-5)^2 = (-5)\times(-5) = 25, \quad -5^2 = -(5\times5) = -25$$

例題 23 3数以上の乗法

LEVEL：応用

次の計算をしなさい。
(1) $4\times(-3)\times2\times(-5)$
(2) $3\times(-24)\times\left(-\dfrac{1}{3}\right)\times\left(-\dfrac{1}{6}\right)\times\dfrac{1}{4}$

(ここに着目!) **3数以上の乗法 ⇒ 負の数の個数により正，負が決まる。**

(解き方) (1) $4\times\underbrace{(-3)\times2\times(-5)}_{負の数が2個} = +(4\times3\times2\times5)$

$$= \textbf{120} \cdots\cdots (答)$$

(2) $3\times(-24)\times\left(-\dfrac{1}{3}\right)\times\left(-\dfrac{1}{6}\right)\times\dfrac{1}{4}$

$$= -\left(3\times24\times\dfrac{1}{3}\times\dfrac{1}{6}\times\dfrac{1}{4}\right)$$

$$= \textbf{-1} \cdots\cdots (答)$$

◎ 3数以上の乗法
負の数の個数から符号を決め，それから絶対値の計算をする。

(✓) 類題 23

解答 ➡ 別冊 p.5

次の計算をしなさい。
(1) $(-7)\times4\times(-5)\times3$
(2) $6\times(-0.8)\times(-5)\times(-20)$
(3) $(-2)\times\left(-\dfrac{1}{4}\right)\times\left(-\dfrac{1}{5}\right)\times(-6)$
(4) $0.25\times(-8)\times(-3)\times\left(-\dfrac{1}{6}\right)$

例題 24 累乗の計算

LEVEL：標準

次の計算をしなさい。

(1)　$(-3)^2$

(2)　-3^2

(3)　$(-2)^3$

(4)　-2^3

ここに
着目！　累乗の指数 ⇒ どの数をかけたかに着目

解き方 (1)　$(-3)^2 = (-3) \times (-3)$

　　　　　　　$= \mathbf{9}$ ……(答)

(2)　$-3^2 = -(3 \times 3)$

　　　　$= \mathbf{-9}$ ……(答)

(3)　$(-2)^3 = (-2) \times (-2) \times (-2)$

　　　　　　　$= \mathbf{-8}$ (答)

(4)　$-2^3 = -(2 \times 2 \times 2)$

　　　　$= \mathbf{-8}$ ……(答)

● 累乗の計算

(1), (3)負の数の累乗では，累乗の指数によって符号が決まる。

 参考

2乗のことを平方，3乗のことを立方ということもある。

✓ 類題 24

解答 ➡ 別冊 p.5

次の計算をしなさい。

(1)　$(-3)^3$

(2)　-4^3

(3)　$\left(-\dfrac{1}{2}\right)^3$

(4)　$(-2)^4$

COLUMN

コラム　　　　　　　　　　6^{100} の一の位はいくつ？

と聞かれて，「6を100回もかけるの？一の位の数は何だろう」と考えこんだ人はいますか。
答えは簡単です。$6^2 = 36$，$6^3 = 216$，……ここで気がつく人もいると思いますが，6は何乗してもつねに一の位の数は6です。　同じように5も何乗しても一の位の数はつねに5です。
ちなみに2だと，$2^2 = 4$，$2^3 = 8$，$2^4 = 16$，$2^5 = 32$，……というようになって，一の位の数は，順に2，4，8，6，2，4，8，6となっていることに気づけば 2^{100} の一の位は，$100 \div 4 = 25$ より6とわかります。

UNIT
5

２つの数の除法①

目標 ▶ ２数の除法の計算ができる。

要点

- **除法**…わり算のことを**除法**という。
- **同符号の２数の商** ⇒ 絶対値の商に，＋をつける。
- **異符号の２数の商** ⇒ 絶対値の商に，－をつける。

例題 **25** 同符号の２数の除法   LEVEL：基本

次の計算をしなさい。

(1) $(+54) \div (+6)$ (2) $(+72) \div (+3)$

(3) $(-64) \div (-16)$ (4) $(-126) \div (-14)$

ここに着目！ 同符号の２数の商 ⇒ 絶対値の商に＋

解き方

(1) $(+54) \div (+6) = +(54 \div 6)$
$= 9$ ……答

(2) $(+72) \div (+3) = +(72 \div 3)$
$= 24$ ……答

同じ符号　　　　＋をつける

(3) $(-64) \div (-16) = +(64 \div 16)$
絶対値の商
$= 4$ ……答

(4) $(-126) \div (-14) = +(126 \div 14)$
$= 9$ ……答

➡ **同符号の商**

同符号の２数の商の符号は＋(プラス)になるので，まず符号を＋にしたあと，絶対値の除法をする。

 注意

(3)，(4)－(マイナス)の同符号なので答えの符号は＋(プラス)になる。

✓ **類題 25**   解答 ➡ 別冊 p.5

次の計算をしなさい。

(1) $(+81) \div (+3)$ (2) $(+76) \div (+19)$

(3) $(-120) \div (-15)$ (4) $(-144) \div (-18)$

例題 **26** 異符号の 2 数の除法

LEVEL：基本

次の計算をしなさい。

(1) $(+78) \div (-6)$

(2) $(+90) \div (-15)$

(3) $(-168) \div (+24)$

(4) $(-144) \div (+12)$

ここに着目！ ▶ **異符号の 2 数の商 ⇒ 絶対値の商に −**

解き方 (1)
異なる符号　　　− をつける

$(+78) \div (-6) = -(78 \div 6)$
　　　　　　　　　　絶対値の商

$= \mathbf{-13}$ ……… 答

(2) $(+90) \div (-15) = -(90 \div 15)$

$= \mathbf{-6}$ ……… 答

(3) $(-168) \div (+24) = -(168 \div 24)$

$= \mathbf{-7}$ ……… 答

(4) $(-144) \div (+12) = -(144 \div 12)$

$= \mathbf{-12}$ ……… 答

● **異符号の商**

異符号の 2 数の商の符号は −（マイナス）になるので，まず符号を − に決めてから，絶対値の除法をする。

先に符号を決めよう！

✓ 類題 **26**

解答 ➔ 別冊 p.5

次の計算をしなさい。

(1) $(+64) \div (-16)$

(2) $(+135) \div (-15)$

(3) $(+108) \div (-12)$

(4) $(-68) \div (+17)$

(5) $(-126) \div (+18)$

(6) $(-140) \div (+35)$

1 章

正負の数

UNIT 6 2 つの数の除法②，逆数

目標 ▶ 0÷数の除法の計算ができる。逆数を求めることができる。

要点

● **0÷正の数，0÷負の数の除法** ⇒ $0 \div a = 0$
● **逆数**…2 つの数の積が 1 のとき，一方の数を他方の数の逆数という。
● **逆数の求め方**…$\dfrac{b}{a} \times \dfrac{a}{b} = 1$ より，逆数は**分母と分子を入れかえた数**。

例題 27 数と 0 の除法

LEVEL：基本

次の計算をしなさい。

(1) $0 \div 8$

(2) $0 \div (-5.2)$

ここに着目！ **0 をどんな正の数，負の数でわっても商は 0**

解き方 (1) $0 \div 8 = \mathbf{0}$ ……（答）

(2) $0 \div (-5.2) = \mathbf{0}$ ……（答）

➡ **数と 0 の除法**

a が正の数，負の数のとき，
$0 \div a = 0$

 注意

0 でわる除法は考えない。

✓ 類題 27

解答 ➡ 別冊 p.5

次の計算をしなさい。

(1) $0 \div (-3)$

(2) $0 \div \dfrac{12}{5}$

例題 **28** 逆数を求める

LEVEL：基本

次の数の逆数をいいなさい。

(1) $\dfrac{3}{4}$

(2) $-\dfrac{1}{3}$

(3) -1

(4) 0.2

ここに着目！ **逆数 ⇒ 分母と分子を入れかえた数**

解き方 (1) $\dfrac{3}{4}$ の逆数は，分母と分子を入れかえて，$\dfrac{4}{3}$ ……（答）

(2) $-\dfrac{1}{3}$ の逆数は，分母と分子を入れかえて，

$$-\dfrac{3}{1} = \boldsymbol{-3} \quad\text{……（答）}$$

(3) $-1 = -\dfrac{1}{1}$

-1 の逆数は，$-\dfrac{1}{1}$ の分母と分子を入れかえて，

$$-\dfrac{1}{1} = \boldsymbol{-1} \quad\text{……（答）}$$

(4) $0.2 = \dfrac{2}{10} = \dfrac{1}{5}$

0.2 の逆数は，$\dfrac{1}{5}$ の分母と分子を入れかえて，$\dfrac{5}{1} = \boldsymbol{5}$ ……（答）

◯ 逆数を求める

正負の数の逆数
→その数の絶対値の逆数にもとの数の符号をつけたもの。

0 にどんな数をかけても 0 になり，1 になることはないので，0 の逆数はない。

✓ **類題 28**

解答 ➡ 別冊 p.6

次の数の逆数をいいなさい。

(1) 4

(2) 0.3

(3) $\dfrac{3}{7}$

(4) -6

(5) -1.8

(6) $-2\dfrac{3}{7}$

UNIT
7 　**乗法と除法の混じった計算**

（目標）▶乗法と除法の混じった計算ができる。

要点

● **除法を乗法になおす**…$\square \div a = \square \times \dfrac{1}{a}$, $\square \div \dfrac{b}{a} = \square \times \dfrac{a}{b}$

● **3数以上の乗法や除法**…負の数が偶数個 ⇒ **正の数**，負の数が奇数個 ⇒ **負の数**

例題 **29** 　**除法と逆数** 　　　　　　　　　　　　　　　LEVEL：標準

次の計算をしなさい。

(1) $\left(-\dfrac{2}{3}\right) \div 2$ 　　　　　　　(2) $\left(-\dfrac{3}{4}\right) \div (-0.375)$

ここに
着目！ 　**正・負の数でわる ⇒ その数の逆数をかける。**

（解き方） (1) $\left(-\dfrac{2}{3}\right) \div 2 = \left(-\dfrac{2}{3}\right) \times \left(+\dfrac{1}{2}\right) = -\left(\dfrac{2}{3} \times \dfrac{1}{2}\right) = -\dfrac{1}{3}$ ……（答）

(2) $-0.375 = -\dfrac{375}{1000} = -\dfrac{3}{8}$

$\left(-\dfrac{3}{4}\right) \div (-0.375) = \left(-\dfrac{3}{4}\right) \div \left(-\dfrac{3}{8}\right) = +\left(\dfrac{3}{4} \times \dfrac{8}{3}\right)$

$= \mathbf{2}$ ……（答）

➡ **除法と逆数**

逆数を用いて，除法を乗法になおす。小数は分数になおしてから逆数にする。

✓ **類題 29** 　　　　　　　　　　　　　　　　　　　　解答 ➡ 別冊 p.6

次の計算をしなさい。

(1) $\left(-\dfrac{9}{8}\right) \div \dfrac{3}{4}$ 　　　　　　(2) $\left(-\dfrac{2}{7}\right) \div \left(-\dfrac{1}{7}\right)$

(3) $\left(-\dfrac{5}{9}\right) \div \left(-\dfrac{5}{7}\right)$ 　　　　　(4) $(-0.25) \div \dfrac{5}{8}$

例題 30　乗法と除法の混じった計算

次の計算をしなさい。

(1)　$(-15) \times 8 \div (-3) \times (-1)$　　　　(2)　$(-4) \div \left(-\dfrac{1}{2}\right) \times (-6) \div \left(-\dfrac{2}{3}\right)$

(3)　$(-0.3) \times (-4)^2 \div (-0.2) \div (-16)$

ここに着目！ **3 数以上の乗法や除法 ⇒ 負の数の個数により正，負が決まる。**

解き方　(1)　$(-15) \times 8 \div (-3) \times (-1) = (-15) \times 8 \times \left(-\dfrac{1}{3}\right) \times (-1)$

$$= -\left(15 \times 8 \times \dfrac{1}{3} \times 1\right)$$

$$= \mathbf{-40} \quad \text{……（答）}$$

(2)　$(-4) \div \left(-\dfrac{1}{2}\right) \times (-6) \div \left(-\dfrac{2}{3}\right)$

$$= (-4) \times (-2) \times (-6) \times \left(-\dfrac{3}{2}\right)$$

$$= +\left(4 \times 2 \times 6 \times \dfrac{3}{2}\right) = \mathbf{72} \quad \text{……（答）}$$

(3)　$(-0.3) \times (-4)^2 \div (-0.2) \div (-16)$

$$= \left(-\dfrac{3}{10}\right) \times 16 \div \left(-\dfrac{1}{5}\right) \div (-16)$$

$$= \left(-\dfrac{3}{10}\right) \times 16 \times (-5) \times \left(-\dfrac{1}{16}\right)$$

$$= -\left(\dfrac{3}{10} \times 16 \times 5 \times \dfrac{1}{16}\right)$$

$$= \mathbf{-\dfrac{3}{2}} \quad \text{……（答）}$$

◯ 乗法と除法の混じった計算

①除法を乗法になおす。
②符号を決める。
　　負の数が偶数個
　　　⇒ 積は正の数
　　負の数が奇数個
　　　⇒ 積は負の数
③絶対値の計算をする。

◯ 累乗をふくむ計算

(3)$(-4)^2$ のような累乗の計算を先にする。

✓ 類題 30

解答 ➡ 別冊 p.6

次の計算をしなさい。

(1)　$4 \times (-3) \times (-2) \div (-5)$　　　　(2)　$\left(-\dfrac{2}{3}\right) \div (-4) \div (-5)$

(3)　$\left(-\dfrac{1}{4}\right)^2 \times \left(-\dfrac{1}{3}\right) \div (-0.75)$　　　(4)　$-3^2 \times \left(-\dfrac{1}{6}\right) \div (-4)$

UNIT
8

四則の混じった計算

目標 四則の混じった計算ができる。分配法則が使える。

要点

- **四則**…加法，減法，乗法，除法をまとめて四則という。
- **四則の混じった計算の順序**…① かっこの中　② 乗法・除法　③ 加法・減法
- **分配法則**…$(a+b) \times c = a \times c + b \times c$,　$a \times (b+c) = a \times b + a \times c$

例題 **31** 四則の混じった計算　　　　　　　　　　　LEVEL：標準

次の計算をしなさい。

(1)　$7 - 4 \times (-3)$

(2)　$4 + 12 \div (-2^2)$

(3)　$2 \times \{4 - (3-2)\}$

(4)　$(-5)^2 \times 2 - 50 \div (-2)$

ここに
着目！
乗法・除法，加法・減法の順に計算する。
かっこがあればかっこの中から計算する。

解き方 (1)　$7 - 4 \times (-3) = 7 + (4 \times 3) = 7 + 12$
　　　　　　　　　　　　　　　$= \textbf{19}$ ……（答）

(2)　$4 + 12 \div (-2^2) = 4 + 12 \div (-4) = 4 - (12 \div 4) = 4 - 3$
　　　　　　　　　　　　　　　$= \textbf{1}$ ……（答）

(3)　$2 \times \{4 - (3-2)\} = 2 \times (4 - 1) = 2 \times 3$
　　　　　　　　　　　　　　$= \textbf{6}$ ……（答）

(4)　$(-5)^2 \times 2 - 50 \div (-2) = 25 \times 2 - 50 \div (-2) = 50 + (50 \div 2)$
　　　　　　　　　　　　　　　$= 50 + 25 = \textbf{75}$ ……（答）

➡ **累乗の混じった計算**

加法・減法より乗法・除法を先に計算する。かっこがあれば，かっこの中から計算する。
累乗のあるものは，累乗の計算を先にする。

類題 **31**

解答 ➡ 別冊 p.6

次の計算をしなさい。

(1)　$6 - 8 \div (-4)$

(2)　$-4 + (12 - 9) \div (-3)$

(3)　$-12 - \{75 \div (-5)^2 + 13\} \times 2$

(4)　$\{-3 \times (-4) - 4\} \times (-5) - (-3)^3$

例題 32　分配法則の利用

LEVEL：応用

分配法則を利用して，次の計算をしなさい。

(1)　$48 \times (-53) + 52 \times (-53)$

(2)　$\left(-\dfrac{3}{7}\right) \times 4 + \left(-\dfrac{3}{7}\right) \times 17$

(3)　$99 \times (-58)$

ここに着目！

$a \times c + b \times c = (a+b) \times c, \quad a \times b + a \times c = a \times (b+c)$

$a \times c - b \times c = (a-b) \times c, \quad a \times b - a \times c = a \times (b-c)$

解き方

(1)　$48 \times (-53) + 52 \times (-53) = (48 + 52) \times (-53)$

$= 100 \times (-53)$

$= \mathbf{-5300}$ ……（答）

(2)　$\left(-\dfrac{3}{7}\right) \times 4 + \left(-\dfrac{3}{7}\right) \times 17 = \left(-\dfrac{3}{7}\right) \times (4 + 17)$

$= \left(-\dfrac{3}{7}\right) \times 21$

$= \mathbf{-9}$ ……（答）

(3)　$99 \times (-58) = (100 - 1) \times (-58)$

$= 100 \times (-58) + (-1) \times (-58)$

$= -5800 + 58$

$= \mathbf{-5742}$ ……（答）

➡ 分配法則の利用

計算を簡単な方法で行うには，分配法則などの計算法則を利用する。

くふうして計算しよう！

✓ **類題 32**

解答 ➡ 別冊 p.7

分配法則を利用して，次の計算をしなさい。

(1)　$(-345) \times 7 + (-55) \times 7$

(2)　$3.7 \times (-4) - 1.7 \times (-4)$

(3)　$\left(-\dfrac{6}{7}\right) \times 9 + \left(-\dfrac{6}{7}\right) \times 26$

(4)　-7×999

UNIT

⑨ 数の範囲と四則

（目標）→ 数の範囲と四則について理解できる。

要点

● **自然数**…自然数の範囲だけで，加法・乗法はできるが，減法・除法はできない場合がある。
● **整数**…整数の範囲だけで，加法・減法・乗法はできるが，除法はできない場合がある。
● **数全体**…加法・減法・乗法・除法ができる。

	加法	減法	乗法	除法
自然数	○	×	○	×
整 数	○	○	○	×
数全体	○	○	○	○

例題 **33** ┃ **数の範囲と四則**　　　　　　　　　　　LEVEL：標準

次の集合で，計算の結果がつねにその範囲の数となる四則計算をすべていいなさい。
(1)　自然数　　　　　(2)　整数　　　　　(3)　数全体

（ここに着目!）それぞれの数の範囲で，計算できない四則の計算を考えよう。

（解き方）(1)　自然数の集合では，$1-2=-1$，$1\div2=\dfrac{1}{2}$ のように，減法・除法の結果が自然数でない場合があるから，
　　　　加法・乗法 ……（答）

(2)　整数の集合では，$-1\div5=-\dfrac{1}{5}$ のように，除法の結果が整数でない場合があるから，**加法・減法・乗法** ……（答）

(3)　数全体の集合では，どの四則の結果も数となるから，
　　　加法・減法・乗法・除法 ……（答）

● **数の集合**

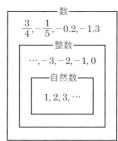

数
$\dfrac{3}{4}$，$-\dfrac{1}{5}$，-0.2，-1.3
整数
$\cdots, -3, -2, -1, 0$
自然数
$1, 2, 3, \cdots$

✓ 類題 **33**

解答 → 別冊 p.7

正の数の集合で，計算の結果がつねに正の数となる四則計算をすべていいなさい。

UNIT 10 素数

目標 素数について理解できる。

要点

● **素数**…1より大きい自然数で，1とその数以外に約数をもたない数を素数という。
1は素数ではない。

例題 34 素数

LEVEL：基本

次の数のうち，素数はどれですか。
7, 21, 31, 42, 51, 69, 89

ここに着目！ **素数 ⇒ 1とその数自身しか約数をもたない数**

解き方 21は3を約数にもつから，素数ではない。
42は2を約数にもつから，素数ではない。
51は3を約数にもつから，素数ではない。
69は3を約数にもつから，素数ではない。
したがって，素数は，**7, 31, 89** ⋯⋯ 答

➔ **素数**
2より大きい偶数は，必ず2を約数にもつので素数ではない。奇数では，3, 5, 7, …などでわってみて見つけていくとよい。

✓ **類題 34**

解答 ➔ 別冊 p.7

次の数のうち，素数はどれですか。
1, 17, 49, 71, 91, 101, 111, 153, 203

COLUMN
コラム

素数の見つけ方

「エラトステネスのふるい」という，素数を見つける方法があります。
これは，たとえば2から100までの数で，2以外の2の倍数を消す，3以外の3の倍数を消す，5以外の5の倍数を消す，…というように続けていき，あとに残った数が素数になります。

1章 正負の数

UNIT 11 素因数分解

目標 ▶ 素因数分解ができる。

要点

● **素因数分解**…自然数を素数の積で表すことを**素因数分解**という。

例題 35 素因数分解   LEVEL：標準

次のそれぞれの数を素因数分解しなさい。

(1) 30   (2) 315

ここに着目！ 素因数分解 ⇒ 自然数を素数だけの積で表すこと

解き方 次のような方法で，素因数分解することができる。

(1)
```
2) 30
3) 15
   ⑤ —— 素数
```
$30 = 2 \times 3 \times 5$ ……(答)

(2)
```
3) 315
3) 105
5)  35
    ⑦ —— 素数
```
$315 = 3 \times 3 \times 5 \times 7$
$= 3^2 \times 5 \times 7$ ……(答)

● **素因数分解**
与えられた数を，わり切ることができる素数で次々にわっていき，最後が素数になるまで続ける。

類題 35   解答 ➡ 別冊 p.7

次のそれぞれの数を素因数分解しなさい。

(1) 18   (2) 45
(3) 75   (4) 80
(5) 96   (6) 225

例題 36　素因数分解の利用

LEVEL: 応用

次の問いに答えなさい。

(1) 84 になるべく小さい自然数をかけて，ある自然数の 2 乗にしたい。
どんな数をかければよいですか。

(2) 180 をなるべく小さい自然数でわって，ある自然数の 2 乗にしたい。
どんな数でわればよいですか。

 ここに着目！ ある数の平方 ⇒ 素因数分解したとき，累乗の指数がすべて偶数

解き方 (1) 84 を素因数分解すると，

$$84 = 2^2 \times 3 \times 7$$

素因数分解したときの，累乗の指数をすべて偶数にするためには，3×7 をかければよい。

$$3 \times 7 = \mathbf{21} \quad \text{(答)}$$

(2) 180 を素因数分解すると，

$$180 = 2^2 \times 3^2 \times 5$$

素因数分解したときの，累乗の指数をすべて偶数にするためには，5 でわればよい。

$$\mathbf{5} \quad \text{(答)}$$

◆ 素因数分解の利用

与えられた数を素因数分解して，累乗の指数がすべて偶数になるように，かけたり，わったりする。

累乗の指数に注目しよう！

✓ 類題 36

解答 → 別冊 p.7

次の問いに答えなさい。

(1) 350 になるべく小さい自然数をかけて，ある自然数の 2 乗にしたい。
どんな数をかければよいですか。

(2) 396 をなるべく小さい自然数でわって，ある自然数の 2 乗にしたい。
どんな数でわればよいですか。

UNIT

1

正負の数の利用

目標 正負の数を利用して平均を求めたり，基準とのちがいを考えたりできる。

要点

● **くふうして平均を求める**…① 基準となる数量を決める。
（計算を簡単にできる）　② 基準との大小を正負の数で表す。
　　　　　　　　　　　　　③ ②の平均を求める。
　　　　　　　　　　　　　④ ①の基準に③を加える。

例題 **37** **くふうして平均を求める**  LEVEL：標準

右の表は，A〜Eの5人の生徒の数学
のテストの得点を示したものである。
5人のテストの得点の平均を求めなさい。

生徒	A	B	C	D	E
得点(点)	78	95	88	69	75

 基準にした値との大小を正・負の数で表してから，平均を求める。

解き方 基準は，全体の真ん中あたりの数値を設定すると，計算が楽に
なる。ここでは，Eの得点の75点を基準の得点にして，
A〜Dの4人の得点を正・負の数で表す。
A…＋3，B…＋20，C…＋13，D…－6となることより，
　$(+3+20+13-6+0)÷5=30÷5=6$
基準の得点より6点大きいことから，平均は
　$75+6=$**81（点）** ……… 答

 注意

基準となる人・ものをふく
めた数でわることに注意。

✓ **類題 37**

解答 ➜ 別冊 p.7

右の表は，A〜Fの6本のオリーブ
のなえ木の高さを示したものである。
6本の高さの平均を求めなさい。

なえ木	A	B	C	D	E	F
高さ(cm)	153	144	158	136	148	155

例題 **38** 基準とのちがいを考える LEVEL：応用

右の表は，5人の生徒それぞれの所持金からF君の所持金をひいた結果を表したものである。E君の所持金は1000円である。

生徒	A	B	C	D	E
所持金の差	−600	+300	−500	+600	−450

（単位　円）

⑴　F君の所持金はいくらですか。

⑵　B君の所持金はいくらですか。

⑶　所持金の最も多い人と最も少ない人の差を求めなさい。

ここに着目！ **基準にした値より大きいときは正の数，小さいときは負の数で表す。**

解き方 ⑴　E君の所持金1000円は，F君の所持金より450円少ない。
　　　　よって，F君の所持金は，1000＋450＝**1450（円）** …… 答

⑵　B君の所持金は，F君の所持金より300円多い。
　　　よって，B君の所持金は，1450＋300＝**1750（円）** …… 答

⑶　表より，最も所持金の多い人はD君で，最も所持金の少ない人はA君だとわかる。
　　　その差は，600−(−600)＝600＋600＝**1200（円）** …… 答

● **基準となる値**
例題では，基準となる値はF君の所持金である。まずF君の所持金を求めるとよい。

✓ **類題 38**

解答 → 別冊 p.7

右の表は，ある工場の1日の機械の生産台数が，前日より多いか少ないかを表したものである。前日より多いときは，その数を正の数で，少ないときは，その数を負の数で示している。

日	9日	10日	11日	12日	13日
増減	−20	+5	0	+15	−10

（単位　台）

8日の生産台数は220台であった。これについて，次の問いに答えなさい。

⑴　12日の生産台数は何台ですか。

⑵　この表の5日間のうちで，最も生産台数が多かったのは何日ですか。また，最も生産台数が少なかったのは何日ですか。

定期テスト対策問題

解答 → 別冊 p.8

問 1 正の数と負の数の表し方

次のそれぞれの数を求めなさい。

(1) 0 より 3 大きい数

(2) 0 より $\dfrac{9}{4}$ 大きい数

(3) 0 より 2 小さい数

(4) 0 より 4.8 小さい数

問 2 数直線上の数

下の数直線で，点 A，B，C，D に対応する数をいいなさい。

また，次の(1)〜(4)の数に対応する点をしるしなさい。

(1) -3

(2) $+1.5$

(3) $-\dfrac{3}{2}$

(4) $+\dfrac{13}{4}$

問 3 数の大小

次の各組の数の大小を，不等号を使って表しなさい。

(1) $-13,\ 6$

(2) $-0.5,\ -0.15$

(3) $-\dfrac{5}{7},\ -\dfrac{5}{9}$

(4) $-3.8,\ 0,\ -0.01$

問 4 正負の数の表し方と絶対値

次の問いに答えなさい。

(1) 「庭を $-10\,\mathrm{m^2}$ 広くした」ということを，負の数を使わずに表しなさい。

(2) 絶対値が 3 以下の整数を，小さいほうから順に書きなさい。

問 5 2 つの数の加法と減法

次の計算をしなさい。

(1) $(-3)+(+5)$

(2) $(+5)+(-6)$

(3) $(-2)+(-9)$

(4) $(+6)-(+10)$

(5) $(-4)-(-8)$

(6) $(-17)-(+23)$

(7) $5-7$

(8) $-9+12$

(9) $-8-8$

(10) $-0.5+(+0.6)$

(11) $-\dfrac{2}{5}+\left(-\dfrac{1}{3}\right)$

(12) $0.7-\dfrac{3}{4}$

問 6 3数以上の加法と減法

次の計算をしなさい。

(1) $18 - 6 + 4$

(2) $(-7) - 8 + 3$

(3) $-15 - (-7) + 0 - 9$

(4) $-0.5 - 2.3 - (-1.1)$

(5) $1 - \left(-\dfrac{1}{3}\right) + \dfrac{3}{4}$

(6) $-\dfrac{1}{6} + 2 + (-0.4)$

問 7 乗法と除法

次の計算をしなさい。

(1) $(-6) \times (-7)$

(2) $3 \times (-9)$

(3) -1×12

(4) $\dfrac{2}{3} \times \left(-\dfrac{13}{8}\right)$

(5) $-\dfrac{5}{3} \times \left(-\dfrac{11}{5}\right)$

(6) $12 \div (-4)$

(7) $-21 \div (-7)$

(8) $(-39) \div 13$

(9) $-3 \div \left(-\dfrac{1}{2}\right)$

(10) $-\dfrac{14}{3} \div \left(-\dfrac{7}{6}\right)$

(11) $2 \times \left(-\dfrac{3}{4}\right) \div \dfrac{4}{5}$

(12) $-\dfrac{3}{4} \div \dfrac{5}{6} \div \left(-\dfrac{9}{8}\right)$

問 8 累乗や四則の混じった計算

次の計算をしなさい。

(1) -0.4^2

(2) $9 - 6 \div (-2)$

(3) $(-2)^3 + 3 \times (-4)$

(4) $-4 \times (-3 - 6) - 10$

(5) $\{-2 - 3 \times (-5)\} \times (-2)$

(6) $(-4)^2 \times (-8) \div (-2^4)$

(7) $\dfrac{1}{4} + \dfrac{1}{2} \times \left(-\dfrac{2}{3}\right)$

(8) $2 \div 3 \times (-6) - 4$

(9) $\left(\dfrac{1}{3} - 0.5\right) \times \dfrac{3}{5}$

(10) $\left(-\dfrac{2}{9}\right) \times 15 + \left(-\dfrac{2}{9}\right) \times 3$

問 9 数の範囲と乗法

次の各数について，あとの問いに答えなさい。

$-5,\ 1,\ 2,\ -\dfrac{1}{10},\ 0,\ -8,\ 0.3,\ 11$

(1) 正の整数をすべて選びなさい。そのうち，素数はいくつありますか。

(2) 3乗すると負の数になる数をすべて選びなさい。

問 10 数の範囲と四則

整数の範囲で，次の計算がいつでもできるのはどれですか。すべて選びなさい。

① $a+b$ ② $a-b$ ③ $a \times b$ ④ $a \div b$

問 11 素因数分解

次の数を素因数分解しなさい。

(1) 36   (2) 50   (3) 168

問 12 素因数分解の利用

次の問いに答えなさい。

(1) 24 を素因数分解して，約数をすべて求めなさい。

(2) 60 になるべく小さい自然数をかけて，ある自然数の 2 乗にしたい。どんな数をかければよいですか。

(3) 150 をなるべく小さい自然数でわって，ある自然数の 2 乗にしたい。どんな数でわればよいですか。

問 13 くふうして平均を求める

ある工場で，1 日 150 台を目標に生産を始めた。下の表は，目標台数より多いか少ないかを，1 週間にわたって調査したものである。

次の問いに答えなさい。

曜日	日	月	火	水	木	金	土
150 台に対する増減	−5	+8	+6	0	−1	−4	+3

(1) 金曜日の生産台数は，何台ですか。

(2) 生産台数が最も多かった日と，最も少なかった日の差は何台ですか。

(3) この 1 週間の生産台数の合計を求めなさい。

(4) 1 日平均何台生産しましたか。

問 14 基準とのちがいを利用して求める

右の表はある中学校の図書館の本の貸出数が，前日より多いか少ないかを表したものである。前日より多いときは，その数を正の数で，少な

曜日	火	水	木	金
増減	−2	+7	−22	+23

いときはその数を負の数で表している。月曜日の貸出数を 30 冊とするとき，最も貸出数が多かったのは何曜日で何冊でしたか。

KUWASHII
MATHEMATICS

2章

中1
数学

文字と式

UNIT 1 文字の使用

（目標）文字を使って，数量や数量の関係を表すことができる。

要点

- **文字式**…文字を使った式を**文字式**という。
- **文字式のつくり方**…数量の関係をことばの式にしてから**文字でおきかえる**。

例題 1 文字を使った式　　　　　　　　　　　　　LEVEL：基本

次の数量を，文字を使った式で表しなさい。
(1) 35 人のクラスで，x 人欠席したときの出席者の人数
(2) a km の道のりを，毎時 4km で歩くときにかかる時間
(3) 84 円切手を n 枚買ったときの代金

ここに着目！ 文字を使った式 ⇒ 数量の関係をことばの式にする。

（解き方）(1) （出席者数）＝（クラスの人数）−（欠席者数）より，
$(35-x)$ **人** ………（答）
(2) （時間）＝（道のり）÷（速さ）より，
$(a \div 4)$ **時間** ………（答）
(3) （代金）＝（1 枚の値段）×（枚数）より，
$(84 \times n)$ **円** ………（答）

● **文字を使った式**

まず，求める数量を表す式をことばで書く。次に，その式に数と文字をあてはめる。

 類題 1　　　　　　　　　　　　　　　　　解答 ➜ 別冊 p.10

次の数量を，文字を使った式で表しなさい。
(1) 1000 円を出して a 円の買い物をしたときのおつり
(2) t℃より 15℃高い気温
(3) 縦 a cm，横 15cm の長方形の面積

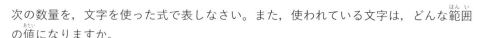

例題 **2** 数の代わりとしての文字　　　　LEVEL：基本

次の数量を，文字を使った式で表しなさい。また，使われている文字は，どんな範囲の値になりますか。

(1) 45 個入りのクッキーを，x 個食べたときの残りの個数
(2) 1 個 a 円の品物を 3 個買ったときの代金
(3) 100 円を出して x 円の品物を買ったときのおつり

ここに着目！ **文字を使った式から，文字がどんな範囲の値になるかを考える。**

解き方 (1) （残りの個数）＝（はじめの個数）－（食べた個数）より，

(45－x) 個 ……答

食べた個数は 1 以上の整数で，45 を超えないから，

x は **1 以上 45 以下の整数** ……答

(2) （代金）＝（1 個の値段）×（買った個数）より，

(a×3) 円 ……答

品物の値段は 1 以上の整数だから，

a は **自然数** ……答

(3) （おつり）＝（出した金額）－（買った品物の値段）より，

(100－x) 円 ……答

買った品物の値段は 1 以上の整数で，100 を超えないから，

x は **1 以上 100 以下の整数** ……答

 注意

(1) 1 個も食べない場合もふくめるならば，x は 0 以上の整数となる。

✓ **類題 2**　　　　解答 → 別冊 p.10

次の数量を，文字を使った式で表しなさい。また，使われている文字は，どんな範囲の値になりますか。

(1) 1 冊 150 円のノートを x 冊買ったときの代金
(2) 1 辺の長さが $a$cm である正方形の周の長さ
(3) $t$kg より 10kg 重い重さ

UNIT 2 積の表し方

目標 ▶ 積を文字を使った式で正しく表すことができる。

要 点

● **積の表し方**…① かけ算の記号×を省く。
　　　　　　　　② 数を文字の前に書く。

例題 **3** 積の表し方　　　　　　　　　　　　　　　LEVEL：基本

次の式を，文字式の表し方にしたがって表しなさい。

(1) $a \times 6 \times b \times c$

(2) $c \times \dfrac{1}{4} \times a \times b$

(3) $(a+b) \times 6$

(4) $4 \times (x-y) \times a$

ここに着目! ▶ **乗法の記号×は省く。**
文字と数の積 ⇒ 数を文字の前に書く。

 解き方
(1) $a \times 6 \times b \times c = \boldsymbol{6abc}$ ──── 答

(2) $c \times \dfrac{1}{4} \times a \times b = \dfrac{1}{4}\boldsymbol{abc}$ ──── 答

(3) $(a+b) \times 6 = \boldsymbol{6(a+b)}$ ──── 答

(4) $4 \times (x-y) \times a = \boldsymbol{4a(x-y)}$ ──── 答

参考
文字の積はアルファベット
順に並べて書くことが多い。

✓ **類題 3**　　　　　　　　　　　　　　　　　解答 ➡ 別冊 p.10

次の式を，文字式の表し方にしたがって表しなさい。

(1) $a \times c \times 5 \times b$

(2) $z \times \dfrac{2}{5} \times y \times x$

(3) $(x+y-z) \times 5$

(4) $a \times (y-z) \times 3$

次の式を，文字式の表し方にしたがって表しなさい。

(1) $x \times 1$

(2) $y \times (-1)$

(3) $a \times (-3) \times b \times c$

(4) $x \times y \times \left(-\dfrac{3}{7}\right) \times z$

 1や−1と文字の積 ⇒ 1を省略して書く。
文字と数の積 ⇒ 数を文字の前に書く。

解き方 (1) 1は省略して書く。

$$x \times 1 = \boldsymbol{x} \quad \text{答}$$

(2) −1の1は省略して書く。

$$y \times (-1) = \boldsymbol{-y} \quad \text{答}$$

(3) 数は文字の前に書く。

$$a \times (-3) \times b \times c = \boldsymbol{-3abc} \quad \text{答}$$

(4) $x \times y \times \left(-\dfrac{3}{7}\right) \times z = \boldsymbol{-\dfrac{3}{7}xyz} \quad \text{答}$

注意

1は省いて書くが，−の符号は省いてはいけない。

◉ 数と文字との積

数は文字の前に書く。

$1x$ や$-1y$ とは書かないよ。

類題 4

解答 ➔ 別冊 p.10

次の式を，文字式の表し方にしたがって表しなさい。

(1) $a \times b \times 1 \times c$

(2) $x \times z \times (-1) \times y$

(3) $(-5) \times b \times a$

(4) $y \times (-7) \times z \times x$

(5) $\left(-\dfrac{1}{4}\right) \times y \times z \times x$

(6) $b \times c \times a \times \left(-\dfrac{3}{4}\right)$

UNIT 3 累乗の表し方，商の表し方

目標 累乗や商を文字を使った式で正しく表すことができる。

要点

- **累乗の表し方**…同じ文字の積は**指数**を使って書く。
- **商の表し方**…わり算の記号÷を使わないで，**分数の形**で書く。

例題 5 累乗の表し方 LEVEL：基本

次の式を，文字式の表し方にしたがって表しなさい。

(1) $a \times a \times a$

(2) $x \times 3 \times y \times x \times y \times x$

(3) $a \times (-1) \times a \times a \times b$

(4) $m \times \ell \times \left(-\dfrac{2}{3}\right) \times m \times n \times n$

ここに着目！ 同じ文字の積 ⇒ 累乗の形で書く。

解き方

(1) $a \times a \times a = \boldsymbol{a^3}$ ……答

(2) $x \times 3 \times y \times x \times y \times x = 3 \times x \times x \times x \times y \times y$
$= \boldsymbol{3x^3y^2}$ ……答

(3) $a \times (-1) \times a \times a \times b = (-1) \times a \times a \times a \times b$
$= \boldsymbol{-a^3b}$ ……答

(4) $m \times \ell \times \left(-\dfrac{2}{3}\right) \times m \times n \times n = \left(-\dfrac{2}{3}\right) \times \ell \times m \times m \times n \times n$
$= \boldsymbol{-\dfrac{2}{3}\ell m^2 n^2}$ ……答

◯ 累乗の表し方
同じ文字の積は累乗の形で表す。

✓ 類題 5

解答 → 別冊 p.10

次の式を，文字式の表し方にしたがって表しなさい。

(1) $y \times x \times y$

(2) $a \times a \times (-5) \times b$

(3) $a \times b \times \dfrac{3}{5} \times b \times a \times a$

(4) $a \times (-1) \times a \times b \times b \times b \times a$

6 商の表し方

LEVEL : 基本

次の式を，文字式の表し方にしたがって表しなさい。

(1) $x \div y$

(2) $3 \div a$

(3) $(a+b) \div 2$

(4) $x \div (-4)$

 ここに着目！ **商の表し方 ⇒ 分数の形で書く。**

解き方 (1) $x \div y = \dfrac{x}{y}$ ……… 答

(2) $3 \div a = \dfrac{3}{a}$ ……… 答

(3) $(a+b) \div 2 = \dfrac{a+b}{2}$ ……… 答

(4) $x \div (-4) = \dfrac{x}{-4} = -\dfrac{x}{4}$ ……… 答

● 商の表し方

わられる文字(式)を分子に，わる文字(式)を分母にして，分数の形で書く。

(3)式 $a+b$ を1つのまとまりと考える。かっこをつける必要はない。

 参考

(3) $\dfrac{a+b}{2}$ は $\dfrac{1}{2}(a+b)$ と書いてもよい。

(4) $-\dfrac{x}{4}$ は $-\dfrac{1}{4}x$ と書いてもよい。

分子と分母を逆にしないように注意しよう！

✓ **類題 6**

解答 → 別冊 p.10

次の式を，文字式の表し方にしたがって表しなさい。

(1) $x \div 4$

(2) $5 \div b$

(3) $(a-b) \div 3$

(4) $a \div (-3)$

2 章 文字と式

UNIT

4 複雑な式の表し方と文字式の意味

目標 → 複雑な式を文字を使った式で正しく表すことができる。

要点

- **複雑な式の表し方**…乗法・除法は記号×や÷を使わないで表す。
  加法・減法は記号を省けない。
- **文字式の意味**…文字が並んでいるものは積を，分数は商を表している。

例題 **7** 四則が混じった式　　　　　　　　　　　　　　　　LEVEL：標準

次の式を，文字式の表し方にしたがって表しなさい。

(1) $x \times (-3) + z \times y$ 　　　　　　(2) $a \times 5 - b \div 4$

(3) $a \times a - 3 \times b \times b \times b$ 　　　　(4) $x \div 7 + y \times y$

ここに着目！ 乗法・除法 ⇒ ×や÷を使わない。
加法・減法 ⇒ 記号を省けない。

解き方 (1) $x \times (-3) + z \times y = (-3) \times x + y \times z$

$= -3x + yz$ ……(答)

(2) $a \times 5 - b \div 4 = 5 \times a - b \div 4$

$= 5a - \dfrac{b}{4}$ ……(答)

(3) $a \times a - 3 \times b \times b \times b = a^2 - 3b^3$ ……(答)

(4) $x \div 7 + y \times y = \dfrac{x}{7} + y^2$ ……(答)

➡ **累乗の表し方**

同じ文字の積は累乗の形で表す。

✓ **類題 7**　　　　　　　　　　　　　　　　　　　解答 ➡ 別冊 p.10

次の式を，文字式の表し方にしたがって表しなさい。

(1) $y \times (-7) + 2 \times x$ 　　　　　　(2) $(-8) \div a + b \div 3$

(3) $a \times (-5) \times a - b \times b \times c \times c$ 　(4) $a \div b + c \times d \times c \times c$

次の式を，×や÷の記号を使って表しなさい。

(1) $3abc$

(2) $5x^2y$

(3) $a^3 - \dfrac{b}{4}$

(4) $\dfrac{2x+3y}{z}$

 ここに着目！

アルファベットが並んでいる式 ⇒ 乗法の記号×をつける。
分数で表されている式 ⇒ 除法の記号÷をつける。

解き方 (1) 3と a と b と c をかけている。

$$3abc = \boldsymbol{3 \times a \times b \times c} \quad \text{答}$$

(2) 5と x を2個と y をかけている。

$$5x^2y = \boldsymbol{5 \times x \times x \times y} \quad \text{答}$$

(3) a を3個かけたものから，b を4でわったものをひいている。

$$a^3 - \dfrac{b}{4} = \boldsymbol{a \times a \times a - b \div 4} \quad \text{答}$$

(4) 2と x をかけたものと3と y をかけたものの和を，z でわっている。

$$\dfrac{2x+3y}{z} = \boldsymbol{(2 \times x + 3 \times y) \div z} \quad \text{答}$$

◆ ×や÷の記号を使っ
て表す

数と文字だけの式には×を，
分数の式には÷をつける。

 注意

(4)分子全体を1つのまと
まりとして，分子を表す式
には，かっこをつけておく。

✓ **類題 8**

解答 → 別冊 p.10

次の式を，×や÷の記号を使って表しなさい。

(1) $-2abc$

(2) $0.01x^2y$

(3) $\dfrac{a}{5} - b^2c^2$

(4) $\dfrac{4x+y}{z}$

1 数量の表し方①

（目標）数量を文字を使った式で表すことができる。

要点

● **文字式の表し方**…① ことばの式で表される関係にしたがい数量を表す。
② 文字を数と考えて文字式に表す。

例題 9 代金やおつりを文字を使って表す　LEVEL: 基本

次の数量を，文字を使った式で表しなさい。
(1) 1本 a 円の鉛筆3本と，1冊 b 円のノート5冊を買ったときの代金
(2) 1パック x 円のいちごを6パック買って，1000円出したときのおつり

（ここに着目!）文字を数と考える ⇒ 文字式に表す。

（解き方）(1) 求める代金は，（鉛筆の代金）＋（ノートの代金）
鉛筆の代金は，（1本の値段）×（本数）で，$a×3＝3a$（円）
ノートの代金は，（1冊の値段）×（冊数）で，$b×5＝5b$（円）
合わせた代金は，**$(3a＋5b)$ 円** ……（答）

(2) （おつり）＝（出した金額）－（代金）
いちごの代金は，（1パックの値段）×（パックの数）で，
$x×6＝6x$（円）
おつりは，**$(1000－6x)$ 円** ……（答）

● **単位のつけ方**
本書では，(1)の答えのように $3a＋5b$ と式の形になったときは，かっこをつけて式をひとまとめにしてから単位を書く。
$(3a＋5b)$ 円
式の形でないときは単位にかっこをつけて書く。
$3a$（円）

（✓）類題 9　　　　解答 → 別冊 p.11

次の数量を，文字を使った式で表しなさい。
(1) 1本 a 円の鉛筆10本と1本 b 円のボールペン8本を買ったときの代金
(2) 1個 x 円のチョコレートを12個買って，5000円出したときのおつり

例題 10 速さ，時間，道のりを文字を使って表す　　LEVEL：基本

次の数量を，文字を使った式で表しなさい。

(1) 時速 x km の速さで 3 時間歩いたときの道のり

(2) x km の道のりを時速 4km の速さで歩いたときにかかる時間

(3) x km の道のりを 6 時間かかって歩いたときの速さ

道のりの求め方　（道のり）＝（速さ）×（時間）

解き方 (1) （道のり）＝（速さ）×（時間）であるから，

$$x \times 3 = \boldsymbol{3x} \, (\textbf{km}) \quad \text{……} \; 答$$

(2) （時間）＝（道のり）÷（速さ）であるから，

$$x \div 4 = \frac{\boldsymbol{x}}{\boldsymbol{4}} \, (\textbf{時間}) \quad \text{……} \; 答$$

(3) （速さ）＝（道のり）÷（時間）であるから，

$$x \div 6 = \frac{x}{6} \; より，\quad \textbf{時速} \frac{\boldsymbol{x}}{\boldsymbol{6}} \, (\textbf{km}) \quad \text{……} \; 答$$

➡ 単位の表し方

・道のり…km，m など

・時間…時間，分，秒など

・速さ…時速 □ km，分速
　□ m，秒速 □ m など

✓ 類題 10　　　　　　　　　　　　　　　　　　　　　　　　解答 ➡ 別冊 p.11

次の数量を，文字を使った式で表しなさい。

(1) 分速 120m の速さで x 分間走ったときの道のり

(2) 20km の道のりを時速 x km の速さで歩いたときにかかる時間

(3) a km の道のりを 5 時間かかって歩いたときの速さ

COLUMN

コラム

数学で使う文字

時速 6km の速さのことを 6km/h と表すこともあります。

h は hour（時）の頭文字です。「/h」は「1 時間あたり」という意味です。

他にも，面積を S，体積を V，周の長さを ℓ，高さを h，半径を r と表します。どんな単語からとったものか調べてみるのもおもしろいです。

UNIT

2 | 数量の表し方②

目標 ▶ 割合，自然数を文字を使った式で表すことができる。

要点

- **割合を文字を使って表す**… $1\% = \dfrac{1}{100} \Rightarrow a\% = \dfrac{a}{100}$ ， 1 割 $= \dfrac{1}{10} \Rightarrow a$ 割 $= \dfrac{a}{10}$

- **文字を使った自然数(しぜんすう)の表し方**…2 けたの自然数は，十の位の数を a ，一の位の数を b とすると，$10a + b$ と表すことができる。

例題 11 | 割合を文字を使って表す   LEVEL：標準

次の数量を，文字を使った式で表しなさい。

(1) 3%の食塩水 xg の中にふくまれる食塩の量は何 g ですか。

(2) a%の食塩水 200g の中にふくまれる食塩の量は何 g ですか。

(3) a 円の 7 割は何円ですか。

 ここに着目！ $x\% = \dfrac{x}{100}$ ，x 割 $= \dfrac{x}{10}$ になおす。

解き方 (1) 3%は $\dfrac{3}{100}$ だから，$x \times \dfrac{3}{100} = \dfrac{3}{100}x(\mathbf{g})$ ———答

(2) a%は $\dfrac{a}{100}$ だから，$200 \times \dfrac{a}{100} = 200 \times \dfrac{1}{100} \times a$

$= 2a(\mathbf{g})$ ———答

(3) 7 割は $\dfrac{7}{10}$ だから，$a \times \dfrac{7}{10} = \dfrac{7}{10}a(\mathbf{円})$ ———答

● **食塩水中の食塩の量**

（食塩水全体の量）×（食塩の割合）で求めることができる。

 注意

(2)のような場合には，式を簡単にする。

✓ **類題 11**   解答 ➡ 別冊 p.11

次の数量を，文字を使った式で表しなさい。

(1) x 円の 30%の金額

(2) 300L の a%の水のかさ

(3) a 円の b 割の金額

例題 **12** **2 けたの自然数を文字を使って表す**    LEVEL：標準

次の数を，文字を使った式で表しなさい。
(1)　十の位の数が 6，一の位の数が x である 2 けたの自然数
(2)　十の位の数が a，一の位の数が b である 2 けたの自然数

 ここに着目！ ▶ **2 けたの自然数を文字を使って表す ⇒ $10a+b$**

(解き方) (1)　十の位の数が 6 より，$10 \times 6 = 60$
　　　　一の位の数が x より，$1 \times x = x$
　　　　2 けたの自然数は，**$60+x$** ……(答)

(2)　十の位の数が a より，$10 \times a = 10a$
　　　一の位の数が b より，$1 \times b = b$
　　　2 けたの自然数は，**$10a+b$** ……(答)

◆ 2 けたの自然数
文字を使うと $10a+b$ と表される。

 注意
ab だと，a と b の積を表すことになる。

✓ **類題 12**　　　　　　　　　　　　解答 ➡ 別冊 p.11

次の数を，文字を使った式で表しなさい。
(1)　十の位の数が x，一の位の数が 3 である 2 けたの自然数
(2)　10 円硬貨（こうか）が a 枚，1 円硬貨が b 枚あるときの合わせた金額
(3)　十の位の数が a，一の位の数が b である 2 けたの自然数より 25 大きい自然数

COLUMN
コラム　　　　　　　　　　　**3 けたの自然数**

例題 12 と同じ考え方で，3 けたの自然数を文字を使って表してみます。
百の位の数を x，十の位の数を y，一の位の数を z で表すと，百の位は $100x$，十の位は $10y$，一の位は z と表せるから，3 けたの自然数は，$100x+10y+z$ となります。

百の位	十の位	一の位
5	2	8
↑	↑	↑
100×5	10×2	1×8

$528 = 100 \times 5 + 10 \times 2 + 1 \times 8$

百の位	十の位	一の位
x	y	z
↑	↑	↑
$100 \times x$	$10 \times y$	$1 \times z$

$100 \times x + 10 \times y + z$

UNIT
3

数量の表し方③

目標 ▶ 文字を使った式から数量の関係を読みとることができる。

要点

● 文字式から，どんな数量の関係を表しているかを読みとる。
● n が整数のとき，$2n$ は偶数，$2n+1$ は奇数を表している。

例題 13　文字を使った式が表す数量　　　　　　LEVEL：標準

家から図書館までは，毎分 70 m の速さで a 分間歩き，さらに毎分 600 m の速さで走るバスに b 分間乗って着く。
このとき，次の式はどんな数量を表していますか。

(1)　$(a+b)$ 分　　　　　　　　　　(2)　$(70a+600b)$ m

ここに
着目！ ▶ 文字式から数量の関係を読みとる ⇒ 単位に注目

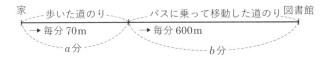

解き方　(1)　単位が分になっているので時間を表している。式が表す数量は，**家から図書館に着くまでにかかった時間** ……（答）

(2)　単位が m になっているので道のりを表している。式が表す数量は，**家から図書館までの道のり** ……（答）

◉ 数量の関係を読みとる

単位に目をつけて，文字式の数量の関係を読みとる。

✓ 類題 13　　　　　　　　　　　　　　　　　解答 ➡ 別冊 p.11

1 枚 63 円の切手を x 枚と 1 枚 84 円の切手を y 枚買った。
このとき，次の式はどんな数量を表していますか。

(1)　$(x+y)$ 枚
(2)　$(63x+84y)$ 円

例題 **14** 偶数や奇数などを文字を使って表す

LEVEL：標準

n が整数のとき，次の式はどんな数を表していますか。

(1)　$2n$　　　　　　　　　　　　(2)　$2n + 1$

(3)　$4n$

ここに着目！ どんな数を表しているか ⇒ n を数にして見きわめる。

解き方 (1)　n を 0 とすると 0，n を 1 とすると 2，n を 2 とすると 4，
n を 3 とすると 6 になり，0，2，4，6，……という数にな
るので，$2n$ は**偶数** ……(答)

(2)　n を 0 とすると 1，n を 1 とすると 3，n を 2 とすると 5，
n を 3 とすると 7 になり，1，3，5，7，……という数にな
るので，$2n + 1$ は**奇数** ……(答)

(3)　n を 0 とすると 0，n を 1 とすると 4，n を 2 とすると 8，
n を 3 とすると 12 になり，0，4，8，12，……という数に
なるので，$4n$ は **4 の倍数** ……(答)

○ **どんな数を表す式**

$2n$ ⇒ 偶数
$2n + 1$ ⇒ 奇数
を表す。
$4n$ は，n に 4 をかけているることから，どんな数かを見きわめることができる。

✓ **類題 14**

解答 ➜ 別冊 p.12

n が整数のとき，次の式はどんな数を表していますか。

(1)　$5n$　　(2)　$8n$　　(3)　$3n + 1$

COLUMN

コラム

n **を使って表す**

2，5，8，11，14，17，……と並んだ数があり，この数の n 番目の数はどのように表せるか
を考えます。
1番目…2，2番目…5，3番目…8，4番目…11，から3ずつ数がふえていることがわかります。
例題で学習したように，3 の倍数は $3n$ と表され，n が 1 ふえると 3 ずつ数がふえていきます。
そこで1番目を $3n$ とおくと，$3 \times 1 = 3$ となり，2 にはなりません。したがって，$3n - 1$ とす
れば，1 番目は 2，2 番目は $3 \times 2 - 1 = 5$，3 番目は $3 \times 3 - 1 = 8$ となります。よって n 番目は
$3n - 1$ と表せます。

UNIT

1

代入と式の値①

（目標）文字に数を代入して，式の値を求めることができる。

要点

● **代入する**…文字式の文字を数におきかえること。
● **式の値**…文字式の文字に数を代入して計算した結果。

例題 **15** 代入と式の値

LEVEL：標準

$a = 2$，$b = -3$，$c = -\dfrac{3}{4}$ のとき，次の式の値を求めなさい。

(1) $6a$ (2) $-3b$

(3) $\dfrac{2}{c}$

$a = 2$
↓ a の代わりに 2 を入れる。
$6a = 6 \times a = 6 \times ②$ 「代入」

（解き方）(1) $6a = 6 \times a = 6 \times 2 = \mathbf{12}$ ……（答）

(2) $-3b = -3 \times b = -3 \times (-3) = \mathbf{9}$ ……（答）

(3) $\dfrac{2}{c} = 2 \div c = 2 \div \left(-\dfrac{3}{4}\right) = 2 \times \left(-\dfrac{4}{3}\right) = -\dfrac{\mathbf{8}}{\mathbf{3}}$ ……（答）

◆ 式の値

×，÷は省略されているので，必ずそれらをおぎなう。負の数を代入するときは，かっこをつけるのを忘れないようにする。

類題 **15**

解答 → 別冊 p.12

$a = -2$，$b = -6$，$c = -\dfrac{2}{5}$ のとき，次の式の値を求めなさい。

(1) $-5a$ (2) $\dfrac{b}{3} + 3$

(3) $\dfrac{4}{c}$

例題 16 累乗のある式の値

LEVEL：標準

$a = -3,\ b = 5,\ c = -2$ のとき，次の式の値を求めなさい。

(1)　$-0.7a^2$

(2)　$(b-6)^2$

(3)　$(-c)^3$

 着目！ 累乗のある式の値 ⇒ $(-a)^2 = (-a) \times (-a)$ と $-a^2 = -(a \times a)$ を見分ける。

解き方　(1)　$-0.7a^2 = -0.7 \times a \times a = -0.7 \times (-3) \times (-3)$
$= -0.7 \times 9$
$= \mathbf{-6.3}$ ……（答）

(2)　$(b-6)^2 = (b-6) \times (b-6) = (5-6) \times (5-6)$
$= (-1) \times (-1)$
$= \mathbf{1}$ ……（答）

(3)　$(-c)^3 = (-c) \times (-c) \times (-c)$
$= \{-(-2)\} \times \{-(-2)\} \times \{-(-2)\}$
$= 2 \times 2 \times 2$
$= \mathbf{8}$ ……（答）

 参考

文字に数を代入してから，累乗を考えてもよい。
$(a-1)^2 = (-3-1)^2$
$= (-4)^2 = (-4) \times (-4)$
$= 16$

 注意

(3) $-c = -1 \times c$
　$c = -2$ を代入すると，
　$-c = -1 \times (-2) = 2$

累乗の計算に慣れておこう！

✓ 類題 16

解答 ➡ 別冊 p.12

$a = -2,\ b = 4,\ c = -3$ のとき，次の式の値を求めなさい。

(1)　$-6a^2$

(2)　$-\dfrac{3}{4}b^2$

(3)　$(c-5)^3$

UNIT

2 代入と式の値②

目標 ▶ 文字に数を代入して，いろいろな式の値を求めることができる。

要点

● **文字が 2 つ以上ある式の値**…それぞれの文字を数におきかえて求める。

● **式の表し方と式の値**…文字式に表して，文字を与えられた数におきかえて式の値を
求める。

例題 **17** 文字が 2 つ以上ある式の値 LEVEL：応用

$a = -3$，$b = 4$，$c = 6$ のとき，次の式の値を求めなさい。

(1) ab^2 　　　　　　　　(2) $-bc$

(3) $(c-a)^2$ 　　　　　　(4) $b^2 - c^2$

ここに着目！ それぞれの数を正確に代入する。

解き方 (1) $ab^2 = a \times b \times b = -3 \times 4 \times 4 = \mathbf{-48}$ ……答

(2) $-bc = -b \times c = -4 \times 6 = \mathbf{-24}$ ……答

(3) $(c-a)^2 = (c-a) \times (c-a) = \{6-(-3)\} \times \{6-(-3)\}$
$= 9 \times 9$
$= \mathbf{81}$ ……答

(4) $b^2 - c^2 = b \times b - c \times c = 4 \times 4 - 6 \times 6 = 16 - 36$
$= \mathbf{-20}$ ……答

参考
文字に数を代入してから，
累乗を考えてもよい。

類題 **17** 解答 ➡ 別冊 p.12

$a = 3$，$b = \dfrac{1}{3}$，$c = -4$ のとき，次の式の値を求めなさい。

(1) $-3ab$ 　　　　　　　　(2) $(a-c)^2$

(3) $a^2 - 9b^2$ 　　　　　　(4) abc

18 式の表し方と式の値　　　　　LEVEL：応用

縦の長さが a cm，横の長さは縦の長さより b cm 長い長方形がある。これについて，次の問いに答えなさい。

(1)　横の長さを a，b を使って表しなさい。

(2)　この長方形の周の長さを a，b を使って表しなさい。

(3)　$a=12$，$b=3$ のとき，この長方形の周の長さを求めなさい。

2　章　文字と式

ここに着目！ ことばで式をつくる ⇒ 文字式に表す ⇒ 文字を数におきかえる。

解き方　(1)　縦の長さが a cm，横の長さは縦の長さより b cm 長いのだから，横の長さは $\boldsymbol{(a+b)}$ **cm** ……（答）

(2)　（長方形の周の長さ）$=2\{$（縦の長さ）$+$（横の長さ）$\}$ より，この長方形の周の長さは，

$2\{a+(a+b)\}=\boldsymbol{2(a+a+b)}$ **(cm)** ……（答）

(3)　$2(a+a+b)$ に $a=12$，$b=3$ を代入すると

$2(12+12+3)=2\times27$

$\qquad\qquad\qquad=\boldsymbol{54}$ **(cm)** ……（答）

◉ 式の表し方と式の値

文字式に表すときには，ことばで式をつくり，それを文字式に表す。

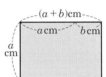

✓ **類題 18**　　　　　　　　　　　解答 → 別冊 p.12

縦の長さが a cm，横の長さが b cm，高さが c cm の直方体がある。これについて，次の問いに答えなさい。

(1)　この直方体の表面積を a，b，c を使って表しなさい。

(2)　$a=8$，$b=6$，$c=5$ のとき，この直方体の表面積を求めなさい。

UNIT

1 項と係数

目標 ▶ 項と係数の意味がわかり，同じ文字の項の計算ができる。

要点

- **項**…$6-2x$ は $6+(-2x)$ となる。このとき 6，$-2x$ をこの式の**項**という。
- **係数**…$-2x$ という項で，数の部分 -2 を x の**係数**という。
- **1次式**…$-2x$ のように，文字が1つだけの項を**1次の項**という。

  1次の項だけか，1次の項と数の項の和で表されている式を**1次式**という。

例題 19 項と係数
LEVEL：基本

次の式の項をいいなさい。また，文字をふくむ項について係数をいいなさい。

(1) $8x-10$

(2) $\dfrac{2}{3}x+y-4$

ここに着目！

項 ⇒ 加法で表したとき，＋で結ばれた1つ1つのもの

係数 ⇒ 項が数と文字の積になっているとき，その数がその項の係数

解き方 (1) $8x-10$ を和の形になおすと ⇒ $8x+(-10)$

このことから，項は **$8x$，-10** x の係数は **8** ┈┈┈ 答

(2) $\dfrac{2}{3}x+y-4$ を和の形になおすと ⇒ $\dfrac{2}{3}x+y+(-4)$

項は **$\dfrac{2}{3}x$，y，-4** x の係数は **$\dfrac{2}{3}$**，y の係数は **1** ┈┈┈ 答

注意

(2)y は $1y$ の1が省略されているので，係数は1

類題 19
解答 ➡ 別冊 p.12

次の式の項をいいなさい。また，文字をふくむ項について係数をいいなさい。

(1) $-5x+y+10$

(2) $0.1a-2b$

(3) $\dfrac{2}{3}x-\dfrac{y}{4}+\dfrac{2}{5}z$

例題 **20** 文字の部分が同じ項を 1 つにまとめる   LEVEL：標準

次の式を簡単にしなさい。

(1)　$2x + 3x$

(2)　$6x - x$

(3)　$0.3a + 0.4a$

(4)　$\dfrac{1}{5}x - \dfrac{2}{3}x$

(5)　$4x - 2 - 6x + 8$

(6)　$\dfrac{3}{4}a + 7 - \dfrac{1}{2}a - 9$

> ここに着目！
> 同じ文字の項どうしの加法 ⇒ 係数の和を求め，文字をつける。
> 同じ文字の項どうしの減法 ⇒ 係数の差を求め，文字をつける。

（解き方）

(1)　$2x + 3x = (2 + 3)x = \boldsymbol{5x}$ ……（答）

(2)　$6x - x = (6 - 1)x = \boldsymbol{5x}$ ……（答）

(3)　$0.3a + 0.4a = (0.3 + 0.4)a = \boldsymbol{0.7a}$ ……（答）

(4)　$\dfrac{1}{5}x - \dfrac{2}{3}x = \left(\dfrac{1}{5} - \dfrac{2}{3}\right)x = \left(\dfrac{3}{15} - \dfrac{10}{15}\right)x = \boldsymbol{-\dfrac{7}{15}x}$ ……（答）

(5)　$4x - 2 - 6x + 8 = 4x - 6x - 2 + 8$

$= (4 - 6)x + (-2 + 8)$

$= \boldsymbol{-2x + 6}$ ……（答）

(6)　$\dfrac{3}{4}a + 7 - \dfrac{1}{2}a - 9 = \dfrac{3}{4}a - \dfrac{1}{2}a + 7 - 9$

$= \left(\dfrac{3}{4} - \dfrac{1}{2}\right)a + (7 - 9)$

$= \left(\dfrac{3}{4} - \dfrac{2}{4}\right)a + (7 - 9)$

$= \boldsymbol{\dfrac{1}{4}a - 2}$ ……（答）

◎ 同じ文字の項どうしの加法・減法

加法 ⇒ 係数の和を求め，文字をつける。

減法 ⇒ 係数の差を求め，文字をつける。

（注意）

(2)$-x$ の x の係数は -1 になる。

(5)，(6)文字の項どうし，数の項どうしを別々に計算する。

（参考）

(6)$\dfrac{1}{4}a = \dfrac{a}{4}$ なので，$\dfrac{a}{4} - 2$ で答えてもよい。

✓ 類題 **20**

解答 ➡ 別冊 p.13

次の式を簡単にしなさい。

(1)　$-5x + 3x$

(2)　$-6a - 3a$

(3)　$x - 0.2x$

(4)　$\dfrac{1}{2}x - \dfrac{1}{3}x$

(5)　$9x - 8 - 13x + 6$

(6)　$-x - \dfrac{3}{5} + 6x - \dfrac{7}{15}$

UNIT 2 1次式の加法と減法

目標 ▶ 1次式の加法と減法の計算ができる。

要点

- **1次式の加法**…同じ文字の項どうしの加法は，**係数の和**を求め，文字をつける。

$$(ax+b)+(cx+d)=(a+c)x+(b+d)$$

- **1次式の減法**…同じ文字の項どうしの減法は，**係数の差**を求め，文字をつける。

$$(ax+b)-(cx+d)=(a-c)x+(b-d)$$

例題 21 1次式の加法

LEVEL：標準

次の計算をしなさい。

(1) $(4x-3)+(3x+8)$

(2) $(-5x+7)+(6x-8)$

ここに着目！ 1次式の加法 ⇒ かっこをはずし，文字の項，数の項どうしをまとめる。

解き方

(1)
$$\begin{aligned}
(4x-3)+(3x+8) &= 4x-3+3x+8 \\
&= 4x+3x-3+8 \\
&= \boldsymbol{7x+5} \quad \text{(答)}
\end{aligned}$$

(2)
$$\begin{aligned}
(-5x+7)+(6x-8) &= -5x+7+6x-8 \\
&= -5x+6x+7-8 \\
&= \boldsymbol{x-1} \quad \text{(答)}
\end{aligned}$$

◆ **1次式の加法**

たす式のかっこをはずすときは，かっこの中の各項の符号は変えない。

$+(a-b)=+a-b$

類題 21

解答 ➡ 別冊 p.13

次の計算をしなさい。

(1) $(4x+3)+(5x-6)$

(2) $(7-3b)+(2b-8)$

(3) $(0.4x+3)+(x-7)$

(4) $\left(\dfrac{3}{4}x-2\right)+\left(-\dfrac{2}{3}x+3\right)$

次の計算をしなさい。

(1) $(4x-3)-(3x+8)$

(2) $(-5x+7)-(6x-8)$

(3) $(3x-0.2)-(1.2x+0.8)$

(4) $\left(\dfrac{3}{4}x-3\right)-\left(\dfrac{1}{3}x-3\right)$

ここに着目！ **1 次式の減法 ⇒ かっこの中の各項の符号を変えてかっこをはずす。**

(解き方) (1) $(4x-3)-(3x+8)=4x-3-3x-8$
$$=4x-3x-3-8$$
$$=\boldsymbol{x-11} \cdots\cdots (答)$$

(2) $(-5x+7)-(6x-8)=-5x+7-6x+8$
$$=-5x-6x+7+8$$
$$=\boldsymbol{-11x+15} \cdots\cdots (答)$$

(3) $(3x-0.2)-(1.2x+0.8)=3x-0.2-1.2x-0.8$
$$=3x-1.2x-0.2-0.8$$
$$=\boldsymbol{1.8x-1} \cdots\cdots (答)$$

(4) $\left(\dfrac{3}{4}x-3\right)-\left(\dfrac{1}{3}x-3\right)=\dfrac{3}{4}x-3-\dfrac{1}{3}x+3$
$$=\dfrac{3}{4}x-\dfrac{1}{3}x-3+3$$
$$=\dfrac{9}{12}x-\dfrac{4}{12}x-3+3=\boldsymbol{\dfrac{5}{12}x} \cdots\cdots (答)$$

◆ 1 次式の減法

ひく式のかっこをはずすときは，かっこの中の各項の符号を変える。
$-(a-b)=-a+b$
後ろの項の符号を変えるのを忘れやすいので，注意する。

✓ **類題 22**   解答 ➡ 別冊 p.13

次の計算をしなさい。

(1) $(4a+6)-(-3a+5)$

(2) $(2x-9)-(5x-3)$

(3) $(0.4x+3)-(x-7)$

(4) $\left(\dfrac{2}{3}a+6\right)-\left(\dfrac{5}{6}a-6\right)$

UNIT
3

項が1つの1次式と数の乗法・除法

目標 ▶ 項が1つの1次式と数の乗法・除法の計算ができる。

要点

- 項が1つの1次式と数の乗法…数の部分の乗法を行う。
- 項が1つの1次式と数の除法…数どうしの除法を乗法の形になおして計算する。

例題 23　項が1つの1次式と数の乗法　　　　　　　　　　LEVEL：基本

次の計算をしなさい。

(1)　$9a \times (-3)$

(2)　$(-4) \times (-5x)$

(3)　$15a \times \left(-\dfrac{2}{5}\right)$

(4)　$(-12x) \times \left(-\dfrac{5}{6}\right)$

ここに着目！ $9a \times (-3) = \underline{9 \times (-3)} \times a$
　　　　　　　　　　　　└▶ 数の部分の乗法を行う。

解き方
(1)　$9a \times (-3) = 9 \times (-3) \times a = \boldsymbol{-27a}$ ……… 答

(2)　$(-4) \times (-5x) = (-4) \times (-5) \times x = \boldsymbol{20x}$ 答

(3)　$15a \times \left(-\dfrac{2}{5}\right) = 15 \times \left(-\dfrac{2}{5}\right) \times a = \boldsymbol{-6a}$ 答

(4)　$(-12x) \times \left(-\dfrac{5}{6}\right) = (-12) \times \left(-\dfrac{5}{6}\right) \times x = \boldsymbol{10x}$ ……… 答

○ 項が1つの1次式と数の乗法

数の部分の乗法では，交換法則，結合法則を用いている。
分数の計算では，約分を忘れないようにする。

✓ 類題 23　　　　　　　　　　　　　　　　　　　　解答 ➡ 別冊 p.13

次の計算をしなさい。

(1)　$7a \times (-2)$

(2)　$(-6) \times (-8x)$

(3)　$(-18a) \times \dfrac{4}{9}$

(4)　$(-24x) \times \left(-\dfrac{3}{8}\right)$

次の計算をしなさい。

(1)　$24a \div 8$　　　　　　　　(2)　$36x \div (-6)$

(3)　$\dfrac{3}{5}x \div 9$　　　　　　　(4)　$\left(-\dfrac{3}{5}x\right) \div \left(-\dfrac{9}{10}\right)$

ここに着目！

除法を乗法になおす。

$$24a \div 8 = 24a \times \frac{1}{8} = 24 \times \frac{1}{8} \times a$$

→ 数の部分の乗法を行う。

解き方

(1)　$24a \div 8 = 24a \times \dfrac{1}{8} = 24 \times \dfrac{1}{8} \times a$

　　　　　$= \boldsymbol{3a}$ ……（答）

(2)　$36x \div (-6) = 36x \times \left(-\dfrac{1}{6}\right) = 36 \times \left(-\dfrac{1}{6}\right) \times x$

　　　　　　　$= \boldsymbol{-6x}$ ……（答）

(3)　$\dfrac{3}{5}x \div 9 = \dfrac{3}{5}x \times \dfrac{1}{9} = \dfrac{3}{5} \times \dfrac{1}{9} \times x = \boldsymbol{\dfrac{1}{15}x}$ ……（答）

(4)　$\left(-\dfrac{3}{5}x\right) \div \left(-\dfrac{9}{10}\right) = \left(-\dfrac{3}{5}x\right) \times \left(-\dfrac{10}{9}\right)$

　　　　　　　$= \left(-\dfrac{3}{5}\right) \times \left(-\dfrac{10}{9}\right) \times x$

　　　　　　　$= \boldsymbol{\dfrac{2}{3}x}$ ……（答）

◯ 項が 1 つの 1 次式と数の除法

除法を乗法の形になおすときは，逆数をかける。
(3)，(4)分数の計算では，約分できるか確認するクセをつける。

逆数を使おう！

類題 24

解答 ➔ 別冊 p.14

次の計算をしなさい。

(1)　$32a \div 4$　　　　　　　(2)　$20x \div (-5)$

(3)　$\left(-\dfrac{5}{6}x\right) \div 15$　　　　　(4)　$\left(-\dfrac{4}{7}x\right) \div \left(-\dfrac{8}{21}\right)$

UNIT 4 項が 2 つの 1 次式と数の乗法・除法

目標 ▶ 項が 2 つの 1 次式と数の乗法・除法の計算ができる。

● 項が 2 つの 1 次式と数の乗法…分配法則を用いてかっこをはずす。

$$m(ax+b)=m\times ax+m\times b$$

● 項が 2 つの 1 次式と数の除法…除法を乗法の形になおしてかっこをはずす。

例題 25 項が 2 つの 1 次式と数の乗法

次の計算をしなさい。

(1)　$6(2a-3)$　　　　　　(2)　$-3(-2x-8)$

(3)　$\dfrac{3}{4}(-12x+20)$　　　(4)　$-\dfrac{2}{3}(-6x+9)$

 項が 2 つの 1 次式と数の乗法

⇒ 分配法則 $a(b+c)=ab+ac$ を用いてかっこをはずす。

解き方 (1)　$6(2a-3)=6\times 2a+6\times(-3)=\boldsymbol{12a-18}$　答

(2)　$-3(-2x-8)=(-3)\times(-2x)+(-3)\times(-8)$
　　　　　$=\boldsymbol{6x+24}$　答

(3)　$\dfrac{3}{4}(-12x+20)=\dfrac{3}{4}\times(-12x)+\dfrac{3}{4}\times 20=\boldsymbol{-9x+15}$　答

(4)　$-\dfrac{2}{3}(-6x+9)=\left(-\dfrac{2}{3}\right)\times(-6x)+\left(-\dfrac{2}{3}\right)\times 9$
　　　　　$=\boldsymbol{4x-6}$　答

● 項が 2 つの 1 次式と
　数の乗法

分配法則を用いてかっこを
はずすときには，符号に注
意する。
$(+)\times(-)=-$
$(-)\times(+)=-$
$(-)\times(-)=+$

✓ 類題 25

解答 ➡ 別冊 p.14

次の計算をしなさい。

(1)　$6(-x+7)$　　　　　　(2)　$-4(-12a-5)$

(3)　$\dfrac{3}{5}(-15x-25)$　　　(4)　$-\dfrac{3}{4}(-8x+16)$

次の計算をしなさい。

(1) $(24a - 16) \div 8$

(2) $(21x - 14) \div (-7)$

(3) $(36x - 18) \div \dfrac{6}{7}$

(4) $(12a - 36) \div \left(-\dfrac{3}{5}\right)$

ここに着目！ **項が 2 つの 1 次式と数の除法**
⇒ 除法を乗法の形になおして計算する。

(解き方)

(1) $(24a - 16) \div 8 = 24a \times \dfrac{1}{8} + (-16) \times \dfrac{1}{8}$

$= \boldsymbol{3a - 2}$ ……(答)

(2) $(21x - 14) \div (-7) = 21x \times \left(-\dfrac{1}{7}\right) + (-14) \times \left(-\dfrac{1}{7}\right)$

$= \boldsymbol{-3x + 2}$ ……(答)

(3) $(36x - 18) \div \dfrac{6}{7} = 36x \times \dfrac{7}{6} + (-18) \times \dfrac{7}{6}$

$= \boldsymbol{42x - 21}$ ……(答)

(4) $(12a - 36) \div \left(-\dfrac{3}{5}\right) = 12a \times \left(-\dfrac{5}{3}\right) + (-36) \times \left(-\dfrac{5}{3}\right)$

$= \boldsymbol{-20a + 60}$ ……(答)

➡ 項が 2 つの 1 次式と数の除法

2 つの項のそれぞれにわる数の逆数をかけて計算をする。
符号に注意する。
$(+) \div (-) = -$
$(-) \div (+) = -$
$(-) \div (-) = +$

✓ 類題 26　　　解答 ➡ 別冊 p.14

次の計算をしなさい。

(1) $(12x - 6) \div 3$

(2) $(24a + 36) \div (-12)$

(3) $(15x - 9) \div \dfrac{3}{5}$

(4) $(-8a - 12) \div \left(-\dfrac{4}{7}\right)$

UNIT

5 複雑な１次式の計算

目標 複雑な１次式の計算ができる。

要点

- **分数の形の式と数の乗法**…約分できるときは約分してから**分配法則**を用いる。
- **かっこをはずして計算する**…分配法則を用いてかっこをはずし，**文字の項**どうし，数の項どうしを別々に計算する。

例題 **27** 分数の形の式と数の乗法

LEVEL：応用

次の計算をしなさい。

(1) $6 \times \dfrac{2a+1}{3}$

(2) $12 \times \dfrac{3x-5}{4}$

(3) $\dfrac{4a-3}{8} \times (-16)$

(4) $\dfrac{5x-2}{5} \times (-20)$

 ここに着目！ かけられる数（かける数）と分数の分母で約分できるときは約分する。

解き方 (1) $6 \times \dfrac{2a+1}{3} = 2 \times (2a+1) = \boldsymbol{4a+2}$ ……答

(2) $12 \times \dfrac{3x-5}{4} = 3 \times (3x-5) = \boldsymbol{9x-15}$ ……答

(3) $\dfrac{4a-3}{8} \times (-16) = (4a-3) \times (-2) = \boldsymbol{-8a+6}$ ……答

(4) $\dfrac{5x-2}{5} \times (-20) = (5x-2) \times (-4) = \boldsymbol{-20x+8}$ ……答

○ 約分できないとき

$4 \times \dfrac{2a+1}{3} = \dfrac{4 \times (2a+1)}{3}$

$= \dfrac{8a+4}{3}$

約分できないときは，数をそのまま分子にかけて，分子のかっこをはずしておく。

✓ **類題 27**

次の計算をしなさい。

解答 → 別冊 p.14

(1) $9 \times \dfrac{5a-2}{3}$

(2) $\dfrac{3x-4}{6} \times 12$

(3) $(-12) \times \dfrac{a-8}{4}$

(4) $\dfrac{2x-5}{7} \times (-21)$

例題 **28** かっこをはずして計算する

LEVEL：応用

次の計算をしなさい。

(1) $3(-2x+1)+8(5x-3)$

(2) $4(x-3)-2(-x+4)$

(3) $-7(-2-3x)+4(5x-9)-(6-4x)$

ここに着目！ まずかっこをはずし，次に文字の項どうし，数の項どうしを別々に計算する。

解き方

(1) $3(-2x+1)+8(5x-3)$

$= -6x+3+40x-24$

$= -6x+40x+3-24$

$= \boldsymbol{34x-21}$ ……（答）

(2) $4(x-3)-2(-x+4)$

$= 4x-12+2x-8$

$= 4x+2x-12-8$

$= \boldsymbol{6x-20}$ ……（答）

(3) $-7(-2-3x)+4(5x-9)-(6-4x)$

$= 14+21x+20x-36-6+4x$

$= 21x+20x+4x+14-36-6$

$= \boldsymbol{45x-28}$ ……（答）

○ **項をまとめる**

項が多くなると，文字の項，数の項でまとめるときに，項を見落としがちになる。印をつけるなどして，見落とさないくふうをする。

前に－（マイナス）がついているかっこをはずすときは，符号に注意しよう！

✓ **類題 28**

解答 ➡ 別冊 p.14

次の計算をしなさい。

(1) $9(4-8x)-3(-6x+5)$

(2) $2(4a-9)-9(3a-8)$

(3) $2(2-x)-4(5x-11)+3(3x-2)$

(4) $\dfrac{1}{2}(2x-4)-\dfrac{5}{6}(18-12x)+42\left(-\dfrac{5}{14}x-\dfrac{5}{21}\right)$

UNIT 1 関係を表す式

目標 ▶ 数量の関係を等号，不等号を用いて表すことができる。

要点

- **等式**（とうしき）…数量の間の等しい関係を，**等号**（＝）を使って表した式。
- **不等式**（ふとうしき）…数量の間の大小関係を，**不等号**（＞，＜，≧，≦）を使って表した式。
  また，「a は b 以上である」とき $a \geqq b$ または $b \leqq a$ と表す。
- **左辺**（さへん），**右辺**（うへん），**両辺**（りょうへん）…等式（不等式）で，等号（不等号）の左側の式を**左辺**，右側の式を**右辺**という。左辺と右辺をあわせて**両辺**という。

例題 29 等式で表す

次の数量の関係を等式で表しなさい。
(1) 1 個 a 円の品物を b 個買い，10000 円出すとおつりは c 円である。
(2) $h\,\mathrm{g}$ の袋（ふくろ）に $s\,\mathrm{kg}$ の米を入れたら，全体の重さが $t\,\mathrm{kg}$ になった。

ここに着目！ 等しい数量を見つけ出し，それらを＝で結ぶ。

解き方 (1) （出したお金）－（1 個の値段）×（買った個数）＝（おつり）

$10000 - a \times b = c$　　$\mathbf{10000 - ab = c}$ ……（答）

(2) （袋の重さ）＋（米の重さ）＝（全体の重さ）
単位をそろえる必要がある。ここでは kg にそろえる。

$h\,\mathrm{g} = \dfrac{1}{1000}h\,\mathrm{kg}$ だから，$\dfrac{1}{1000}\boldsymbol{h + s = t}$ ……（答）

参考
左辺と右辺を入れかえて答えてもよい。

注意
数量の関係を式で表すときは，単位がそろっているか確認（かくにん）する。

類題 29

解答 → 別冊 p.15

次の数量の関係を等式で表しなさい。
(1) a 本の鉛筆（えんぴつ）を 1 人 3 本ずつ b 人に分けたら，1 本あまる。
(2) 100g が a 円の小麦粉を $b\,\mathrm{kg}$ 買って 5000 円出すとおつりは c 円である。

例題 30 不等式で表す

LEVEL：標準

次の数量の関係を不等式で表しなさい。

(1) a の 2 倍は，b の $\dfrac{1}{3}$ よりも大きい。

(2) $x\,\mathrm{km}$ の道のりを時速 $4\,\mathrm{km}$ の速さで歩いたら，6 時間以上かかった。

(3) A は x 円，B は y 円もっていた。これらをあわせても 1 個 z 円のケーキを 3 個買うことはできなかった。

 ここに着目！ 2 つの数量を見つけだし，それらの関係を不等号を用いて表す。

解き方 (1) a の 2 倍は，$a \times 2 = 2a$　b の $\dfrac{1}{3}$ は，$b \times \dfrac{1}{3} = \dfrac{1}{3}b$

$\left(a \text{ の 2 倍}\right)$ は $\left(b \text{ の } \dfrac{1}{3}\right)$ より（大きい）から，

$$2a > \dfrac{1}{3}b \quad \text{……} \textcircled{答}$$

(2) （道のり）÷（速さ）＝（時間）

$(x \div 4)$ は（6 時間以上）より，

$$x \div 4 \geqq 6 \quad \dfrac{1}{4}x \geqq 6 \quad \text{……} \textcircled{答}$$

(3) A と B の所持金の合計は $(x+y)$ 円

1 個 z 円のケーキ 3 個の代金は，$z \times 3 = 3z$（円）

$(x+y)$ は $(3z)$ より（小さい）から，$\boldsymbol{x + y < 3z}$ ……$\textcircled{答}$

○ 以上，以下，未満

a は b 以上 ⇒ $a \geqq b$
a は b 以下 ⇒ $a \leqq b$
a は b 未満 ⇒ $a < b$

✓ 類題 30

解答 → 別冊 p.15

次の数量の関係を不等式で表しなさい。

(1) x の 3 倍は，y の 2 倍よりも小さい。

(2) 生徒 300 人を長いす 1 脚に 3 人ずつかけさせたら，長いす x 脚をすべて使っても，何人かが座れなかった。

(3) a 円もっているとき，1 冊 b 円のノートを 4 冊買うと，残りは c 円以下になる。

UNIT 2 公式の利用

目標 ▶ 図形の周の長さ，面積，立体の体積などを文字を使った式で表すことができる。

要点

● **円周の長さ，円の面積**…円周率を π （バイ）として，公式を文字を使って表す。
● **多角形の面積**…平行四辺形，三角形，台形などの面積を文字を使って表す。
● **立体の体積**…立方体，直方体，四角柱などの体積を文字を使って表す。

例題 31 図形の周の長さと面積

LEVEL：標準

半径が r cm の円について，円周率を π として次の公式をつくりなさい。
(1) 円周の長さ ℓ cm を求める公式
(2) 面積 S cm² を求める公式

ここに着目！
（円周の長さ）＝（直径）×（円周率）
（円の面積）＝（半径）×（半径）×（円周率）

解き方 (1) 円周の長さは ℓ，直径は（半径）×2，円周率は π だから，
　　　$\ell = r \times 2 \times \pi$ より，　$\boldsymbol{\ell = 2\pi r}$ ……答 　（π は r の前に書く）
(2) 円の面積は S，円周率は π だから，
　　　$S = r \times r \times \pi$ より，　$\boldsymbol{S = \pi r^2}$ ……答

○ 円周率 π

円周率は 3.14 ではなく π で表す。π は小数で表すと，3.1415926535…と限りなく続く数なので，積の中ではふつう，数のあと，文字の前に書く。

✓ 類題 31

解答 → 別冊 p.15

次のそれぞれを求める公式をつくりなさい。
(1) 縦 a cm，横 b cm の長方形の周の長さ ℓ cm
(2) 底辺 a cm，高さ h cm の三角形の面積 S cm²
(3) 上底 a cm，下底 b cm，高さ h cm の台形の面積 S cm²

例題 32 立体の体積

LEVEL：標準

1 辺の長さが a cm の立方体について，次の公式をつくりなさい。

(1) 体積 V cm³ を求める公式

(2) 表面積 S cm² を求める公式

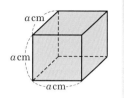

ここに着目！

（立方体の体積）＝（1 辺）×（1 辺）×（1 辺）

（立方体の表面積）＝（正方形の面積）×6

解き方

(1) 体積は V，1 辺の長さは a だから，

$V = a \times a \times a$ より，**$V = a^3$** ………（答）

(2) 立方体は，6 つの面がそれぞれ同じ大きさの正方形になっている。

表面積は S，1 辺の長さは a だから 1 つの正方形の面積は，

$a \times a = a^2$（cm²）

$S = 6 \times a^2$ より，**$S = 6a^2$** ………（答）

◆ 立体の体積

ことばの式から，文字をあてはめて，公式をつくる。縦 a cm，横 b cm，高さ h cm の直方体の体積 V cm³ は，$V = abh$

✓ 類題 **32**

解答 → 別冊 p.15

縦 a cm，横 b cm，高さ c cm の直方体について，次の問いに答えなさい。

(1) 体積 V cm³ を表す式をつくりなさい。

(2) 表面積 S cm² を表す式をつくりなさい。

(3) $a = 5$，$b = 6$，$c = 4$ のとき，この直方体の体積を求めなさい。

(4) $a = 4$，$b = 3$，$c = 6$ のとき，この直方体の表面積を求めなさい。

2 章 文字と式

UNIT

3

関係を表す式の意味

(目標) 等式，不等式の表す意味がわかる。

要点

● **等式の表す意味**…左辺と右辺の数量の間の関係が等しいことを表している。
● **不等式の表す意味**…左辺と右辺の数量の間の大小関係を表している。

例題 **33** 等式の表す意味　　　　　　　　　　LEVEL：応用

全部で a 本の鉛筆を b 人の生徒に 1 人 2 本ずつ配ったところ，5 本あまった。
このとき，次の等式はどんなことを表していますか。

(1)　$a - 2b = 5$　　　　　　　　(2)　$a = 2b + 5$

 ここに着目！ 等式 ⇒ 左辺と右辺の数量の間の関係が等しい。

(解き方)(1)　(鉛筆の本数)−(配った本数)＝(あまりの本数)より，**a 本の鉛筆を b 人の生徒に 1 人 2 本ずつ配ったら，5 本あまる**ことを表している。………(答)

(2)　(鉛筆の本数)＝(配った本数)＋(あまりの本数)より，**鉛筆の本数は，b 人の生徒に 1 人 2 本ずつ配った本数とあまりの本数の合計になる**ことを表している。………(答)

○ **文字で表された数量**

文字で表された数量をことばになおしてみる。
a…鉛筆の本数
$2b$…1 人 2 本ずつ b 人に配った鉛筆の本数
これを手がかりに，式の意味を考える。

✓ **類題 33**　　　　　　　　　　　　　　　　　　　解答 ➡ 別冊 p.15

ℓ km の道のりを時速 x km で歩いたときにかかる時間は y 時間である。
このとき，次の等式はどんなことを表していますか。

(1)　$\dfrac{\ell}{x} = y$

(2)　$xy = \ell$

例題 34 不等式の表す意味 LEVEL：応用

A 駅から B 駅まで行くのに，おとな 1 人では a 円，子ども 1 人では b 円の運賃がかかるとすると，不等式 $3a+4b>100$ は，おとな 3 人と子ども 4 人の運賃の合計は 100 円より高いことを表している。このとき，次の不等式はどんなことを表していますか。

(1) $a-b>100$

(2) $2a+5b<1200$

 不等式 ⇒ 左辺と右辺の数量の大小関係を表している。

（解き方）(1) A 駅から B 駅まで行くのに，おとな 1 人では a 円，子ども 1 人では b 円かかることより，$a-b>100$ は，**おとな 1 人と子ども 1 人の運賃の差は 100 円より高い**ことを表している。 ……（答）

(2) A 駅から B 駅まで行くのに，おとな 2 人では $2a$（円），子ども 5 人では $5b$（円）かかることより，$2a+5b<1200$ は，**おとな 2 人と子ども 5 人の運賃の合計は 1200 円より安い**ことを表している。 ……（答）

● 不等式の表す意味

左辺＞右辺では，左辺の数量のほうが大きいことを，左辺＜右辺では，右辺の数量のほうが大きいことを表している。

✓ 類題 34

解答 ➡ 別冊 p.16

野球の試合を観るのに，おとな 1 人では a 円，子ども 1 人では b 円の料金がかかる。このとき，不等式 $2a+3b>10000$ は，おとな 2 人と子ども 3 人の料金の合計は 10000 円より高いことを表している。このとき，次の不等式はどんなことを表していますか。

(1) $3a+2b \geqq 12000$

(2) $a-b<2000$

(3) $a+b>4000$

2 章 文字と式

定期テスト対策問題

解答 → 別冊 p.16

問 1 積と商の表し方

次の式を，文字式の表し方にしたがって表しなさい。

(1) $-y \times 5 \times x$ 　　　　(2) $1 \times a \times a$ 　　　　(3) $(a-b) \times 8$

(4) $x \div 6$ 　　　　(5) $(-2) \div a$ 　　　　(6) $(x-y) \div 5$

問 2 ×や÷の記号を使った表し方

次の式を，×，÷の記号を使って表しなさい。

(1) $-5a$ 　　　　(2) $3a^2b$ 　　　　(3) $4x + \dfrac{y}{2}$

問 3 数量の表し方

次の数量を，文字を使った式で表しなさい。

(1) 1本 x 円の鉛筆を 5 本買って，y 円出したときのおつり

(2) 縦 a cm，横 3cm，高さ b cm の直方体の体積

(3) x m の道のりを 15 分かけて走るときの速さ

(4) a g の 3% の重さ

(5) 十の位の数が x，一の位の数が 6 の 2 けたの整数

問 4 1 つの文字の代入と式の値

$x = -3$ のとき，次の式の値を求めなさい。

(1) $4x + 10$ 　　　　(2) $\dfrac{12}{x}$ 　　　　(3) $-2x^2$

問 5 2 つの文字の代入と式の値

$a = -2$，$b = 4$ のとき，次の式の値を求めなさい。

(1) $3a - 4b$ 　　　　(2) $-5a^2b$

(3) $-a - 2b + 1$ 　　　　(4) $-\dfrac{6}{a} + 3b$

 **項と係数**

次の式の項をいいなさい。また，文字をふくむ項について係数をいいなさい。

(1) $2x - y$
(2) $3x - \dfrac{y}{2} + 4$

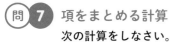 **項をまとめる計算**

次の計算をしなさい。

(1) $-3x + 5x$
(2) $-2y - 3y$

(3) $6x - 3 + 2x$
(4) $\dfrac{1}{3}y - \dfrac{1}{4}y$

(5) $-\dfrac{9}{7}x - \dfrac{2}{7}x$
(6) $1.2x - \dfrac{5}{3}x$

(7) $(3x + 8) + (4x + 9)$
(8) $(2x - 14) - (6x + 8)$

(9) $\left(\dfrac{1}{2}a + 8\right) + \left(-\dfrac{3}{5}a - 8\right)$
(10) $\left(-\dfrac{5}{2} + 2x\right) - \left(4x - \dfrac{1}{2}\right)$

問 **8** **1 次式の計算**

次の計算をしなさい。

(1) $-5(4x - 3)$
(2) $(-12a + 6) \div (-2)$

(3) $15m \div \left(-\dfrac{3}{5}\right)$
(4) $\dfrac{7x + 5}{4} \times 8$

(5) $-8\left(\dfrac{3}{2}x - 1\right)$
(6) $\left(\dfrac{2}{5} - \dfrac{3}{10}x\right) \times 10$

(7) $2(a + 5) + 3(a + 4)$
(8) $4(2x - 1) - (3x - 2)$

(9) $-4(3x - 5) + 5(2x - 4)$
(10) $-2(4a + 3) - 3(-3a + 1)$

(11) $5(x + 2) - 3(4x - 2) + 6(2x - 1)$
(12) $\dfrac{1}{2}(2x + 4) + \dfrac{1}{3}(6x - 9)$

(13) $\dfrac{3}{2}(4x - 2) - \dfrac{1}{5}(5x + 15)$
(14) $\dfrac{5x - 3}{2} - x + 5$

(15) $\dfrac{2x + 1}{2} + \dfrac{3x + 3}{6}$
(16) $\dfrac{3a - 1}{2} - \dfrac{a + 1}{3}$

問 **9** **文字で表された 1 次式の計算**

$A = 4x - 2$，$B = -5x - 3$ として，$2A - 3B$ を計算しなさい。

問⑩ 関係を表す式の利用

次の数量の関係を等式または不等式で表しなさい。

(1) ある数 x の5倍から8をひくと，y に等しくなる。

(2) 50個のみかんを a 人に3個ずつ配ったら，b 個あまった。

(3) a km の道のりを時速 b km で進んだら，5時間以上かかった。

(4) 1脚3人がけの長いす x 脚に，1年生 y 人が座ったら，何人かが座れなかった。

(5) x 円の商品を，3割引で買うと，y 円だった。

問⑪ 図形の関係を表す式

次の数量の関係を等式で表しなさい。

(1) 底面が1辺 a cm の正方形で，高さが h cm の直方体の体積は V cm³ である。

(2) 2本の対角線の長さが，それぞれ a cm，b cm のひし形の面積は，S cm² である。

(3) 半径が r cm の半円がある。この半円の周の長さは ℓ cm である。

(4) 辺の長さが x cm，y cm，z cm の直方体の表面積は S cm² である。

問⑫ 文字式の利用

右の図のような，1辺 $2a$ cm の立方体がある。

次の問いに答えなさい。

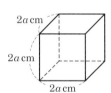

(1) この立方体の体積を V cm³ とする。V を求める公式をつくりなさい。

(2) $a = 4$ のとき，この立方体の体積を求めなさい。

(3) 次の式は，何を表していますか。また，その単位も答えなさい。

⑦ $24a$　　⑦ $24a^2$

KUWASHII
MATHEMATICS

3

章

中1
数学

方程式

UNIT

1

方程式とその解

目標 与えられた数を代入して方程式の解であることが確認できる。

要点

- **方程式**…等式の中の文字に，特別な値を代入したときだけ成り立つ等式。
- **方程式の解**…方程式を成り立たせる文字の値。
- **方程式を解く**…方程式の解を求めること。
- **方程式で等号の左の部分を左辺，右の部分を右辺といい，あわせて両辺という。**

例題 **1** 方程式とその解 　　　　　　　　　　　　LEVEL：基本

-2，-1，0，1，2 のうち，方程式 $-6+4x=-2$ の解はどれですか。

 方程式の x にそれぞれの数を代入 ⇒ 方程式が成り立つか調べる。

解き方 $x=-2$ のとき，（左辺）$=-6+4\times(-2)=-14$

　　　　$x=-1$ のとき，（左辺）$=-6+4\times(-1)=-10$

　　　　$x=0$ のとき，（左辺）$=-6+4\times0=-6$

　　　　$x=1$ のとき，（左辺）$=-6+4\times1=-2$

　　　　$x=2$ のとき，（左辺）$=-6+4\times2=2$

　　　　$x=1$ のとき，（左辺の値）$=$（右辺の値）になるから，この方程

式の解は，$x=1$ ………答

 注意

x に負の数を代入するとき
は，かっこをつける。
$x=-2$ を代入するとき，
$-6+4x$
$=-6+4\times(-2)$

✓ 類題 **1** 　　　　　　　　　　　　　　　　　　解答 ➡ 別冊 p.18

-5，-4，-3，-2，-1 のうち，次の方程式の解はどれですか。

(1) $4x-3=-15$ 　　　　　　　(2) $3x+5=-5-2x$

② 条件に合う方程式　　　　　　　　　　LEVEL：基本

次の方程式のうち，$x = 3$ が解である方程式をすべて選びなさい。

① $2x - 1 = 3$　　　　　　② $2x = 6$

③ $2x - 3 = 3$　　　　　　④ $\dfrac{2}{3}x = 2$

⑤ $2x = 4$　　　　　　　　⑥ $2x + 3 = 9$

ここに着目！ $x = a$ が解 ⇒ x に a を代入すると方程式が成り立つ。

解き方 左辺に $x = 3$ を代入して，（左辺の値）＝（右辺の値）になるものを選ぶ。

① （左辺）$= 2x - 1 = 2 \times 3 - 1 = 5$……成り立たない。

② （左辺）$= 2x = 2 \times 3 = 6$……成り立つ。

③ （左辺）$= 2x - 3 = 2 \times 3 - 3 = 3$……成り立つ。

④ （左辺）$= \dfrac{2}{3}x = \dfrac{2}{3} \times 3 = 2$……成り立つ。

⑤ （左辺）$= 2x = 2 \times 3 = 6$……成り立たない。

⑥ （左辺）$= 2x + 3 = 2 \times 3 + 3 = 9$……成り立つ。

以上のことから，$x = 3$ が解であるのは，

②，③，④，⑥ ………答

○ 方程式が成り立つ

方程式の文字にある値を代入したとき，左辺と右辺の値が等しければ，「方程式は成り立つ」という。
また，左辺と右辺の値が等しくなければ，「方程式は成り立たない」という。

✓ **類題 ②**　　　　　　　　　　　　　　　　解答 → 別冊 p.18

次の方程式のうち，$x = -3$ が解である方程式をすべて選びなさい。

① $x + 3 = 0$　　　　　　② $4x - 5 = 7$

③ $x - 5 = 4x + 3$　　　　④ $2x - 5 = -5$

⑤ $5x + 15 = 0$　　　　　⑥ $\dfrac{1}{3}x + 5 = 4$

⑦ $\dfrac{2}{3}x + 2 = 2$　　　　⑧ $4x - 7 = 7$

UNIT

2 等式の性質①

（目標）等式の性質を使って方程式を解くことができる。

要点

● **等式の性質**
① 等式の両辺に同じ数を加えても，等式は成り立つ。
② 等式の両辺から同じ数をひいても，等式は成り立つ。

$A = B$ ならば，
① $A + C = B + C$
② $A - C = B - C$

● **方程式を解く**…①，②の性質を用いて方程式の形を変えて，
$x = (数)$ の形にする。

例題 3 同じ数をたす，同じ数をひく

LEVEL：基本

等式の性質を利用して，次の方程式を解きなさい。
(1) $x - 9 = -6$ (2) $x + 16 = 0$

（ここに着目！）等式の性質を用いて，$x = (数)$ の形にする。
$$x - \triangle = \bigcirc \Rightarrow \underline{x - \triangle + \triangle}_{=0} = \bigcirc + \triangle, \quad x + \triangle = \bigcirc \Rightarrow \underline{x + \triangle - \triangle}_{=0} = \bigcirc - \triangle$$

（解き方）(1)
$$x - \boxed{9} = -6$$
$$x - \boxed{9} + \boxed{9} = -6 + \boxed{9} \quad \text{両辺に 9 を加える}$$
$$\boldsymbol{x = 3} \quad \text{……（答）}$$

(2)
$$x + 16 = 0$$
$$x + 16 - 16 = 0 - 16 \quad \text{両辺から 16 をひく}$$
$$\boldsymbol{x = -16} \quad \text{……（答）}$$

◆ 検算

方程式の問題は，求めた解を最初の式に代入することで，解が正しいかどうか確認できる。

✓ 類題 3

解答 ➡ 別冊 p.18

等式の性質を利用して，次の方程式を解きなさい。
(1) $x - 13 = 8$ (2) $x - 15 = -6$
(3) $x + 14 = 2$ (4) $x + 19 = 31$

UNIT
③ 等式の性質②

目標 等式の性質を使って方程式を解くことができる。

要点

● **等式の性質**

③ 等式の両辺に同じ数をかけても，等式は成り立つ。

④ 等式の両辺を 0 でない同じ数でわっても，等式は成り立つ。

$A = B$ ならば，
③ $A \times C = B \times C$
④ $\dfrac{A}{C} = \dfrac{B}{C}$ $(C \neq 0)$

● **方程式を解く**…③，④の性質を用いて方程式の形を変えて，

$x = (数)$ の形にする。

例題 **4** 同じ数をかける，同じ数でわる

LEVEL：標準

等式の性質を利用して，次の方程式を解きなさい。

(1) $\dfrac{x}{8} = -6$　　　　　　　(2) $-4x = 20$

 ここに着目！

$\dfrac{x}{\triangle} = \bigcirc \Rightarrow \dfrac{x}{\triangle} \times \triangle = \bigcirc \times \triangle, \quad \triangle x = \bigcirc \Rightarrow \triangle x \div \triangle = \bigcirc \div \triangle \Rightarrow \dfrac{\triangle x}{\triangle} = \dfrac{\bigcirc}{\triangle}$

解き方 (1)
$$\frac{x}{8} = -6$$

両辺に 8 をかける

$$\frac{x}{8} \times 8 = -6 \times 8$$

$$x = -48 \quad (答)$$

(2) $-4x = 20$

両辺を -4 でわる

$$\frac{-4x}{-4} = \frac{20}{-4}$$

$$x = -5 \quad (答)$$

○ 約分して，x だけにする

(1)分母と同じ数を両辺にかけることで，約分することができ，左辺を x だけにすることができる。

✓ 類題 **4**

解答 → 別冊 p.18

等式の性質を利用して，次の方程式を解きなさい。

(1) $\dfrac{x}{5} = 6$　(2) $-\dfrac{x}{9} = 3$　(3) $-8x = -32$　(4) $13x = -65$

---

3 章 方程式

UNIT 1 移項して方程式を解く

（目標）移項して方程式を解くことができる。

要点

● **移項**…一方の辺にある項を，符号を変えて他の辺に移すこと。

例題 **5** 右辺に移項する

LEVEL：標準

次の方程式を解きなさい。
(1) $2x + 8 = -2$　　　(2) $11 - 4x = -5$

数の項を右辺に移項 ⇒ $ax = b$ の形にする。

（解き方）(1) $2x + 8 = -2$
　　　　　　└ 右辺に移項する
$$2x = -2 - 8$$
$$2x = -10$$
$$x = -5 \quad \text{（答）}$$

(2) $+11 - 4x = -5$
　　　　└ 右辺に移項する
$$-4x = -5 - 11$$
$$-4x = -16$$
$$x = 4 \quad \text{（答）}$$

注意

移項するときは，符号を変えることを忘れないようにする。

左辺が x をふくむ項だけになるようにしよう！

✓ **類題 5**

解答 ➡ 別冊 p.19

次の方程式を解きなさい。
(1) $3x + 6 = -9$　　　(2) $4 + 7x = -10$
(3) $-5x - 18 = 2$　　　(4) $23 - 6x = 5$

6 左辺に移項する
LEVEL：標準

次の方程式を解きなさい。

(1)　$7x = 8 + 5x$　　　　　　　　(2)　$6x = -15 - 9x$

ここに着目！ x をふくむ項を左辺に移項 ⇒ $ax = b$ の形にする。

解き方　(1)

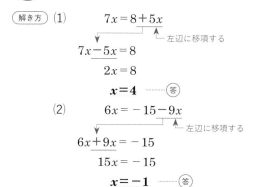

$$7x = 8 + 5x$$
　　　　　　左辺に移項する
$$7x - 5x = 8$$
$$2x = 8$$
$$x = 4 \quad \text{答}$$

(2)
$$6x = -15 - 9x$$
　　　　　　左辺に移項する
$$6x + 9x = -15$$
$$15x = -15$$
$$x = -1 \quad \text{答}$$

 注意

方程式を解くことは，等式の性質を用いて新しい等式をつくること。したがって，計算式のように続けて書いてはまちがいである。

(1) $7x = 8 + 5x$
$$= 7x - 5x = 8$$
$$= 2x = 8$$
$$= x = 4$$
　　　まちがい！

✓ **類題 6**

解答 ➡ 別冊 p.19

次の方程式を解きなさい。

(1)　$3x = x + 6$　　　　　(2)　$15x = 12x - 9$

(3)　$2x = 5x + 18$　　　　(4)　$4x = 11x - 21$

 **COLUMN**

コラム

等式の性質

等式の性質を「てんびん」の図を使って表すことがよくあります。次のそれぞれの「てんびん」の図は，等式の性質のどれを表しているかわかりますか。

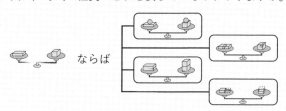

答　　　$A = B$ ならば，
上の図から・$A + C = B + C$
　　　　　・$A - C = B - C$
　　　　　・$A \times C = B \times C$
　　　　　・$\dfrac{A}{C} = \dfrac{B}{C}$

3
章

方程式

UNIT

2 方程式の解き方

（目標）▶ 移項して方程式を解くことができる。

要点

● **方程式の解き方**…① 移項して文字の項を左辺に，数の項を右辺に集める。

② 両辺をそれぞれ計算し，$ax=b$ の形にする。

③ x の係数 a で両辺をわる。

例題 **7** 方程式の解き方

LEVEL：標準

次の方程式を解きなさい。

(1) $3x-8=5x+4$ (2) $2x+3=-4x+9$

着目！ **移項するときは，符号をかならず変える。**

（解き方）(1) $3x-8=+5x+4$

-8 を右辺，$5x$ を左辺に移項する

$3x-5x=4+8$

$-2x=12$

$x=-6$ ………（答）

(2) $2x+3=-4x+9$

$+3$ を右辺，$-4x$ を左辺に移項する

$2x+4x=9-3$

$6x=6$

$x=1$ ………（答）

 注意

数式の最初の項に−（マイナス）の符号がないときは，＋（プラス）の数であることを表している。

✓ **類題 7**

解答 ➡ 別冊 p.19

次の方程式を解きなさい。

(1) $x-2=6x+8$ (2) $13-6x=25-9x$

(3) $-7-3x=5x+65$ (4) $20-8x=36+8x$

例題 **8** 　左辺と右辺を入れかえる　　　　　　　　　　　LEVEL：標準

次の方程式を解きなさい。

(1)　$8 = x + 5$　　　　　　　　　(2)　$-5 = 2x + 9$

ここに
着目！　左辺と右辺をそのまま入れかえて解くことができる。符号は変わらない。
$A = B \Rightarrow B = A$

解き方　(1)　　　　$8 = x + 5$
　　　　　　$x + 5 = 8$ ↘ 左辺と右辺を入れかえる
　　　　　　└─ +5 を右辺に移項する
　　　　　　$x = 8 - 5$
　　　　　　$\boldsymbol{x = 3}$ ……… 答

　　　　(2)　　　$-5 = 2x + 9$
　　　　　　$2x + 9 = -5$ ↘ 左辺と右辺を入れかえる
　　　　　　└─ +9 を右辺に移項する
　　　　　　$2x = -5 - 9$
　　　　　　$2x = -14$
　　　　　　$\boldsymbol{x = -7}$ ……… 答

● **左辺と右辺を入れか える**

左辺と右辺が等号（＝）で結ばれているときは，符号を変えずに左辺と右辺を入れかえてもよい。

✓ **類題 8**　　　　　　　　　　　　　　　　　解答 ➡ 別冊 p.19

次の方程式を解きなさい。

(1)　$15 = x + 9$　　　　　　　(2)　$-12 = 5x - 2$

(3)　$13 = -4x + 5$　　　　　　(4)　$-11 = -3x + 4$

COLUMN

コラム

1 次方程式

今，学んでいる「方程式」は，移項して整理することで，$ax = b$ の形に変形できます。このような方程式を「1 次方程式」といいます。1 次式とは，文字と式の単元で学んだように，文字が 1 つだけの 1 次の項だけか，1 次の項と数の項の和で表すことができる式のことです。
さらに，3 年生では，「2 次方程式」も学習します。

3 章

方程式

UNIT

1 いろいろな方程式の解き方 ①

目標 → かっこをふくむ方程式を解くことができる。

要点

● **かっこをふくむ方程式**…かっこをはずしてから解く。

例題 **9** **かっこをふくむ方程式** LEVEL：応用

次の方程式を解きなさい。

(1)　$2(x+4)=12$　　　　　　　(2)　$5(2x-1)=3(x+10)$

 分配法則を用いてかっこをはずす。

解き方 (1)　$2(x+4)=12$
　　　　└─ $2\times x+2\times 4$ ─┐ かっこをはずす
　　　　　$2x+8=12$
　　　　└─ $+8$ を右辺に移項する
　　　　　$2x=12-8$
　　　　　$2x=4$
　　　　　$\boldsymbol{x=2}$ ……（答）

(2)　$5(2x-1)=3(x+10)$
　　　　　$10x-5=3x+30$ ⟍ かっこをはずす
　　　$10x-3x=30+5$
　　　　　$7x=35$
　　　　　$\boldsymbol{x=5}$ ……（答）

 注意

分配法則を用いてかっこをはずすときは，符号に気をつける。

$2(x+4)$
$=2x+8$

$-2(x+4)$
$=-2x-8$

✓ **類題 9**

解答 → 別冊 p.20

次の方程式を解きなさい。

(1)　$2x-(9x-3)=10$　　　(2)　$3-2(3x-4)=-7$

(3)　$3x-5-2(2x-7)=0$　　(4)　$2(x-1)-3(x+2)=2$

UNIT

2 | いろいろな方程式の解き方②

目標 ▶ 係数に小数をふくむ方程式を解くことができる。

要点

● **係数に小数をふくむ方程式**…両辺に 10，100，…をかけて，係数を整数になおして から解く。

例題 **10** **係数に小数をふくむ方程式**　　　　　　LEVEL：応用

次の方程式を解きなさい。

(1)　$0.5x - 3 = 5.5$　　　　　　(2)　$0.01x + 0.07 = 0.03x - 0.05$

ここに
着目！ ▶ **両辺に 10，100，…をかけて，係数を整数になおしてから解く。**

解き方 (1)　$0.5x - 3 = 5.5$
　　　　$5x - 30 = 55$ 　両辺に 10 をかける
　　　　　　　　　　　　3 にも 10 をかけるのを忘れないように
　　　　　　　　　　　　−30 を右辺に移項する
　　　　$5x = 55 + 30$
　　　　$5x = 85$
　　　　$\boldsymbol{x = 17}$ ……… 答

(2)　$0.01x + 0.07 = 0.03x - 0.05$
　　　　　$x + 7 = 3x - 5$ 　両辺に 100 をかける
　　　　　　　　　　　　+7 を右辺，3x を左辺に移項する
　　　$x - 3x = -5 - 7$
　　　　$-2x = -12$
　　　　　$\boldsymbol{x = 6}$ ……… 答

 注意

・すべての小数が整数にな
るように，10，100，…を
かける。
$$\underset{\times 10}{0.1x} + \underset{\times 100}{0.05} = 3x$$
この場合は，100 をかける
必要がある。

・数の項だけが小数ならば，
そのまま解けばよい。

✓ **類題 10**

解答 ➡ 別冊 p.20

次の方程式を解きなさい。

(1)　$1.4x + 2.8 = 2.1x$　　　　(2)　$4.5 - x = 3.2x - 3.9$

(3)　$0.15x - 0.2 = 0.09x + 0.1$　　(4)　$1.5x - 1.37 = 0.7x + 0.23$

3 章 方程式

UNIT

③ いろいろな方程式の解き方③

目標 ▶ 係数に分数をふくむ方程式を解くことができる。

要点

● **係数に分数をふくむ方程式**…両辺に**分母の最小公倍数**をかけて，分数を整数になおして解く。

例題 **11** 係数に分数をふくむ方程式 LEVEL：応用

次の方程式を解きなさい。

$$\frac{x}{2} - 4 = \frac{x}{3}$$

 両辺に分母の最小公倍数をかけて，分数をふくまない形にする。

解き方

$$\frac{x}{2} - 4 = \frac{x}{3}$$

両辺に 6 をかける

$$\left(\frac{x}{2} - 4\right) \times 6 = \frac{x}{3} \times 6$$

－4 にも 6 をかけるのを
忘れないようにする

$$\frac{x}{2} \times 6 - 4 \times 6 = \frac{x}{3} \times 6$$

$$3x - 24 = 2x$$

$$3x - 2x = 24$$

$$\boldsymbol{x = 24} \quad \cdots\cdots 答$$

 注意

整数にも分母の最小公倍数
をかけるのを忘れないよう
にする。

類題 **11**

解答 ➡ 別冊 p.20

次の方程式を解きなさい。

(1) $1 = \frac{2}{9}x - \frac{1}{3}$

(2) $\frac{3}{4}x = \frac{2x-3}{6} + \frac{1}{2}$

UNIT
4

いろいろな方程式の解き方④

目標 複雑な方程式を解くことができる。

 要点

- **複雑な方程式**…係数に分数やかっこをふくむ方程式では，分数や小数の係数を整数になおしてからかっこをはずして解く。

例題 12 複雑な方程式　　　　　　　　　　　　 LEVEL：応用

次の方程式を解きなさい。

$$\frac{1}{6}(8-x)+x-\frac{5}{3}=\frac{1}{2}(x+6)-\frac{x}{3}$$

 両辺に分母の最小公倍数をかけてから，かっこをはずす。

解き方
$$\frac{1}{6}(8-x)+x-\frac{5}{3}=\frac{1}{2}(x+6)-\frac{x}{3}$$
　　　　　　　　　　　　　　　　　　　　両辺に 6 をかける
$$(8-x)+6x-10=3(x+6)-2x$$
　　　　　　　　　　　　　　　　　　　　かっこをはずす
$$8-x+6x-10=3x+18-2x$$
$$-x+6x-3x+2x=18-8+10$$
$$4x=20$$
$$\boldsymbol{x=5} \quad \text{⋯⋯(答)}$$

⊙ 複雑な方程式

複雑な方程式の解き方
①係数に分数をふくむ方程式では，両辺に分母の最小公倍数をかけて分数のない形にする。
②かっこをはずして方程式を解く。

✓ **類題 12**　　　　　　　　　　　　　　　　　　　解答 ➡ 別冊 p.20

次の方程式を解きなさい。

(1)　$\frac{1}{6}(x+10)+\frac{1}{3}(x-5)=-\frac{1}{2}(x+10)$

(2)　$\frac{1}{5}(x-1)-1=\frac{1}{2}(2x-3)$

UNIT

いろいろな方程式の解き方⑤

目標 等式が成り立つような x の値，条件に合う a の値を求めることができる。

要点

● **等式が成り立つようなxの値**…方程式を解いて，その解を求める。
● **条件に合うaの値**…等式が成り立つときに x の値を代入して，a についての方程式をつくり，a の値を求める。

例題 **13** 等式が成り立つような x の値

次の問いに答えなさい。
(1) $2x-1$ が $9-3x$ に等しくなるように，x の値を定めなさい。
(2) $4x-5$ が $15-x$ に等しくなるように，x の値を定めなさい。

ここに着目! **$2x-1$ が $9-3x$ に等しくなる ⇒ $2x-1=9-3x$ の関係ができる。**

解き方 (1)
$$2x-1=9-3x \quad \longleftarrow 2x-1 \text{ が } 9-3x \text{ に等しい}$$
$$2x+3x=9+1$$
$$5x=10$$
$$x=2 \quad \cdots\cdots (答)$$

(2)
$$4x-5=15-x \quad \longleftarrow 4x-5 \text{ が } 15-x \text{ に等しい}$$
$$4x+x=15+5$$
$$5x=20$$
$$x=4 \quad \cdots\cdots (答)$$

● **x の値を求める**

x についての等式をつくり，その方程式を解くと，x の値を求めることができる。

✓ **類題 13**　　　　　　　　　　　　　　　解答 → 別冊 p.20

次の問いに答えなさい。
(1) $4-2x$ が $3x-2$ に等しくなるように，x の値を定めなさい。
(2) $-2x-2$ が $10-4x$ の 4 倍に等しくなるように，x の値を定めなさい。

14 条件に合う a の値　　　　LEVEL：応用

次の問いに答えなさい。

(1)　方程式 $5x - 3 = 2x + a$ の解が $x = 7$ のとき，a の値を求めなさい。

(2)　方程式 $\dfrac{x+1}{6} = 1 - \dfrac{a-x}{2}$ の解が $x = 2$ となるように，a の値を定めなさい。

ここに着目！ 与えられた方程式に x の値を代入して，a についての方程式を解く。

解き方 (1)　$5x - 3 = 2x + a$ に $x = 7$ を代入すると，

$$\underline{5 \times 7 - 3 = 2 \times 7 + a}$$
　　　　　　　　↑—— a についての方程式

$$35 - 3 = 14 + a$$

$$32 = 14 + a$$

$$\boldsymbol{a = 18} \quad \cdots\cdots 答$$

(2)　$\dfrac{x+1}{6} = 1 - \dfrac{a-x}{2}$ に $x = 2$ を代入すると，

$$\underline{\dfrac{2+1}{6} = 1 - \dfrac{a-2}{2}}$$
　　　　　　　↑—— a についての方程式

$$\dfrac{1}{2} = 1 - \dfrac{a-2}{2} \quad \Big\}\text{両辺に 2 をかける}$$

$$1 = 2 - (a - 2)$$

$$1 = 2 - a + 2$$

$$\boldsymbol{a = 3} \quad \cdots\cdots 答$$

● a についての方程式

x の値によって成り立ったり，成り立たなかったりする方程式を，x についての方程式という。
例題では，x の値を代入することで，a についての方程式になる。

x の値を a に代入しないように注意しよう！

✓ **類題 14**　　　　　　　　　　　　　　　解答 ➡ 別冊 p.21

次の問いに答えなさい。

(1)　方程式 $6(x - a) = 2a + 6$ の解が $x = 5$ のとき，a の値を求めなさい。

(2)　方程式 $\dfrac{x+a}{3} = 1 + \dfrac{a-x}{2}$ の解が $x = 2$ となるように，a の値を定めなさい。

3
章

方程式

UNIT
1 | # 1次方程式の利用①

（目標）数についての方程式の文章題を解くことができる。

要点

● **方程式を使った問題の解き方**
① 何を x で表すかを決める。
② 問題文から方程式をつくり，解を求める。
③ 求めた解が問題に適するかどうかを調べて，答えを定める。

例題 **15** **数の問題**　　LEVEL：標準

2，3，4のように連続する3つの整数があり，それらの和は102である。この3つの数を求めなさい。

（ここに着目!）**連続する3つの整数 ⇒ 真ん中の数を x とおく。**

（解き方）連続する3つの整数で，真ん中の整数を x とおくと，3つの整数は，$x-1$，x，$x+1$ と表せる。これらの和が102だから，

$(x-1)+x+(x+1)=102$
$3x=102$
$x=34$　　←xは真ん中の数

したがって，3つの整数は **33，34，35** ……（答）
これは問題に適している。

◆ **数の問題**

いちばん小さい整数を x とおくと，連続する3つの整数は，
x，$x+1$，$x+2$
いちばん大きい整数を x とおくと，連続する3つの整数は，
$x-2$，$x-1$，x
と表せる。

（✓）**類題 15**　　解答 → 別冊 p.21

連続する3つの整数の和が144になるとき，この3つの数のうち，いちばん大きい数を求めなさい。

1次方程式の利用②

（目標）→ 代金の関係についての方程式の文章題を解くことができる。

要点

● **代金の問題**…（単価）×（個数）＝（代金）の関係を使う。

例題 **16** 代金の問題 LEVEL：標準

1個80円のみかんと1個150円のりんごをあわせて13個買ったら，代金は1600円になった。みかんとりんごは，それぞれ何個買いましたか。

（みかんの個数）＋（りんごの個数）＝**13** より，
それぞれの個数を x を使って表す。

（解き方）みかんの個数を x 個とすると，りんごの個数は $(13-x)$ 個と表せる。
みかんの代金は $80x$（円），りんごの代金は $\{150(13-x)\}$ 円になる。代金の合計は1600円より，

$$80x + 150(13-x) = 1600$$
$$80x + 1950 - 150x = 1600$$
$$80x - 150x = 1600 - 1950$$
$$-70x = -350$$
$$x = 5$$

りんごの個数は，$13 - 5 = 8$（個）
よって，**みかん5個，りんご8個** ……（答）
これは問題に適している。

◐ **代金の問題**

どちらか一方を x 個買ったとすると，もう一方の買った個数は $\{($全体の個数$)-x\}$ 個で表せる。

✓ **類題 16** 解答 → 別冊 p.21

1本100円の鉛筆と1本120円のボールペンをあわせて15本買ったら，代金は1660円になった。鉛筆とボールペンは，それぞれ何本買いましたか。

UNIT **3**

1次方程式の利用 ③

目標 → 過不足についての方程式の文章題を解くことができる。

要点

● **過不足の問題**…過不足の問題では，1つの数量について，2通りの式で表し，方程式を立てる。式が立てやすいように x を決める。

例題 **17** 過不足の問題

LEVEL：標準

クラスで鉛筆を配るのに1人3本ずつ配ると16本あまり，1人4本ずつ配ると24本不足する。鉛筆は何本ありますか。

ここに着目！ **過不足の問題 ⇒ 式が立てやすいように x を決める。**

解き方 クラスの人数を x 人として方程式を立てる。鉛筆の本数は，
x 人に1人3本ずつ配ると16本あまるから，$(3x+16)$ 本
x 人に1人4本ずつ配ると24本不足するから，$(4x-24)$ 本
鉛筆の本数は変わらないので，
$$3x+16=4x-24$$
$$3x-4x=-24-16$$
$$-x=-40$$
$$x=40$$
鉛筆の本数は，$3\times40+16=$ **136（本）** ……… 答
これは問題に適している。

➡ **鉛筆の本数を x 本としたとき**

鉛筆の本数を x 本として方程式を立てると，
$$\frac{x-16}{3}=\frac{x+24}{4}$$
となり，計算ミスが起こりやすくなる。

 類題 17

解答 → 別冊 p.21

クラスで，運動用具を買う費用として1人500円ずつ集めると，実際に必要な費用より900円多くなる。
また，1人450円ずつ集めると600円不足する。過不足なく集めるには，1人何円ずつ集めればよいですか。

1次方程式の利用④

目標 年齢についての方程式の文章題を解くことができる。

要点

● **年齢に関する問題**…x 年後として方程式をつくり，解く。

（解が負の数になるときは x 年前を表している。）

例題 **18** 年齢に関する問題 LEVEL：応用

現在，父の年齢は 45 歳，兄は 12 歳，弟は 9 歳である。兄弟 2 人の年齢の和の 2 倍が，父の年齢と等しくなるのは何年後ですか。

 年齢に関する問題
⇒ いまから x 年後とするとき，すべての人の年齢に x を加える。

解き方 x 年後に 2 倍になるとして，x 年後のそれぞれの年齢は，

父…$(45+x)$ 歳，兄…$(12+x)$ 歳，弟…$(9+x)$ 歳となるので，

$$2\{(12+x)+(9+x)\}=45+x$$
$$2(2x+21)=45+x$$
$$4x+42=45+x$$
$$4x-x=45-42$$
$$3x=3$$
$$x=1$$

したがって，**1 年後** ……（答）

これは問題に適している。

● **年齢に関する問題**

いまから x 年後の年齢は，現在のそれぞれの人の年齢に x を加えた年齢になる。解が負の数になるときは，x 年前を表している。

✓ 類題 **18**

解答 ➜ 別冊 p.21

現在，父の年齢は 51 歳，母は 47 歳，姉は 18 歳，妹は 15 歳である。父母の年齢の和が，姉妹 2 人の年齢の和の 2 倍になるのは何年後ですか。

UNIT 5 1次方程式の利用⑤

(目標)▶ 時間，速さ，道のりについての方程式の文章題を解くことができる。

要点

● **時間，速さ，道のりの問題**…道のり＝速さ×時間，時間＝$\dfrac{道のり}{速さ}$，速さ＝$\dfrac{道のり}{時間}$

例題 19 時間，速さ，道のりの問題① LEVEL: 応用

妹は家から美術館へ行くのに，分速60mで歩いた。姉は，妹が家を出発してから15分後に，分速150mで妹を追いかけた。姉が家を出発してから何分後に妹に追いつきますか。

(ここに着目!)▶ **速さについての3つの公式で，どれを使えばよいかを考える。**

(解き方) 姉が妹に追いついたとき，2人の進んだ道のりは等しくなるので，「道のり＝速さ×時間」の方程式を立てる。

姉が出発してからx分後に妹に追いつくとして，x分後までに進んだ道のりは，

妹…$\{60 \times (15+x)\}$ m，

姉…$150x$（m）だから，

	速さ（m/分）	時間（分）	道のり（m）
妹	60	$15+x$	$60(15+x)$
姉	150	x	$150x$

$$60(15+x)=150x$$
$$900+60x=150x$$
$$60x-150x=-900 \quad -90x=-900 \quad x=10$$

したがって，追いつくのは**10分後** ……(答)

これは問題に適している。

● 表や図の利用

妹と姉の関係をはっきりさせるため，左のような表に表してみる。
2人の進んだ道のりが等しいので，方程式を立てることができる。
表や図を使ってわかりやすくくふうする。

✓ 類題 19

解答 ➡ 別冊 p.22

弟は家から学校へ分速120mで出発し，兄は弟が家を出発してから10分後に，分速240mで弟を追いかけた。兄が家を出発してから何分後に弟に追いつきますか。

例題 20 時間，速さ，道のりの問題② LEVEL：応用

> A 市から B 市へ行くのに，自転車で時速 10km で行くと，自動車で時速 60km で行くより 1 時間 30 分よけいにかかる。A，B 間の道のりは何 km ですか。

ここに着目! わかっている値から，時間 = $\dfrac{道のり}{速さ}$ の関係式で方程式を立てる。

解き方 A，B 間の道のりを x km として，時間についての方程式を立てる。

自転車の所要時間…$\dfrac{x}{10}$（時間），自動車の所要時間…$\dfrac{x}{60}$（時間）

自動車の所要時間のほうが，1 時間 30 分 = 1.5 時間短いので，

$$\dfrac{x}{10} = \dfrac{x}{60} + 1.5$$

両辺に 60 をかける

$$6x = x + 90$$
$$5x = 90$$
$$x = 18$$

したがって，**18km** ……（答）

これは問題に適している。

◯ 自転車と自動車の時間の関係

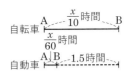

 注意

単位がすべてそろっているか，確認してから計算する。

✓ **類題 20**

解答 → 別冊 p.22

A 市から B 市へ行くのに，時速 18km で行くと，時速 20km で行くより 10 分よけいにかかる。A，B 間の道のりは何 km ですか。

COLUMN

コラム

時間，速さ，距離（道のり）の関係

時間，速さ，距離（道のり）の関係式を簡単に覚える図を教えます。
右の図を見てください。たとえば，時間を求めたいときは，右の図の（時間）のところを指でおさえます。残りの（距離）÷（速さ）が（時間）を求める式となります。
ただし，単位がそろっていないと使えないので，注意が必要です。

3 章

方程式

UNIT

6 | # 1次方程式の利用⑥

目標 ▶ 方程式の解が負になるとき問題に適した答え方ができる。

要点

● **求めた解が負の数** ⇒ 負の数の意味を解釈していいかえる。

例題 21 答えが負になるときの考え方 　　　LEVEL：応用

> A さんと B さんは，それぞれ毎月 500 円ずつ貯金をしている。現在，A さんの貯金額は 8000 円で，B さんの貯金額は 5000 円であるという。
> A さんの貯金額と B さんの貯金額の 2 倍が等しいのは何か月後ですか。または何か月前でしたか。

 ここに着目！ ▶ **−4 か月後 ⇒ 4 か月前**

解き方 x か月後に，A さんの貯金額が B さんの貯金額の 2 倍になるとすると，x か月後の貯金額は，

A さん…$(8000+500x)$ 円，B さん…$(5000+500x)$ 円

A さんの貯金額が B さんの貯金額の 2 倍に等しいから，

$$8000+500x=2(5000+500x)$$
$$8000+500x=10000+1000x$$
$$500x-1000x=10000-8000$$
$$-500x=2000$$
$$x=-4$$

解が負の数になり，いまから −4 か月後は 4 か月前であるから，

4 か月前 ……… 答

これは問題に適している。

● **答えをいいかえる**

方程式の解が負の数になる ⇒ 問題に適するようにいいかえる。

 注意

人数や個数を求める問題で，解が分数や小数になれば，答えは「解なし」とする。

✓ **類題 21**　　　　　　　　　　　　　　　解答 ➜ 別冊 p.22

現在，父の年齢は 48 歳，子の年齢は 18 歳である。父の年齢と子の年齢の 4 倍が等しいのは何年後ですか。または何年前でしたか。

UNIT
7 ┃ # 1次方程式の利用⑦

〔目標〕2けたの自然数についての方程式の文章題を解くことができる。

要点

● **2けたの自然数**…十の位の数を a，一の位の数を b とすると，2けたの自然数は
$10a+b$ と表せる。
十の位の数と一の位の数を入れかえた数は $10b+a$ と表せる。

例題 **22** **2けたの自然数の問題**　　　　　　　　　　　　　　LEVEL：応用

> 十の位の数が4である2けたの正の整数がある。この数の十の位の数と一の位の数を
> 入れかえてできる数は，もとの数より9だけ大きくなるという。
> もとの整数を求めなさい。

 ▶ **2けたの自然数 ⇒ 十の位の数を a，一の位の数を b とすると，$10a+b$**

〔解き方〕もとの整数の一の位の数を x とすると，十の位の数が4である2けたの正の整数は，$40+x$ と表せる。
十の位の数と一の位の数を入れかえてできる数は，$10x+4$ と表せる。
入れかえてできる数はもとの数より9だけ大きいから，
$10x+4=40+x+9$　　$10x+4=49+x$
$10x-x=49-4$　　$9x=45$　　$x=5$
よって，もとの整数は **45** ……… （答）
これは問題に適している。

 注意
ab と表すと，$a×b$ になるので気をつける。

✓ **類題 22**　　　　　　　　　　　　　　　　　　　　解答 ➡ 別冊 p.22

2けたの正の整数がある。その整数の一の位の数は十の位の数より4大きい。また，十の位の数と一の位の数を入れかえてできる数は，もとの数の2倍より1小さい。
もとの整数を求めなさい。

UNIT

1次方程式の利用⑧

目標 水の注入量に関する方程式の文章題を解くことができる。

要点

● **水量に関する問題**…基準にしたものを文字で表して方程式をつくる。

例題 **23** 水の注入量の問題　　　　　　　　　　　 LEVEL：応用

ある家のプールを満水にするのにかかる時間は，毎時 $20\,\mathrm{m}^3$ ずつ水を注入する A 管だけを使うと，C 管だけを使うより 1 時間 20 分短くてすむ。また，毎時 $24\,\mathrm{m}^3$ ずつ水を注入する B 管だけを使うと，C 管だけを使うより 2 時間短くてすむという。C 管だけを使ったときに満水までにかかる時間と，C 管の 1 時間あたりの水の注入量を求めなさい。

ここに着目！ 水の注入量 ⇒ C 管を基準にして，A 管と B 管の注入量を求めて解く。

解き方 C 管だけで満水にするまでにかかる時間を x 時間とすると，A 管または B 管だけで満水にするまでにかかる時間は，

A 管…$\left(x-\dfrac{4}{3}\right)$ 時間，B 管…$(x-2)$ 時間だから，

$$20\left(x-\dfrac{4}{3}\right)=24(x-2) \quad 20x-\dfrac{80}{3}=24x-48$$

$$-4x=-\dfrac{64}{3} \quad x=\dfrac{16}{3} \text{ より，} \quad \boldsymbol{\dfrac{16}{3}} \text{ 時間} \quad\text{……}\text{(答)}$$

プールの満水量は，$20\times\left(\dfrac{16}{3}-\dfrac{4}{3}\right)=80\,(\mathrm{m}^3)$

したがって，C 管の 1 時間あたりの水の注入量は，

$$80\div\dfrac{16}{3}=\boldsymbol{15}\,(\boldsymbol{\mathrm{m}^3}) \quad\text{……}\text{(答)} \quad \text{これは問題に適している。}$$

● **分 ⇒ 時間**

1 時間 20 分$=\dfrac{4}{3}$ 時間

● **水の注入量**

C 管での注入時間を基準にすることで，A 管，B 管の注入量を表すことができる。

● **1 つの式で表す**

C 管の 1 時間あたりの注入量は，

$$\left\{20\times\left(\dfrac{16}{3}-\dfrac{4}{3}\right)\right\}\div\dfrac{16}{3}$$
$$=15$$

と 1 つの式で求めてもよい。

✓ 類題 **23**　　　　　　　　　　　　　　　　　　　　　　　　解答 ➡ 別冊 p.22

A さんだけで 12 日，B さんだけで 15 日かかる仕事がある。この仕事を 2 人で始めたが，A さんは仕上げるまでに 6 日休んだという。仕事が終わるまでに何日かかりましたか。

UNIT 9 1 次方程式の利用⑨

目標 売買に関する方程式の文章題を解くことができる。

要点

● **売買に関する問題**…定価，原価，売価の関係を考えて方程式を立てる。その間には次のような関係式がある。

定価＝原価×(1＋利益率)　売価＝定価－割引額

└─仕入れた値段　└─利益の割合　└─実際に売った値段　└─値引きした額

例題 24 売買の問題

LEVEL: 応用

ある品物に，原価の 2 割の利益を見こんで定価をつけたが，売れないので定価より 600 円安くして売った。
すると，原価に対して 1 割の損になったという。この品物の原価を求めなさい。

ここに着目! ⇒ 定価＝原価×(1＋利益率)　売価＝定価－割引額　を利用する。

解き方 原価を x 円とすると，利益率は 2 割＝0.2 だから，

定価…$x×(1+0.2)=1.2x$(円)，売価…$(1.2x-600)$ 円

また，売価は，原価の 1 割の損になるから，

$x×(1-0.1)=0.9x$(円)とも表せる。

よって，$1.2x-600=0.9x$　　$12x-6000=9x$

$12x-9x=6000$　　$3x=6000$

$x=2000$ より，**2000 円** ……(答)

これは問題に適している。

○ 売買の問題

定価＝原価×(1＋利益率)
で，売価は実際に売った値段を示す。
利益率には歩合を使うことが多い。
歩合を小数で表すと
1 割＝0.1
1 分＝0.01
1 厘＝0.001

類題 24

解答 ➡ 別冊 p.23

ある品物に，原価の 3 割の利益を見こんで定価をつけたが，売れないので定価より 500 円安くして売った。
すると，利益は原価の 2 割になったという。この品物の原価を求めなさい。

3 章 方程式

UNIT

10 | 比例式の利用

（目標）比例式の性質を理解し，比例式の問題が解ける。

要点

- **比例式**…$a:b=c:d$ のような比が等しい式。一般に比例式にふくまれる文字の値を求めることを比例式を解くという。
- **比例式の性質**…$a:b=c:d$ ならば，$ad=bc$

例題 25 比例式　　　　　　　　　　　　　　　　　　LEVEL：標準

次の比例式を解きなさい。

(1)　$x:4=2:8$ 　　　　　　(2)　$9:6=x:2$

ここに着目！　比例式の性質…比例式の外側の項の積と内側の項の積は等しい。
　　　　　　$a:b=c:d$ ならば，$ad=bc$

（解き方）(1)　$x:4=2:8$
　　　　　　　　$8x=8$
　　　　　　　　$\boldsymbol{x=1}$ ……（答）

　　　　(2)　$9:6=x:2$
　　　　　　　　$6x=18$
　　　　　　　　$\boldsymbol{x=3}$ ……（答）

参考

比の値を用いて解くこともできる。

(1) $\dfrac{x}{4}=\dfrac{2}{8}=\dfrac{1}{4}$
　　$x=1$

(2) $\dfrac{9}{6}=\dfrac{3}{2}=\dfrac{x}{2}$
　　$x=3$

✓ **類題 25**　　　　　　　　　　　　　　　　　　　　解答 ➡ 別冊 p.23

次の比例式を解きなさい。

(1)　$3:18=x:36$ 　　　　　(2)　$15:x=5:7$

(3)　$x:\dfrac{1}{3}=6:\dfrac{8}{3}$ 　　　　(4)　$x:(x+2)=4:5$

例題 **26** 比例式の問題　　　　　　　　　　　　LEVEL：応用

> 誕生日のプレゼントに 50 本の花で花たばをつくる。バラの花とカーネーションの花を 3：2 の割合にしてつくるとき，バラの花は何本必要ですか。

(ここに着目!) **比例式の問題 ⇒ $a：b＝c：d$ の関係式をつくる。**

(解き方) バラの花の本数を x 本とすると，カーネーションの花の本数は $(50-x)$ 本と表される。

（バラの花）：（カーネーションの花）＝3：2 より，

$x：(50-x)＝3：2$

比例式の性質を使って，

$$2x＝3(50-x)$$
$$2x＝150-3x$$
$$2x+3x＝150$$
$$5x＝150$$

$x＝30$ より，**30 本** ……(答)

これは問題に適している。

○ **比例式の問題**

どちらか一方を x とすると，もう一方は
$\{（全体の数量）-x\}$
と表せる。そこから比例式をつくって解いていく。

（答えるほうの数を x とおこう！）

✓ **類題 26**　　　　　　　　　　　　　　　解答 → 別冊 p.23

まさおさんと弟の 2 人でプラモデルを買う。プラモデルの値段は 2400 円で，まさおさんと弟は 5：3 の割合でお金を出す。まさおさんは何円出しますか。

COLUMN
(コラム)　　　　　　　　　　　　　**答えはいつも 3**

ある整数を 1 つ思い浮かべます。その数に 5 をたして，その答えを 2 倍します。次にその答えから 4 をひいて，2 でわります。でてきた答えから，最初に思い浮かべた数をひくと，答えは 3 になるはずです。どんな数を思い浮かべても答えは 3 になるかためしてみましょう。

定期テスト対策問題

解答 → 別冊 p.23

問 **1** 方程式とその解

次の方程式のうち, $x = -2$ が解である方程式をすべて選びなさい。

① $x - 3 = -4$　　　　② $3x - 4 = x - 8$

③ $18 - 4x = 20 + 5x$　　④ $2(x + 3) = -x$

問 **2** 等式の性質

等式の性質を使って, 方程式を次のように解いた。等式の性質のどれを使いましたか。

の中から選び, 記号で答えなさい。

(1) $-3x = 12$ ┐

　　　$x = -4$ ◄┘

(2) $x + 5 = 21$ ┐

　　　$x = 16$ ◄┘

(3) $\dfrac{x}{4} = 1$ ┐

　　　$x = 4$ ◄┘

(4) $x - 7 = 2$ ┐

　　　$x = 9$ ◄┘

$A = B$ ならば,

　⑦ $A + C = B + C$　　④ $A - C = B - C$　　⑦ $A \times C = B \times C$　　④ $\dfrac{A}{C} = \dfrac{B}{C}$ $(C \neq 0)$

問 **3** 方程式の解き方

次の方程式を解きなさい。

(1) $\dfrac{x}{4} = 8$　　　　　　　　(2) $6x = -\dfrac{1}{2}$

(3) $\dfrac{2}{3}x = 6$　　　　　　　(4) $x + 5 = 4$

(5) $3x + 7 = 13$　　　　　　(6) $-3x - 4 = -16$

(7) $x + 4 = 5x + 20$　　　　(8) $-2x = -5x - 9$

(9) $-2x + 9 = 4x + 15$　　　(10) $9x + 1 = 7x - 13$

(11) $6 - x = 6 - 3x$　　　　　(12) $-2 + 7x = -2x + 1$

(13) $21x - 60 = 42 - 30x$　　(14) $100 - 5x = 60x - 30$

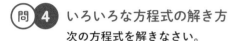

問 4 いろいろな方程式の解き方
次の方程式を解きなさい。

(1) $x - 8 = 3(x + 4)$

(2) $x - 4(x + 3) = -6$

(3) $-7x + 8 = 5 - 2(x - 9)$

(4) $4(2x - 3) = 6(x - 9)$

(5) $-5.2 + 0.7x = 1.1$

(6) $0.6x + 0.8 = -1$

(7) $1.33 - 2.3x = -1.67 - 3.05x$

(8) $-(6 - 4x) = 0.4(3x - 8)$

(9) $\dfrac{3}{4}x + \dfrac{5}{12} = \dfrac{1}{3}x + \dfrac{5}{6}$

(10) $\dfrac{2x - 3}{3} = \dfrac{3x + 8}{2}$

(11) $\dfrac{3x + 1}{2} - \dfrac{x + 2}{5} = 4$

(12) $-0.4 - 0.1x = 0.3x + \dfrac{2}{5}$

問 5 条件に合う値を求める
次の問いに答えなさい。

(1) $-2x + 17$ が $1 - x$ の 3 倍に等しいとき，x の値を求めなさい。

(2) 方程式 $2a + x = 6$ の解が $x = 10$ のとき，a の値を求めなさい。

(3) 方程式 $5 - \dfrac{a - 4x}{3} = 2x$ の解が $x = -2$ のとき，a の値を求めなさい。

問 6 1 次方程式の利用（数の問題）
連続する 3 つの整数の和が 183 になるとき，いちばん大きい数を求めなさい。

問 7 1 次方程式の利用（代金の問題）
1 個 150 円のりんごと 1 個 200 円のなしをあわせて 15 個買ったら，代金は 2600 円になった。
りんごとなしは，それぞれ何個買いましたか。

問 8 1 次方程式の利用（年齢の問題）
現在，父の年齢は 48 歳，子の年齢は 18 歳である。父の年齢と，子の年齢の 3 倍が等しいのは何年後ですか。または何年前でしたか。

問 9 1 次方程式の利用（時間，速さ，道のりの問題）
ある山のふもとから山頂まで，時速 3km で登るのと，同じ道を山頂からふもとまで，時速 5km で下るのでは，かかる時間が 2 時間ちがうという。
ふもとから山頂までの道のりは，何 km ですか。

問 10 1次方程式の利用（時間，速さ，道のりの問題）

駅へ行くために兄が家を出てから 10 分後に，忘れ物があったので弟が自転車で兄を追いかけた。兄は分速 80 m で歩き，弟は分速 280 m で進むとする。弟が家を出てから何分後に兄に追いつきますか。

問 11 1次方程式の利用（売買の問題）

A，B 2 つの商品があり，仕入れ値は A のほうが 500 円安い。また，A に 2 割 5 分，B に 2 割の利益を見こんで定価をつけると，A のほうが 550 円安くなる。仕入れ値はそれぞれいくらですか。

問 12 1次方程式の利用（比例式）

次の比例式を解きなさい。

(1) $x:4=15:12$

(2) $x:8=3:12$

(3) $x:\dfrac{1}{2}=6:\dfrac{7}{2}$

(4) $x:(x+3)=3:4$

問 13 1次方程式の利用（過不足の問題）

講堂の長いすに生徒を 6 人ずつかけさせると，3 人座れない生徒ができ，7 人ずつかけさせると，1 脚だけが 2 人だけかけることになるという。

これをもとに，A さん，B さんの 2 人の生徒が方程式をつくった。

これについて，次の問いに答えなさい。

(1) A さんは，長いすの数を x 脚として，次の方程式をつくった。

$6x+3=7(x-1)+2$

この式で，$6x+3$ の式は何を表していますか。

(2) B さんは，生徒の人数を x 人として方程式をつくった。B さんが考えた方程式をつくりなさい。

(3) A さん，B さんのどちらかの方程式を解き，長いすの数と生徒の人数を求めなさい。

KUWASHII
MATHEMATICS

4 章

中1
数学

比例と反比例

UNIT

1 関数

目標 関数の意味が理解できる。

要点

● **関数**…x の値を決めると，それに対応して y の値が 1 つに決まるとき，**y は x の関数**であるという。

例題 1 関数

LEVEL：基本

次のうち，y が x の関数であるものはどれですか。
① 周の長さが $x$cm の三角形の面積 $y$cm^2
② 時速 8km で x 時間走ったときの道のり $y$km

ここに着目！ 関数 ⇒ x の値を決めると，それに対応して y の値が 1 つに決まる。

解き方 ① 周の長さを $x$cm と決めても，底辺の長さや高さはいろいろ考えられる。つまり，三角形の面積もいろいろな場合が出てくる。すなわち，周の長さを決めても，面積は 1 通りには決まらないので，y は x の関数ではない。
② $x=1$ とすると，$y=8×1=8$
$x=2$ とすると，$y=8×2=16$ すなわち，x の値を 1 つ決めると，y の値は 1 つに決まるので，y は x の関数である。

② ……答

→ **関数**

x の値を決めれば，それに対応して y の値がただ 1 通りに決まる。

注意

関数であっても式に表せないもの，関数でないものでも式に表せるものがある。

✓ 類題 1

解答 → 別冊 p.26

次のうち，y が x の関数であるものはどれですか。
① 体重が $x$kg の人の身長 $y$cm
② 絶対値が x になる数 y
③ 10km はなれた公園まで時速 $x$km で歩いたときにかかる時間 y 時間

変域

目標 ▶ 変域の意味が理解できる。

要点

- **変数**…決められた範囲の中で，どんな値でもとることができる文字。
- **変域**…変数のとりうる値の範囲。

例題 **2** 変域の表し方   LEVEL：基本

変数 x が次の範囲の値をとるとき，その変域を不等号を用いて表しなさい。
(1) −2 以上で 3 より小さい数   (2) 6 未満の数   (3) すべての正の数

ここに
着目！ ▶ 変域の表し方 ⇒ 不等号を用いて表す。

解き方 (1) 「〜以上」はその数をふくみ，等号「＝」がつく。「〜より
小さい」はその数をふくまないので，等号はつかない。
したがって，変数 x の変域は，
$−2 \leqq x < 3$ ⸺(答)

(2) 「〜未満」はその数をふくまない。
したがって，変数 x の変域は，
$x < 6$ ⸺(答)

(3) 0.1，$\dfrac{3}{5}$，2 などのすべての正の数は 0 より大きい数にな
るので，変数 x の変域は，
$x > 0$ ⸺(答)

**◆ 変域を数直線上に表
すとき**

端の数を
ふくむ場合は　●
ふくまない場合は　○
と表すことが多い。

 注意

(2) $6 > x$，(3) $0 < x$ としても
よい。

✓ 類題 **2**   解答 ➡ 別冊 p.26

変数 x が次の範囲の値をとるとき，その変域を不等号を用いて表しなさい。
(1) 負の数
(2) −3 以上の数
(3) 5 以上 7 以下の数
(4) −5 より大きく 3 以下の数

4 章
比例と反比例

UNIT

1

比例と比例定数

目標 ▶ 比例の関係を見つけることができ，比例定数を求めることができる。

要点

● **比例**…y が x の関数で，$\boldsymbol{y=ax}$（a は 0 でない定数）で表されるとき，y は x に比例するといい，文字 a を**比例定数**という。

例題 **3** 比例となる関係　　　　　　　　　　　　　　　LEVEL：基本

次の関係を表す式を求めなさい。また，y は x に比例しますか。比例するものは，比例定数も答えなさい。
(1)　時速 5km で歩くとき，x 時間で $y$km 進む。
(2)　1 辺 $x$cm の立方体の表面積は $y$cm² である。
(3)　1 個 150 円のりんごを x 個買って 1000 円出したら，おつりは y 円だった。

ここに着目！ ことばの式で表してから，文字か数でおきかえる。

解き方 (1)　（道のり）＝（速さ）×（時間）より，$y=5×x$
　　　　$\boldsymbol{y=5x}$，**比例する**，**比例定数は 5** ——答
(2)　（表面積）＝（正方形の面積）×6 より，$y=6x^2$
　　　　$\boldsymbol{y=6x^2}$，**比例しない** ——答
(3)　（おつり）＝（出した金額）－（代金）より，
　　　　　$y=1000-150x$
　　　$\boldsymbol{y=-150x+1000}$，**比例しない** ——答

● **比例の特徴**

$x≠0$ のとき $\dfrac{y}{x}$ の値は一定で，比例定数に等しくなる。

類題 **3**　　　　　　　　　　　　　　　　　　　　解答 ➡ 別冊 p.26

次の関係を表す式を求めなさい。また，y は x に比例しますか。比例するものは，比例定数も答えなさい。
(1)　秒速 25m で走る電車が x 秒間に進む道のりは ym である。
(2)　周の長さが 40cm である長方形の縦の長さを $x$cm とすると，横の長さは $y$cm である。

次の関係を表す比例の式を求めなさい。また，比例定数を答えなさい。

(1) 縦 6cm，横 $x$cm の長方形の面積を $y$cm² とする。

(2) 1m の重さが 45g の針金 xm の重さを yg とする。

(3) 1 辺 $x$cm の正方形の周の長さを $y$cm とする。

 ここに着目！ 比例の式 $\Rightarrow$ $y=ax$，a は比例定数。

解き方 (1) （長方形の面積）＝（縦の長さ）×（横の長さ）より，$y=6\times x$ になる。

よって，$\boldsymbol{y=6x}$，比例定数は **6** ⋯⋯⋯答

(2) 1m の重さが 45g のとき，2m の重さは $45\times2=90$（g），3m の重さは $45\times3=135$（g），…となることより，針金の重さは，$\{45\times（針金の長さ）\}$g になる。

よって，$\boldsymbol{y=45x}$，比例定数は **45** ⋯⋯⋯答

(3) 1 辺 1cm の正方形の周の長さは(1×4)cm，1 辺 2cm の正方形の周の長さは(2×4)cm，…となることより，1 辺 $x$cm の正方形の周の長さは，$(x\times4)$cm になる。

よって，$\boldsymbol{y=4x}$，比例定数は **4** ⋯⋯⋯答

比例の式

変数 変数
$$y=ax$$
比例定数

変数…いろいろな値をとる。
定数…決まった値。

---

4 章 比例と反比例

✓ 類題 **4**

解答 ➡ 別冊 p.26

次の関係を表す比例の式を求めなさい。また，比例定数を答えなさい。

(1) 1 冊 150 円のノートを x 冊買ったときの代金を y 円とする。

(2) 底辺 12cm，高さ $x$cm の平行四辺形の面積を $y$cm² とする。

(3) 1L のガソリンで 14km 進む自動車に xL のガソリンを入れたときに進む道のりを $y$km とする。

UNIT

2

比例の式の決定

(目標) 比例の式を求めることができ，x，y の値を求めることができる。

要点

- **比例の式の決定**…$y = ax$ の式に x の値，y の値を代入して**比例定数 a** の値を求めて，比例の式に表す。
- **比例するときの x，y の値**…$y = ax$ の式に x の値を代入して y の値を，y の値を代入して x の値を求める。

例題 5 比例の式を求める

LEVEL：標準

次の問いに答えなさい。

(1) y が x に比例し，$x = 4$ のとき $y = 20$ である。y を x の式で表しなさい。

(2) y が x に比例し，$x = 3$ のとき $y = -21$ である。y を x の式で表しなさい。

ここに
着目！

比例の式の決定

$y = ax$ の式に x，y の値を代入 ⇒ 比例定数 a を求める。

(解き方) y が x に比例するから，比例定数を a とすると，$y = ax$ と表せる。

(1) $x = 4$ のとき $y = 20$ であるから，$y = ax$ に代入して，

$\qquad 20 = a \times 4 \quad 4a = 20$

$\qquad a = 5$ より，**$y = 5x$** ……(答)

(2) $y = ax$ に $x = 3$，$y = -21$ を代入して，

$\qquad -21 = a \times 3 \quad 3a = -21$

$\qquad a = -7$ より，**$y = -7x$** ……(答)

➡ 比例の式の決定

比例を表す式 $y = ax$ に x，y の値をそれぞれ代入して比例定数 a を求める。

比例定数 $= \dfrac{y}{x}$ となるので，比例定数が分数になる場合もある。

✓ 類題 5

解答 → 別冊 p.26

次の問いに答えなさい。

(1) y が x に比例し，$x = -2$ のとき $y = 6$ である。y を x の式で表しなさい。

(2) y が x に比例し，$x = 3$ のとき $y = 5$ である。y を x の式で表しなさい。

次の問いに答えなさい。

(1) y が x に比例し，$x=3$ のとき $y=-6$ である。$x=-4$ のとき y の値を求めなさい。

(2) y が x に比例し，$x=4$ のとき $y=3$ である。$y=-6$ のとき x の値を求めなさい。

 ここに着目！ **比例するときの x, y の値**

⇒ **比例の式を求め，与えられた x, y の値を代入する。**

解き方 y が x に比例するから，比例定数を a とすると，$y=ax$ と表せる。

(1) $x=3$ のとき $y=-6$ であるから，

$$-6=a\times3$$

$3a=-6$ より，$a=-2$　比例定数は -2 だから，$y=-2x$

$x=-4$ を代入して，$y=-2\times(-4)$

$y=8$ ……(答)

(2) $x=4$ のとき $y=3$ であるから，

$$3=a\times4$$

$4a=3$ より，$a=\dfrac{3}{4}$　比例定数は $\dfrac{3}{4}$ だから，$y=\dfrac{3}{4}x$

$y=-6$ を代入して，$-6=\dfrac{3}{4}x$

$$-6\times4=3x \quad -24=3x$$

$x=-8$ ……(答)

> ● **比例するときの x, y の値**
>
> 比例を表す式 $y=ax$ に x の値，y の値を代入して，比例定数 a の値を求める。
> 次に，$y=ax$ の式に x の値や y の値を代入して，y の値や x の値を求める。
> 比例定数 a の値は，負の数や分数になる場合もある。

4
章
比例と反比例

比例の式をしっかり理解しよう！

✓ 類題 **6**   解答 ➡ 別冊 p.26

次の問いに答えなさい。

(1) y が x に比例し，$x=-2$ のとき $y=-8$ である。$x=3$ のとき y の値を求めなさい。

(2) y が x に比例し，$x=-5$ のとき $y=2$ である。$y=10$ のとき x の値を求めなさい。

UNIT
1

座標

目標 → 点の座標を読みとったり，点をかき入れたりすることができる。

要 点

● **座標軸**…点 O で直角に交わっている数直線で，横の直線を
x 軸(横軸)，縦の直線を y 軸(縦軸)，x 軸と y 軸をあわ
せて**座標軸**，O を**原点**という。

● **座標**…座標軸上で点の位置を表したもの。
右の図の点 P の場合，座標は P(3, 4) と書く。

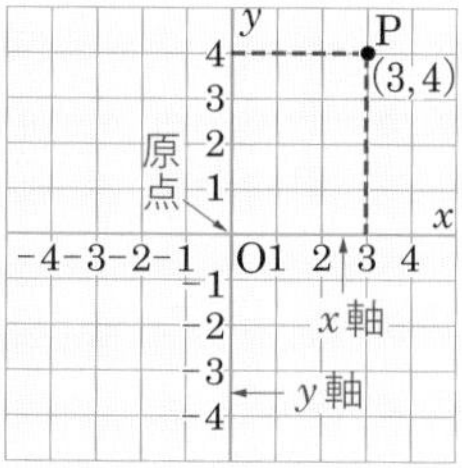

例題 **7** 点の座標を読みとる

LEVEL：基本

右の図で，点 A〜C の座標をいいなさい。

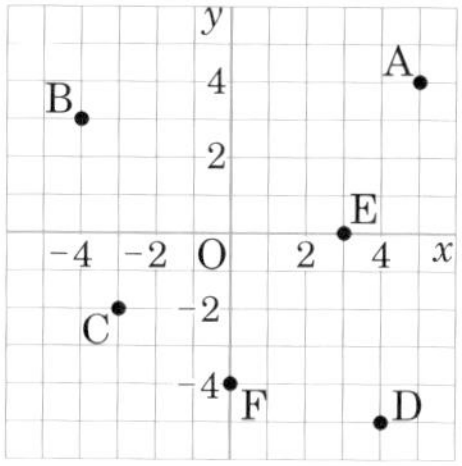

ここに
着目！ A の座標 ⇒ A(x 座標の値，y 座標の値)

解き方 　点 A から x 軸にひいた垂線と x 軸との交点は 5，y 軸にひい
た垂線と y 軸との交点は 4 だから，点 A の座標は (5, 4)
A(5, 4)，B(−4, 3)，C(−3, −2) …… 答

○ 座標

各点から x 軸，y 軸に垂線
をひき，x 軸，y 軸との交
点の表す数の組で，各点の
位置を表す。

✓ 類題 **7**

解答 → 別冊 p.26

例題 7 の図で，点 D〜F の座標をいいなさい。

右の図に，次の各点をかき入れなさい。

A(2, 4)　　　B(1, −3)　　　C(−2, −2)

D(−4, 2)　　E(5, 0)　　　F(0, 3)

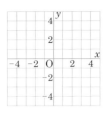

> ここに
> 着目！ x 座標の値，y 座標の値でひいた直線の交点になる。

解き方

A(2, 4) は，x 軸上の 2 から x 軸に垂直な直線をひき，y 軸上の 4 から y 軸に垂直な直線をひくと，その交点が点 A の位置になる。

点 E の y 座標は 0 だから x 軸上に，点 F の x 座標は 0 だから y 軸上にある。

右の図　⋯⋯⋯（答）

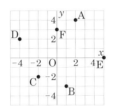

別解

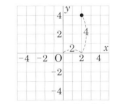

A(2, 4) は，原点から右へ 2，上へ 4 進んだところにある点をとればよい。

✓ **類題 8**

解答 ➡ 別冊 p.27

右の図に，次の各点をかき入れなさい。

A(3, 3)　　　B(−4, 1)　　　C(−1, −4)

D(4, −2)　　E(0, −1)　　　F(−3, 0)

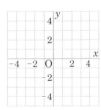

COLUMN

コラム

座標平面

座標軸のある平面を座標平面といいます。フランスの数学者デカルトは，軍隊生活を送っていたある朝，ベッドの上で思索中に，格子状の天井にとまる「ハエ」を見ていて，座標平面の考えを思いついた，といわれています。

対称な点

目標 ▶ 対称な点を求めることができる。

要点

● 対称な点…x 軸について対称 ⇒ y 座標の符号だけ変える。

　　　　　　y 軸について対称 ⇒ x 座標の符号だけ変える。

　　　　　　原点について対称 ⇒ x 座標, y 座標の符号を変える。

例題 9 対称な点　　　　　　　　　　　　　　　　　　　　　LEVEL : 応用

点 A(3, 4) がある。次の点の座標を求めなさい。

(1)　A と x 軸について対称な点 A′。

(2)　A と y 軸について対称な点 A″。

(3)　A と原点について対称な点 A‴。

ここに
着目!
座標軸について対称 ⇒ x 座標か y 座標の符号が変わる。

解き方 x 軸について対称な点…x 軸を折り目とし
て折ると重なる点

y 軸について対称な点…y 軸を折り目とし
て折ると重なる点

原点について対称な点…原点を中心とし
て 180° 回転すると重なる点

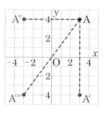

● 対称な点

原点について対称な点とは,
x 軸について対称な点の y
軸について対称な点のこと
である。

(1)　**A′(3, −4)**　(2)　**A″(−3, 4)**　(3)　**A‴(−3, −4)** ……… 答

類題 9　　　　　　　　　　　　　　　　　　　　　　　解答 ➡ 別冊 p.27

点 A(−1, −5) がある。次の点の座標を求めなさい。

(1)　A と x 軸について対称な点 A′。

(2)　A と y 軸について対称な点 A″。

(3)　A と原点について対称な点 A‴。

点の移動

目標 ▶ 移動した点の座標を求めることができる。

要点

● **点の移動**…x 軸にそって右→＋の方向，x 軸にそって左→－の方向
y 軸にそって上→＋の方向，y 軸にそって下→－の方向

例題 **10** **点の移動**　　　　　　　　　　　　　　　　　　LEVEL：標準

点 A(2，5) がある。次の点の座標を求めなさい。

(1)　A を x 軸にそって右へ 3 移動させたときの点 A′。

(2)　A を y 軸にそって下へ 4 移動させたときの点 A″。

ここに着目！ 点 A(2，5) を x 軸にそって右へ 3 移動 ⇒ A′(2+3，5)

解き方 (1)　x 軸にそって右へ 3 移動させたとき，
点 A は x の＋の方向に 3 移動させた
ことになるので，点 A′(2+3，5) より，
A′(5，5) ……… 答

(2)　y 軸にそって下へ 4 移動させたとき，
点 A は y の－の方向に 4 移動させた
ことになるので，A″(2，5−4) より，**A″(2，1)** ……… 答

注意

x 軸上の点の座標は ($\square$，0)，
y 軸上の点の座標は (0，$\square$)，
原点の座標は (0，0) と表される。

類題 **10**

解答 ➡ 別冊 p.27

点 A(4，−1) がある。次の点の座標を求めなさい。

(1)　A を x 軸にそって左へ 5 移動させたときの点 A′。

(2)　A を y 軸にそって上へ 3 移動させたときの点 A″。

(3)　A を x 軸にそって左へ 3，y 軸にそって下へ 2 移動させたときの
点 A‴。

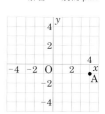

UNIT

4

比例のグラフ

目標 ▶ 比例のグラフをかくことができる。

要点

● 比例の関係 $y = ax$ のグラフ…原点を通る直線

　　$a > 0$ のとき**右上がり**，$a < 0$ のとき**右下がり**

例題 **11** 　$y = ax (a > 0)$ のグラフ　　　　　　　　　LEVEL：基本

次の関数のグラフをかきなさい。

(1) $y = 3x$ 　　(2) $y = \dfrac{2}{3}x$

ここに 着目！ ▶原点とグラフが通るもう 1 点を見つける ⇒ 2 つの点を通る直線をひく。

解き方 (1) 原点と，原点以外に通る 1 点がわ
かれば直線をひくことができる。
$x = 2$ のとき $y = 3 \times 2 = 6$ だから，
原点と点 $(2, 6)$ を通る直線をひく。
右の図 ……… 答

(2) $x = 3$ のとき $y = 2$ だから，原点と
点 $(3, 2)$ を通る直線をひく。
右の図 ……… 答

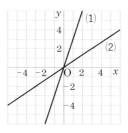

● **もう 1 点の見つけ方**

0 以外の数を x に代入する。
(2)のような比例定数が分数
の場合，分母の値を代入す
る。

✓ 類題 **11**

次の関数のグラフをかきなさい。

(1) $y = 2x$

(2) $y = \dfrac{2}{5}x$

解答 ➡ 別冊 p.27

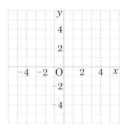

12 $y=ax\,(a<0)$ のグラフ

 LEVEL：基本

次の関数のグラフをかきなさい。

(1) $y=-2x$　　(2) $y=-\dfrac{3}{4}x$

 $a<0 \Rightarrow$ 右下がりの直線になる。

解き方 (1) $x=2$ のとき
$y=-2\times2=-4$ だから，原点と
点 $(2，-4)$ を通ることがわかる。
原点と点 $(2，-4)$ を通る直線をひ
けばよい。
右の図 ……答

(2) $x=4$ のとき $y=-3$ だから，原点
と点 $(4，-3)$ を通る直線をひく。
右の図 ……答

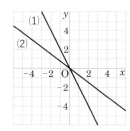

 注意

1つの座標軸に，2つ以上
のグラフをかくときは，そ
れぞれがどのグラフかわか
るように，問題番号や比例
の式をグラフの近くにかく。

 比例定数の値が
正の値のときは
右上がり，負の
値のときは右下
がりの直線にな
るね。

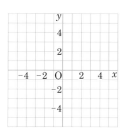

✓ 類題 **12**

解答 ➡ 別冊 p.27

次の関数のグラフをかきなさい。
(1) $y=-x$
(2) $y=-\dfrac{3}{5}x$

4章

比例と反比例

x の値が増加するときの y の値の変化

目標 ▶ x の値が増加するときの y の値の変化がわかる。

要点

- **$y=ax$ で $a>0$ のとき**…x の値が増加すると y の値も**増加**する。

  グラフは**右上がり**の直線になる。

- **$y=ax$ で $a<0$ のとき**…x の値が増加すると y の値は**減少**する。

  グラフは**右下がり**の直線になる。

例題 **13** **x の値が増加するときの y の値の変化①**　　　　LEVEL：標準

$y=3x$ について，次の問いに答えなさい。

(1) x の値が増加すると y の値は増加しますか，それとも減少しますか。

(2) x の値が 1 ずつ増加すると，y の値はどれだけどのように変化しますか。

ここに着目！ $y=ax(a>0) \Rightarrow x$ の値が増加すると y の値も増加する。

解き方 (1) $y=3x$ に $x=1$ を代入すると，

$y=3\times1=3$，$x=2$ を代入すると，

$y=3\times2=6$ より，y の値は**増加

する**。………(答)

(2) (1)より，x の値が 1 増加すると，

y の値は，3 増加していることか

ら，x の値が 1 ずつ増加すると，

y の値は **3 ずつ増加する**。………(答)

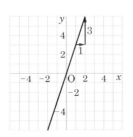

● $y=ax(a>0)$

x の値が 1 ずつ増加すると，y の値は a ずつ増加する。グラフは右上がりになる。

✓ 類題 **13**　　　　　　　　　　　　　　　　　　　　　解答 ➜ 別冊 p.28

$y=4x$ について，次の問いに答えなさい。

(1) x の値が増加すると y の値は増加しますか，それとも減少しますか。

(2) x の値が 1 ずつ増加すると，y の値はどれだけどのように変化しますか。

$y = -2x$ について，次の問いに答えなさい。

(1) x の値が増加すると y の値は増加しますか，それとも減少しますか。

(2) x の値が 1 ずつ増加すると，y の値はどれだけどのように変化しますか。

 ここに着目！ $y = ax\,(a < 0) \Rightarrow$ x の値が増加すると y の値は減少する。

解き方 (1) $y = -2x$ に $x = 1$ を代入すると，
$y = -2 \times 1 = -2$，$x = 2$ を代入すると，$y = -2 \times 2 = -4$ より，
y の値は **減少する。**……（答）

(2) (1)より，x の値が 1 増加すると，y の値は 2 減少していることから，x の値が 1 ずつ増加すると，y の値は **2 ずつ減少する。**……（答）

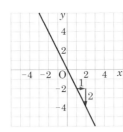

❷ $y = ax\,(a < 0)$
x の値が 1 ずつ増加すると，y の値は a ずつ減少する。グラフは右下がりになる。

✓ 類題 **14** 解答 → 別冊 p.28

$y = -\dfrac{1}{3}x$ について，次の問いに答えなさい。

(1) x の値が増加すると y の値は増加しますか，それとも減少しますか。

(2) x の値が 1 ずつ増加すると，y の値はどれだけどのように変化しますか。

COLUMN
コラム
$y = ax$ のグラフのまとめ

$y = ax$ について，グラフは原点を通る直線である。

① $a > 0$ のとき
x の値が増加すると，y の値も増加する。グラフは右上がりの直線である。

② $a < 0$ のとき
x の値が増加すると，y の値は減少する。グラフは右下がりの直線である。

UNIT

6 比例のグラフに関する問題

（目標）グラフから比例の式を求めたり，変域に制限のある比例のグラフがかける。

要点

● **比例のグラフの式**…$y = ax$ に対応する x，y の値を代入して a の値を求める。

● $y = ax$ で x の変域が示されたとき，x の変域にあてはまる範囲のグラフが求めるグラフである。

例題 15 比例のグラフから式を求める　　　　　　　　　　LEVEL：標準

右の図のグラフで表される関係の式を求めなさい。

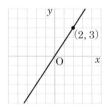

（ここに着目！）グラフが通る点の x，y 座標の値を比例の式に代入 ⇒ a の値を求める。

（解き方）グラフは原点を通る直線であるから，$y = ax$ に $x = 2$，$y = 3$ を代入して，$3 = 2a$

$$a = \frac{3}{2} \quad \boldsymbol{y = \frac{3}{2}x} \quad \text{……（答）}$$

● **他の点の座標の値を代入**

代入する点の座標は他の点の座標でもよい。

✓ **類題 15**　　　　　　　　　　　　　　　　　解答 → 別冊 p.28

右の図のグラフ(1)，(2)で表される関係の式を求めなさい。

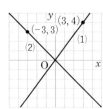

例題 **16** 変域に制限があるときの比例のグラフ

LEVEL：標準

12L はいる容器に，毎分 3L の割合で水を入れる。水を入れる時間 x 分と，その間にはいる水の量 y L の関係を式に表しなさい。また，そのグラフをかきなさい。

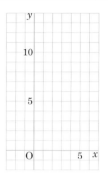

ここに着目！ x の変域にあてはまる y の変域に注意してグラフをかく。

解き方 x と y の関係を式に表すと，$y = 3x$

12L はいるまでにかかる時間は 4 分間だから，x の変域は，$0 \leqq x \leqq 4$

したがって，この関係の式は，

$y = 3x$ （$0 \leqq x \leqq 4$） …… 答

グラフは，

右の図の直線の実線部分 …… 答

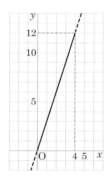

● x の変域とグラフ

変域のあるグラフをかくときは，変域以外のグラフの部分は，点線で表すのがふつうである。

✓ 類題 **16**

解答 ➡ 別冊 p.28

家から 20km はなれた図書館まで，時速 4km で歩く。歩く時間 x 時間と，その間に進む道のり y km の関係を式に表しなさい。また，そのグラフをかきなさい。

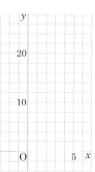

4 章

比例と反比例

UNIT

1 反比例と比例定数

目標 ▶ 反比例となる関係が理解できて, 比例定数を求めることができる。

要点

● **反比例**…y が x の関数で $y=\dfrac{a}{x}$ (a は比例定数)で表される。

反比例では, x の値が 2 倍, 3 倍, 4 倍, …になると, それにともなって, y の

値は $\dfrac{1}{2}$ 倍, $\dfrac{1}{3}$ 倍, $\dfrac{1}{4}$ 倍, …になる。

例題 **17** 反比例となる関係　　　　　　　　　　　　　　　　　　LEVEL：基本

次の関係を表す式を求めなさい。また, y は x に反比例しますか。反比例するものは, 比例定数も答えなさい。

(1)　1 日の昼の時間は x 時間, 夜の時間は y 時間である。

(2)　10g の食塩がとけている x ％の食塩水 y g。

ここに着目! ▶ 反比例の式 ⇒ $y=\dfrac{a}{x}$ で表される。

解き方 (1)　昼の時間と夜の時間の和は 24 時間だから, $x+y=24$

$y=24-x$, 反比例しない ……(答)

(2)　(食塩の量) = (食塩水の量) × (濃度) より, $10=y\times\dfrac{x}{100}$

$y=\dfrac{1000}{x}$, 反比例する, 比例定数は 1000 ……(答)

➡ **割合**

$x\% = x \times \dfrac{1}{100}$

$= \dfrac{x}{100}$

✓ 類題 **17**　　　　　　　　　　　　　　　　　　　　　　　　　　解答 ➡ 別冊 p.28

次の関係を表す式を求めなさい。また, y は x に反比例しますか。反比例するものは, 比例定数も答えなさい。

(1)　x km の道のりを, 時速 60km で進んだところ y 時間かかった。

(2)　面積が 12cm² の三角形の底辺を x cm, 高さを y cm とする。

(3)　周の長さが 36cm の長方形の縦の長さを x cm, 横の長さを y cm とする。

例題 18 反比例と比例定数

LEVEL：基本

次の関係を表す反比例の式を求めなさい。また，比例定数を答えなさい。

(1) 12km の道のりを，時速 x km で歩いたら，y 時間かかった。

(2) 24L はいる容器に毎分 x L の割合で水を入れていくとき，満水になる時間を y 分とする。

(3) 面積が 36cm^2 の平行四辺形の底辺を x cm，高さを y cm とする。

 ここに着目！ 反比例の式と比例定数 ⇒ 式：$y = \dfrac{a}{x}$，比例定数：$a = xy$

解き方 (1) （時間）$= \dfrac{（道のり）}{（速さ）}$ より，$y = \dfrac{12}{x}$

x	1	2	3	4	⋯
y	12	6	4	3	⋯

$y = \dfrac{12}{x}$，比例定数は **12** ⋯⋯⋯（答）

(2) $y = 24 \div x$ より，$y = \dfrac{24}{x}$

x	1	2	3	4	⋯
y	24	12	8	6	⋯

$y = \dfrac{24}{x}$，比例定数は **24** ⋯⋯⋯（答）

(3) （平行四辺形の面積）$=$（底辺）$\times$（高さ）より，

$36 = x \times y \quad y = \dfrac{36}{x}$

x	1	2	3	⋯
y	36	18	12	⋯

$y = \dfrac{36}{x}$，比例定数は **36** ⋯⋯⋯（答）

◆ 反比例の特徴

反比例の関係では，x と y の積 xy は一定で，比例定数 a に等しい。

4 章 比例と反比例

✓ 類題 18

解答 ➡ 別冊 p.28

次の関係を表す反比例の式を求めなさい。また，比例定数を答えなさい。

(1) 面積が 36cm^2 の長方形の縦の長さを x cm，横の長さを y cm とする。

(2) 長さ 100cm のリボンを x 等分すると，1 本の長さは y cm になる。

137

UNIT 2 反比例の式の決定

目標▶反比例する式を求めることができ，x，y の値を求めることができる。

要点

● **反比例の式の決定**…y が x に反比例するとき，比例定数を a とすると，

$y = \dfrac{a}{x}$ の式で表せる。比例定数 $a = xy$ になる。

● **反比例するときの x，y の値**…$y = \dfrac{a}{x}$ の式に x，y の値を代入して求める。

例題 19 反比例の式を求める

LEVEL：標準

y が x に反比例し，$x = -4$ のとき $y = 60$ である。y を x の式で表しなさい。

ここに着目！ 反比例の式の決定

$y = \dfrac{a}{x}$ $(a \neq 0)$ の式に x，y の値を代入 ⇒ 比例定数 a を求める。

解き方 y が x に反比例するから，比例定数を a とすると，$y = \dfrac{a}{x}$ と表せる。

$x = -4$ のとき $y = 60$ であるから，$60 = \dfrac{a}{-4}$ より，$a = -240$

よって，$y = -\dfrac{240}{x}$ ……（答）

● **反比例の式を求める**

$xy = a$ より，比例定数を求めてもよい。

x と y の積がつねに a なので，$x = -4$，$y = 60$ より，

$a = -4 \times 60$
$\quad = -240$

類題 19

解答 ➡ 別冊 p.29

次の問いに答えなさい。

(1) y が x に反比例し，$x = -3$ のとき $y = -12$ である。y を x の式で表しなさい。

(2) y が x に反比例し，$x = 12$ のとき $y = -4$ である。y を x の式で表しなさい。

y が x に反比例するとき，右の表の空欄①～③をうめなさい。

x	2	3	②	10
y	24	①	6	③

ここに着目！ $x=2$ のとき $y=24$ の関係から，反比例の式を求める。

（解き方） y が x に反比例するから，$y=\dfrac{a}{x}$ の式から比例定数 a を求める。

$x=2$ のとき $y=24$ だから，$24=\dfrac{a}{2}$ より，$a=48$

よって，$y=\dfrac{48}{x}$ になる。

① $y=\dfrac{48}{x}$ に $x=3$ を代入して，$y=\dfrac{48}{3}=\textbf{16}$ ……（答）

② $y=\dfrac{48}{x}$ に $y=6$ を代入して，$6=\dfrac{48}{x}$ より，$x=\textbf{8}$ ……（答）

③ $y=\dfrac{48}{x}$ に $x=10$ を代入して，$y=\dfrac{48}{10}=\dfrac{\textbf{24}}{\textbf{5}}\,(\textbf{4.8})$ ……（答）

注意

代入する文字をまちがえないように気を付ける。

✓ 類題 **20**

解答 ➡ 別冊 p.29

y が x に反比例するとき，右の表の空欄①～③をうめなさい。

x	-6	-2	3	③
y	①	-18	②	9

COLUMN

コラム

式からわかること

$y=③x$　比例定数 3 に注目します。

- y が x に比例している。
- x の値が 1 増えると y の値は 3 増える。
- x の値が 1 のとき y の値は 3
- グラフは点 $(1,\ 3)$ を通る。

$y=\dfrac{⑥}{x}$　比例定数 6 に注目します。

- y が x に反比例している。
- x と y の値の積はつねに 6 になる。
- x の値が 1 のとき y の値は 6
- グラフは点 $(1,\ 6)$ を通る。

UNIT

1

反比例のグラフ

目標 反比例のグラフをかくことができる。

要点

- 反比例 $y = \dfrac{a}{x}$ のグラフは，**双曲線**とよばれるなめらかな曲線となる。

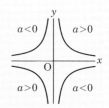

- $a > 0$ のとき，右上，左下にグラフができる。
- $a < 0$ のとき，左上，右下にグラフができる。

例題 21 $y = \dfrac{a}{x}\ (a > 0)$ **のグラフ**　　　LEVEL：基本

$y = \dfrac{8}{x}$ のグラフをかきなさい。

ここに着目！ $y = \dfrac{a}{x}\ (a > 0)$ のグラフ ⇒ 双曲線で，原点について対称になる。

解き方 x のいろいろな値に対応する y の値を求め，座標平面上にそれらを座標とする点をとり，なめらかな曲線で結んでいく。

x	$\cdots$	-4	-2	-1	0	1	2	4	$\cdots$
y	$\cdots$	-2	-4	-8	$\times$	8	4	2	$\cdots$

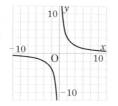

右の図 ……答

○ **反比例のグラフをかくときの注意**

x 軸，y 軸にふれないが，徐々に，x 軸，y 軸に近づけてかく。

✓ **類題 21**

解答 ➡ 別冊 p.29

$y = \dfrac{12}{x}$ のグラフをかきなさい。

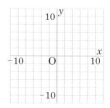

22 $y = \dfrac{a}{x}$ $(a < 0)$ のグラフ

LEVEL：基本

$y = -\dfrac{6}{x}$ のグラフをかきなさい。

 $y = \dfrac{a}{x}$ $(a < 0)$ のグラフ ⇒ 双曲線で，原点について対称になる。

 表のように x の値に対応する y の値を求め，
座標平面上にそれらを座標とする点をとり，
なめらかな曲線で結んでいく。

x	$\cdots$	-3	-2	-1	0	1	2	3	$\cdots$
y	$\cdots$	2	3	6	$\times$	-6	-3	-2	$\cdots$

右の図 $\cdots\cdots$（答）

 注意

グラフをかく位置をまちが
えないようにする。

4 章

比例と反比例

 類題 22

$y = -\dfrac{16}{x}$ のグラフをかきなさい。

解答 ➜ 別冊 p.29

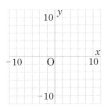

COLUMN

コラム

$y = \dfrac{a}{x}$ のグラフのまとめ

$y = \dfrac{a}{x}$ について，グラフは双曲線で原点について対称である。

① $a > 0$ のとき
x の値が増加すると，
y の値は減少する。
グラフは右上と左下
にできる。

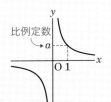

② $a < 0$ のとき
x の値が増加すると
y の値も増加する。
グラフは左上と右下
にできる。

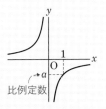

141

UNIT

2 反比例のグラフに関する問題

（目標）▶ 反比例のグラフから式を求めることができる。$a=bc$ の関係が理解できる。

要点

- **反比例のグラフの式**…$y=\dfrac{a}{x}$ に対応する x，y の値（あたい）を代入して a の値を求める。

- **$a=bc$ の式**…a，b，c のうち，いずれか１つを決まった数，残りの２つを変数とすると，２つの変数の間の関係は比例であったり，反比例であったりする。

例題 23 反比例のグラフから式を求める

LEVEL：標準

$y=\dfrac{a}{x}$ のグラフが次の点を通るとき，y を x の式で表しなさい。

(1) 点 $(2, 4)$ (2) 点 $(-4, 3)$

ここに
着目！ 反比例のグラフの式

$y=\dfrac{a}{x}$ より $a=xy$ に変形する ⇒ x，y の値を代入して a の値を求める。

（解き方）(1) $x=2$，$y=4$ より，$a=2\times4=8$

グラフの式は，$\boldsymbol{y=\dfrac{8}{x}}$ ……（答）

(2) $x=-4$，$y=3$ より，

$a=-4\times3=-12$

グラフの式は，$\boldsymbol{y=-\dfrac{12}{x}}$ ……（答）

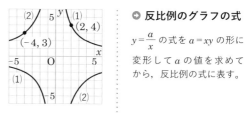

⚬ 反比例のグラフの式

$y=\dfrac{a}{x}$ の式を $a=xy$ の形に変形して a の値を求めてから，反比例の式に表す。

✓ 類題 <u>23</u>

解答 ➡ 別冊 p.29

$y=\dfrac{a}{x}$ のグラフが次の点を通るとき，y を x の式で表しなさい。

(1) 点 $(4, -6)$ (2) 点 $(-4, -9)$

例題 24 $a=bc$ で表される 3 つの数量 a, b, c の関係   LEVEL：応用

VL はいる水そうに毎分 aL の割合で水を入れ，t 分で満水になったとすると，$V=at$ という式が成り立つ。

(1) V の値を 30 に決めたときの，a と t の関係をいいなさい。

(2) t の値を 6 に決めたときの，V と a の関係をいいなさい。

 ここに着目！ $a=bc$ の関係がある式
⇒ a の値を決めると b と c は反比例，b を決めると a と c は比例の関係。

解き方 (1) $V=at$ で V の値を 30 に決めたとき，$30=at$ の関係式になる。

$a=1$ のとき $t=30$，$a=2$ のとき $t=15$，$a=3$ のとき $t=10$ になる。

a の値が 2 倍，3 倍，…になると t の値は $\dfrac{1}{2}$ 倍，$\dfrac{1}{3}$ 倍，…になるので，a と t は **反比例の関係** ——（答）

(2) $V=at$ で t の値を 6 に決めたとき，$V=6a$ の関係式になる。

$a=1$ のとき $V=6$，$a=2$ のとき $V=12$，$a=3$ のとき $V=18$ になる。

a の値が 2 倍，3 倍，…になると V の値も 2 倍，3 倍，…になるので，V と a は **比例の関係** ——（答）

◆ $a=bc$ の関係式

a の値を決めると，積 bc の値が一定になるので，b と c は反比例の関係になる。b の値を決めると，a の値は積 bc の値になるので，a と c は比例の関係になる。

決めた値が比例定数になるね。

✓ **類題 24**

解答 ➡ 別冊 p.30

底面積が Scm^2，高さが $h$cm の直方体の体積 Vcm^3 を求める式は，$V=Sh$ である。

(1) V の値を 48 に決めたときの，S と h の関係をいいなさい。

(2) h の値を 8 に決めたときの，V と S の関係をいいなさい。

4章 比例と反比例

UNIT

1 比例の利用

目標 比例の応用問題を解くことができる。

要点

● **比例の応用問題**…2つの数量 x と y が比例の関係であれば **$y=ax$** とおいて，
a の値を求めてから，解いていく。

例題 25 **比例の利用①**

24時間で4分遅れる時計がある。ある日の正午に正しい時刻にあわせておくと，翌朝の6時には何時何分をさしていることになりますか。

ここに着目！ **x，y が比例の関係 ⇒ $y=ax$ とおいて a を求めてから解く。**

解き方 遅れる時間は，正しい時間に比例すると考えられる。すなわち，x 時間に y 分遅れるとすると $y=ax$ とおける。24時間に4分遅れるから，$y=ax$ に $x=24$，$y=4$ を代入すると，$4=24a$
$a=\dfrac{1}{6}$ より，$y=\dfrac{1}{6}x$ になる。

正午から翌朝の6時までは18時間あるから，$y=\dfrac{1}{6}x$ に $x=18$
を代入すると，$y=\dfrac{1}{6}\times 18=3$（分）より，**5時57分** ⸺ 答

● **比例の利用**

問題から y が x に比例するとわかるときは，$y=ax$ とおいて，x と y の値を代入して a の値を求める。
次に，比例の式の関係から値を求める。

✓ **類題 25**

解答 → 別冊 p.30

50枚の紙の重さをはかったら80g あった。同じ紙何枚かの重さをはかったら360g あった。このとき紙は何枚ありますか。

兄と弟が同時に家を出発し，家から 800m はなれた図書館に行く。兄は分速 80m，弟は分速 50m で歩くとき，家を出発してから x 分後に，家から ym はなれたところにいるとして，2 人の歩くようすをグラフに表した。次の問いに答えなさい。

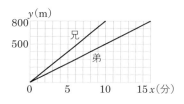

(1) 兄が図書館に着くのは，家を出発してから何分後ですか。

(2) 兄が図書館に着いたとき，弟は図書館からあと何 m のところにいますか。

(3) 弟が図書館に着くのは，兄が着いてから何分後ですか。

ここに着目! グラフの x 座標は歩いた時間を，y 座標は進んだ道のりを表す。

解き方 グラフから読みとる。

(1) グラフより，10 分後に兄は，図書館に着いている。

   10 分後 ……(答)

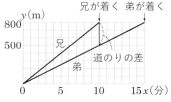

兄が着く 弟が着く

道のりの差

(2) 兄弟のはなれている道のりは，10 分後の(兄が歩いた道のり)−(弟が歩いた道のり)で求められる。

   これは，2 つのグラフの y 座標の値の差なので，

   $800 - 500 = $ **300 (m)** ……(答)

(3) 弟のグラフが 800m に達したときの時間を読みとる。

   16 分で着くので，兄が着いてから，

   $16 - 10 = $ **6 (分後)** ……(答)

➡ グラフを式で表す

兄の歩く速さ分速 80m が，$y = ax$ の a にあたる。また，x と y の値，たとえば (10，800) を $y = ax$ の式に代入して a を求めてもよい。

✓ **類題 26**

解答 ➡ 別冊 p.30

例題 26 の兄の歩くようすのグラフを，y を x の式で表しなさい。ただし，x の変域も示しなさい。

反比例の利用

目標 反比例の応用問題を解くことができる。

要点

● **反比例の応用問題**…2つの数量 x と y が反比例の関係であれば $y=\dfrac{a}{x}$ とおいて，a の値(あたい)を $a=xy$ で求めてから，解いていく。

例題 27 反比例の利用①

LEVEL：標準

家から学校まで分速 60m で歩いて行くと 15 分かかる。速さを分速 xm，かかる時間を y 分として，y を x の式で表しなさい。また，同じ道のりを分速 150m の自転車で行くと何分かかりますか。

ここに着目! 速さ×時間＝道のり の関係から求める。

解き方 (速さ)×(時間)=(道のり)から，家から学校までの道のりは，

$$60 \times 15 = 900 \,(\text{m})$$

進む速さを分速 xm，かかる時間を y 分とすると，

$$x \times y = 900 \text{ より，} \quad y=\frac{900}{x} \quad \text{……(答)}$$

上の式に $x=150$ を代入すると，

$$y = \frac{900}{150} = 6 \,(\text{分}) \quad \text{……(答)}$$

● **反比例の利用**

問題から y が x に反比例するとわかるときは，$y=\dfrac{a}{x}$ とおいて，x と y の値を代入して，$a=xy$ より a の値を求める。
次に，反比例の式の関係から値を求める。

✓ **類題 27**

解答 → 別冊 p.30

毎秒 12L の割合で水を入れていくと 30 秒で満水になる水そうがある。毎秒 xL の割合で水を入れていくとき，満水になるまでの時間を y 秒として，y を x の式で表しなさい。また，この水そうに毎秒 18L の割合で水を入れていくと，何秒で満水になりますか。

28 反比例の利用②

LEVEL：応用

歯数が 24 で，1 秒間に 5 回転している歯車 A に，歯車 B がかみあって回転している。
歯車 B の歯数を x，1 秒間の回転数を y 回転として，y を x の式で表しなさい。
また，歯車 B の歯数が 15 のとき，歯車 B は 1 秒間に何回転しますか。

ここに着目！ かみあう歯の数は一定 ⇒ 歯数と回転数は反比例する。

解き方 1 秒間にかみあう歯の数は，

$24 \times 5 = 120$

歯車 B の歯数を x，1 秒間の回転数を y 回転とすると，かみあう歯の数は等しいので，

$x \times y = 120$ より，$\boldsymbol{y = \dfrac{120}{x}}$ ……（答）

歯数	24	…	15	…
回転数	5	…		…

↑歯車 A　　↑歯車 B

上の式に $x = 15$ を代入すると，

$y = \dfrac{120}{15} = \boldsymbol{8}$（**回転**）……（答）

◆ 歯車の問題

一定時間にかみあう歯の数は等しいことより，歯数と回転数は反比例の関係になる。
一定時間にかみあう歯の数は，（歯数）×（回転数）で求めることができる。

xy の値が一定のときは，反比例の式が使えるね。

4 章　比例と反比例

類題 **28**

解答 ➡ 別冊 p.30

歯車 A と歯車 B があり，かみあって回転している。歯車 A は歯数が 30 で，1 秒間に 5 回転している。歯車 B の歯数を x，1 秒間の回転数を y 回転として，次の問いに答えなさい。

(1) y を x の式で表しなさい。

(2) 歯車 B の歯数が 25 のとき，歯車 B は 1 秒間に何回転しますか。

比例と反比例の利用

目標 ▶ 比例や反比例を利用して図形の問題などが解ける。

要点

● **図形への応用**…一定の割合で増加する図形の面積などの問題は，比例の関係を利用する。

● **グラフの利用**…座標平面上にかかれた，比例と反比例のグラフから，比例定数 a や座標を求める。

例題 **29** 図形への応用

右の図の四角形 ABCD は，AB＝8cm，BC＝12cm の長方形で，点 P は B を出発して BC 上を C まで進む。
BP を $x$cm，三角形 ABP の面積を $y$cm² として，y を x の式で表し，そのときの x の変域を求めなさい。

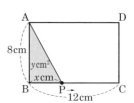

ここに着目！ **三角形 ABP の面積 ⇒ AB を底辺とすると，BP が高さになる。**

解き方 (三角形 ABP の面積)$=\dfrac{1}{2}\times AB\times BP=\dfrac{1}{2}\times 8\times x$

$$=4x$$

より，**$y=4x$** ……(答)

BC＝12(cm)より，x の変域は **$0\leqq x\leqq 12$** ……(答)

● **図形への応用**
(三角形の面積)
$=\dfrac{1}{2}\times$(底辺)$\times$(高さ)

✓ 類題 **29**

解答 ➡ 別冊 p.30

右の図の三角形 ABC は，∠B が直角の三角形で，
AB＝6cm，BC＝15cm である。点 P は B を出発して BC 上を C まで進む。
BP を $x$cm，三角形 ABP の面積を $y$cm² として，y を x の式で表し，そのときの x の変域を求めなさい。

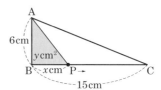

右の図で，①は $y=ax$，②は $y=\dfrac{b}{x}$ のグラフである。

点Pは①のグラフと②のグラフの交点で，点Pの座標は $(4，3)$ である。このとき，次の問いに答えなさい。

(1) 比例定数 a，b の値をそれぞれ求めなさい。

(2) ②のグラフで，x 座標，y 座標の値がともに整数である点はいくつありますか。

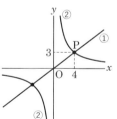

 比例定数を求める ⇒ グラフ上の x 座標，y 座標の値から求める。

解き方 (1) $y=ax$ のグラフは点Pを通ることより，点Pの x 座標と y 座標の値を代入すると，$3=4a$ より，$\boldsymbol{a=\dfrac{3}{4}}$ ……（答）

$y=\dfrac{b}{x}$ のグラフも点Pを通ることより，$3=\dfrac{b}{4}$ より，

$\boldsymbol{b=12}$ ……（答）

(2) $y=\dfrac{12}{x}$ のグラフ上で，x 座標，y 座標の値がともに整数である点の座標は，$(1，12)$, $(2，6)$, $(3，4)$, $(4，3)$, $(6，2)$, $(12，1)$, $(-1，-12)$, $(-2，-6)$, $(-3，-4)$, $(-4，-3)$, $(-6，-2)$, $(-12，-1)$ の **12個** ……（答）

◆ **比例と反比例の利用**

グラフ上にある点の x 座標，y 座標の値を，$y=ax$，$y=\dfrac{b}{x}$ の式に代入して，比例定数 a，b を求める。

注意

(2)では，負の整数を数え忘れないようにすること。

✓ **類題 30**   解答 ➡ 別冊 p.30

右の図で，①は $y=ax$，②は $y=\dfrac{b}{x}$ のグラフである。

点 A は①のグラフと②のグラフの交点で，y 座標は 4 である。また，点 B の座標は $(3，-6)$ である。このとき，次の問いに答えなさい。

(1) 比例定数 a の値を求めなさい。

(2) 比例定数 b の値を求めなさい。

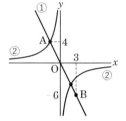

定期テスト対策問題

解答 ➡ 別冊 p.31

問 1 比例，反比例の関係

次のような x と y の関係について，y を x の式で表しなさい。また，y が x に比例するものには〇，y が x に反比例するものには△，y が x に比例も反比例もしないものには×を書きなさい。

(1) 1日のうち，起きていた時間が x 時間，寝ていた時間が y 時間

(2) 半径 $x$cm の円の周の長さ $y$cm

(3) 面積が 8cm² の三角形の，底辺 $x$cm，高さ $y$cm

(4) 時速 60km で，x 時間進んだときの道のり $y$km

(5) 120g のかごに 1 個 70g のみかんを x 個入れたときの重さ yg

(6) 50L はいる水そうに，1分間に xL ずつ水を入れたときの水そうが満水になるまでの時間 y 分

問 2 比例の式

次の問いに答えなさい。

(1) y は x に比例し，$x = -3$ のとき $y = 12$ である。y を x の式で表しなさい。

(2) y は x に比例し，$x = 6$ のとき $y = 9$ である。y を x の式で表しなさい。また，$x = -4$ のときの y の値を求めなさい。

(3) y は x に比例し，対応する x，y の値が右の表のようになる。表の空欄⑦～⑨にあてはまる数を求めなさい。

x	-2	0	2	4	6
y	⑦	0	-1	⑦	⑨

問 3 座標

次の問いに答えなさい。

(1) 右の図で，点 A～D の座標をいいなさい。

(2) 右の図に，次の各点をかき入れなさい。
   E(3, 0)   F(1, −4)   G(−4, −2)

(3) 点 A と原点について対称な点 A′ の座標を求めなさい。

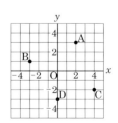

問 **4** 比例のグラフ

右の図に，次の関数のグラフをかきなさい。

(1) $y = x$

(2) $y = -3x$

(3) $y = -\dfrac{2}{5}x$

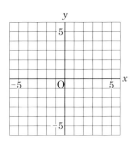

問 **5** x の値が増加するときの y の値の変化

右のグラフについて，次の問いに答えなさい。

(1) ①～③のグラフで表される関係の式を求めなさい。

(2) ①～③の関係で x の値が増加すると，y の値が減少するものはどれですか。

(3) ③の関係で x の値が 1 増加すると y の値はいくら増加しますか。

(4) 点 (□，-8) が①のグラフ上にあるとき，□にあてはまる数を求めなさい。

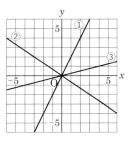

問 **6** 反比例の式

次の問いに答えなさい。

(1) y が x に反比例し，$x = 2$ のとき $y = 3$ である。y を x の式で表しなさい。

(2) y が x に反比例し，$x = 4$ のとき $y = -6$ である。$x = 3$ のときの y の値を求めなさい。

(3) y が x に反比例するとき，対応する x，y の値が右の表のようになる。表の空欄㋐～㋓にあてはまる数を求めなさい。

x	-18	-9	-3	㋒	-1
y	㋐	㋑	6	9	㋓

問 **7** 反比例のグラフ

右の図に，次の関数のグラフをかきなさい。また，⑶のグラフの式を求めなさい。

(1) $y = \dfrac{4}{x}$

(2) $y = -\dfrac{8}{x}$

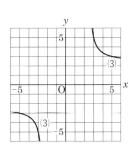

問 ⑧ 反比例のグラフから式を求める

右の図のような反比例のグラフがある。点 A の座標は (3，2) である。次の問いに答えなさい。

(1) この反比例のグラフの式の比例定数を求めなさい。

(2) グラフの式を求めなさい。

(3) 点 B の x 座標が -4 のとき，y 座標を求めなさい。

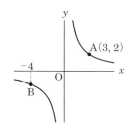

問 ⑨ 図形への応用

右の図は，AB が 12cm，AD が 16cm の長方形である。
点 P が，頂点 A を出発して，辺 AD 上を点 D まで進む。AP の長さを $x$cm とし，三角形 ABP の面積を $y$cm² とする。

(1) y を x の式で表しなさい。

(2) x の変域と y の変域を求めなさい。

(3) $x = 3$ のときの y の値を求めなさい。

(4) $y = 20$ となるときの x の値を求めなさい。

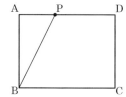

問 ⑩ グラフの利用

右の図で，①は $y = ax$ のグラフ，②は $y = \dfrac{b}{x}$ のグラフである。

①，②のグラフの交点を A，B とする。点 A の座標が (8，2) であるとき，次の問いに答えなさい。

(1) 比例定数 a，b の値をそれぞれ求めなさい。

(2) 点 B の座標を求めなさい。

(3) ②のグラフ上の点で，x 座標，y 座標の値がともに整数である点はいくつありますか。

(4) ①のグラフ上にあって，x 座標が -12 の点の y 座標を求めなさい。

(5) 点 C は②のグラフ上にあって，x 座標は 4 である。このとき，原点と点 C を通る直線の式を求めなさい。

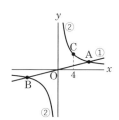

KUWASHII
MATHEMATICS

5 章

中1
数学

平面図形

UNIT
1

直線

目標 ▶ 直線と線分のちがいがわかる。

要点

- **直線**…まっすぐにかぎりなくのびている線。2点A，Bを通る直線を**直線AB**という。
- **線分**…直線ABのうち，点Aから点Bまでの部分を**線分AB**という。
- **半直線**…線分ABを点Bのほうへまっすぐにかぎりなくのばしたものを，**半直線 AB**という。

例題 **1** 直線と線分
LEVEL：基本

右の図のように，4つの点A，B，C，Dがある。
(1) 点Bと点Cを通る直線を何といいますか。
(2) 直線AB上の点はどれですか。また，直線AB上にない点はどれですか。
(3) 2点を通る直線のうち，点Aを通る直線は何本ひけますか。

D
A
C
B

ここに着目！ ▶ **2点を通る直線は1つしかない。**

解き方 (1) 2点B，Cを通る直線を直線BCという。
直線BC ……答
(2) 点A，Bを通る直線が直線ABである。
直線AB上の点…**A，B**　直線AB上にない点…**C，D** ……答
(3) 1点を通る直線はかぎりなくあるが，異なる2点を通る直線はただ1つしかない。
直線AB，AC，ADの**3本** ……答

● **直線・線分・半直線**

次のように区別する。

A ——— 直線AB ——— B

A ——— 線分AB ——— B

A ——— 半直線AB ——— B

類題 **1**

解答 ➡ 別冊 p.33

例題1で，点Cと点Dを通る直線のうち，点Cから点Dまでの部分を何といいますか。

UNIT

2 中点

目標 ▶ 線分の中点を求めることができる。

要点

● **中点**…線分上にあって，**線分の両端から等しい距離にある点を中点という。**

例題 2 **線分の長さ**　　　　　　　　　LEVEL：標準

右の図で，線分 AB を 5 等分する点を C，D，E，F と
し，M は線分 DB の中点である。
PB＝28cm，PC＝12cm のとき，AM の長さを求めな
さい。

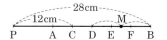

ここに
着目！ ▶ 線分の中点 ⇒ 2 点を結ぶ線分の真ん中の点。

解き方 2 点 A，B を結ぶ線分の長さが 2 点 A，B 間の距離，線分の真
ん中の点がその線分の中点で，線分を 2 等分する。

$$AM = AE + EM = 3AC + \frac{1}{2}EF = \frac{7}{2}AC$$

$$AC = CD = (28 - 12) \div 4 = 4 \,(cm)$$

ゆえに，$AM = \frac{7}{2} \times 4 = \mathbf{14\,(cm)}$ ……（答）

◉ **線分の長さ**

2 点 A，B があるとき，こ
れらをつなぐ線はいくらで
もある。

それらのうちで，最も短い
ものが線分 AB で，AB の
長さを 2 点 A，B 間の距離
という。

✓ **類題 2**　　　　　　　　　　解答 ➡ 別冊 p.33

例題 2 で，PE の中点を N とするとき，PN の長さを求め
なさい。

UNIT

3 角

目標 → 角の表し方が理解できる。

要点

- **角**…1つの点からひかれた2つの半直線のつくる図形。
- **∠AOB**…頂点 O，辺 OA，OB のつくる角 AOB を，記号∠を使って∠AOB と書く。

例題 **3** 角の表し方

LEVEL：基本

右の図の①，②，③の角を，記号∠と A，B，C，D の文字を使って表しなさい。

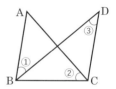

ここに着目！ **角の表し方 ⇒ 記号∠と A，B，C などの文字を使って表す。**

解き方 角をつくる辺と頂点がどれであるかを考えて，記号∠を使って角を表す。

①の角では，B が頂点で，AB，BD が辺であるから，
∠ABD または∠DBA ……答

②の角では，C が頂点で，AC，CB が辺であるから，
∠ACB または∠BCA ……答

③の角では，D が頂点で，BD，DC が辺であるから，
∠BDC または∠CDB ……答

参考

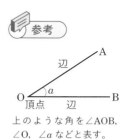

上のような角を∠AOB，∠O，∠a などと表す。

✓ **類題 3**

解答 → 別冊 p.33

例題3の図で，∠ACD の頂点，∠DBC の辺をいいなさい。

UNIT

4 | 角の大きさ

> 目標 ▶ 角の大きさの表し方がわかる。

要点

● **角の大きさ**…角の2辺の開きの度合。∠ABC と書いて∠ABC の大きさを表すことがある。

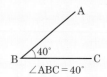

$$\angle ABC = 40°$$

例題 4 角の大きさ

LEVEL：基本

右の図で，∠a，∠b，∠c の大きさをいいなさい。

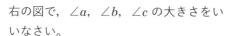

ここに着目！ 角の大きさ ⇒ 単位は「度」で，「°」と表す。

解き方 角の2つの辺の開きの度合が角の大きさで，1回転の角の大きさは 360°，一直線の角の大きさは 180° から求める。

$$\angle a = 360° - 50° = \mathbf{310°} \quad \text{……答}$$
$$\angle b = 180° - 65° = \mathbf{115°} \quad \text{……答}$$
$$\angle c = 180° - \angle b = 180° - 115° = \mathbf{65°} \quad \text{……答}$$

○ 角の大きさ

角の大きさを表す単位は「度」で，これを「°」と表す。

類題 4

解答 ➡ 別冊 p.33

右の図で，∠a，∠b，∠c の大きさをいいなさい。

5 章 平面図形

UNIT

5 垂直

（目標）⟶ 垂直な 2 直線を記号を使って表すことができる。

要点

- **垂直**…2 直線 AB と CD が直角で交わること。**AB⊥CD** と表す。
- **垂線**…AB⊥CD のとき，AB は CD の垂線，CD は AB の垂線という。
- **点と直線との距離**…直線 AB 上にない点 C から AB に垂線をひき，AB との交点を H とするとき，線分 CH の長さが点 C と直線 AB との距離になる。

例題 5 垂直な 2 直線 LEVEL：基本

右の図の四角形で，垂直な線分を，記号⊥を使って表しなさい。

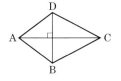

（ここに着目！）「**垂直である**」⇒ 図の中で ┼ と表される。

（解き方）線分 AC と線分 BD が直角に交わっているので，記号⊥を使って表すと，**AC⊥BD** ……（答）

○ **垂直な 2 直線**
2 本の直線は直角に交わっている。

✓ **類題 5**

解答 ➡ 別冊 p.33

右の図で，線分 AB と垂直な線分を，記号⊥を使って表しなさい。

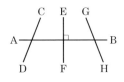

UNIT

6 平行

目標 ▶ 平行な2直線を記号を使って表すことができる。

要点

● 平行…2直線 AB と CD が交わらないとき ⇒ AB と CD は平行
　　記号 // を使って **AB // CD** と表す。

例題 **6** 平行な2直線

LEVEL：基本

右の図の台形で，平行な線分を，記号 // を使って表しなさい。

ここに着目！ 「平行である」⇒ 図の中で ⟹ と表される。

解き方 AD と BC はそれぞれ延長しても交わらないので，記号 // を使って表すと，

AD // BC ……… 答

AB と DC は，それぞれの線分を延長すると交わるので，平行ではない。

● 図形の2直線

直線が交わるかどうか，延長させて考える。

✓ 類題 **6**

解答 ➡ 別冊 p.33

右の図で，平行な線分を，記号 // を使って表しなさい。
また，垂直な線分を，記号 ⊥ を使って表しなさい。

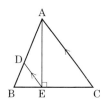

5 章

平面図形

UNIT
7 | # 三角形

（目標）▶ 三角形を記号を使って表すことができる。

要点

● **三角形**…3 点 A，B，C を頂点とする三角形 ABC を△ABC と
表す。

△ABC

（例題）**7** ‖ **三角形**　　　　　　　　　　　　　　LEVEL：基本

右の図の中にあるすべての三角形を，記号△を使って表しなさい。

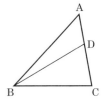

（ここに着目!）▶ **三角形の表し方 ⇒ 記号△を使って表す。**

（解き方）次の 3 つの三角形がある。

△ABC，△ABD，△BCD …………（答）

◯ 三角形

三角形を表すときは，記号
△を使って，3 つの頂点を
順に並べて書く。
どの頂点から順に並べても
かまわない。

（✓）**類題 7**

解答 ➡ 別冊 p.33

右の図の中にあるすべての三角形を，記号△を使って表しなさい。

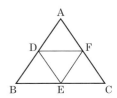

等しい辺，等しい角

目標 等しい辺や等しい角を記号を使って表すことができる。

要 点

● **等しい辺，等しい角**…等しいことを表す記号＝を使う。

AB＝AC（2つの線分の長さが等しい）

∠ABC＝∠ACB（2つの角の大きさが等しい）

例題 8 等しい辺，等しい角

LEVEL：基本

右の図の三角形で，長さが等しい辺，大きさが等しい角を，等号＝を使って表しなさい。

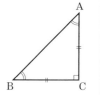

ここに着目！ 長さの等しい辺，大きさの等しい角 ⇒ 等号＝を使って表す。

解き方 図は直角二等辺三角形で，辺 AC と辺 BC の長さが等しい。
また，∠BAC と ∠ABC の大きさが等しい。
これらのことを，記号＝を使って表すと，

AC＝BC ……（答）

∠BAC＝∠ABC（∠A＝∠B） ……（答）

● **等しい辺，等しい角**

2つの数量の関係が等しいことを表す記号＝を使う。

✓ **類題 8**

解答 ➜ 別冊 p.33

右の図の平行四辺形で，長さが等しい辺，大きさが等しい角を，等号＝を使ってすべて表しなさい。

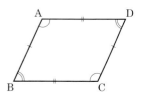

5 章 平面図形

UNIT

1 平行移動

（目標）平行移動が理解できる。

要点

● **図形の移動**…形や大きさを変えずに，図形を他の位置に移すこと。
● **平行移動**…図形を一定の方向に，一定の距離だけ移動させること。

例題 **9** 平行移動　　　　　　　　LEVEL：標準

右の図は，四角形 ABCD を四角形 EFGH の位置まで
平行移動したことを示している。（　）をうめなさい。

(1) AE ∥（　　）∥（　　）∥（　　）
　　AE ＝（　　）＝（　　）＝（　　）

(2) AB ∥（　　）　　AB ＝（　　）　　CD ∥（　　）　　CD ＝（　　）

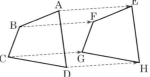

（ここに着目！）平行移動 ⇒ 図形を一定の方向に，一定の距離だけ移動させる。

（解き方）点 A は点 E に，点 B は点 F に，点 C は点 G に，点 D は点 H
に移ったから，対応する線分は，線分 AB と線分 EF，線分
BC と線分 FG，線分 CD と線分 GH，線分 DA と線分 HE。
移動する方向に平行で同じ長さの線分は AE，BF，CG，DH。

(1) **AE ∥ BF ∥ CG ∥ DH，AE ＝ BF ＝ CG ＝ DH** ……（答）
(2) **AB ∥ EF，AB ＝ EF，CD ∥ GH，CD ＝ GH** ……（答）

● **平行移動**

対応する点を結ぶ線分は平行で長さは等しい。
対応する線分は平行で長さは等しい。

（✓）**類題 9**　　　　　　　　　　　　　　　　解答 → 別冊 p.33

右の図は，線分 AB を 2 回の平行移動で線分 EF まで移したことを
示している。
線分 AB を 1 回の移動で線分 EF に移すには，どうすればよいか。
図にかき入れなさい。

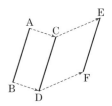

UNIT
2

回転移動

目標 ▶ 回転移動が理解できる。

要点

● 回転移動…図形をある 1 つの点を中心として，一定の角度だけ回転させる移動。
中心とする点を回転の中心という。
回転移動してできた図形は，もとの図形と重ね合わせることができる。

例題 10 回転移動   LEVEL：標準

右の図のように，△ABC と点 O が与えられている。
△ABC を点 O を中心にして，矢印の方向に 70° 回転した
△DEF をかきなさい。

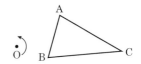

ここに
着目！ 回転移動 ⇒ 図形を 1 点を中心として，一定の角度だけ回転させる移動。

解き方
① 点 O を中心として，半径が
OA，OB，OC の円をかく。
② OA，OB，OC を 1 辺として，
各辺の左側に 70° の大きさの
角をつくり，この角のあとで
かいた辺と①でかいた円との
交点をそれぞれ D，E，F と
する。
③ 点 D，E，F を結ぶ。**上の図** ┈┈┈┈ 答

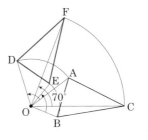

● 回転移動

対応する点は回転の中心か
ら等距離にある。対応する
点と，回転の中心を結んで
できる角の大きさは等しい。

参考

図形を 180° だけ回転移動
させることを，点対称移動
という。

類題 10   解答 ➡ 別冊 p.33

右の正三角形，正方形は，点 O を中心として何度回転
させれば，もとの図形とぴったり重なり合いますか。
360° より小さい範囲ですべて答えなさい。

UNIT
3

対称移動，移動を組み合わせる

(目標) 対称移動，移動の組み合わせが理解できる。

要点

● **対称移動**…図形を，ある直線を折り目として折り返した位置に移す移動。
折り目の直線を**対称の軸**という。

● **移動の組み合わせ**…平行移動，回転移動，対称移動の 3 つを組み合わせると，図形
をいろいろな位置に移動させることができる。

例題 **11** 対称移動
LEVEL: 標準

右の図のように，△ABC と直線 ℓ が与えられている。
△ABC を ℓ を対称の軸として，対称移動した△DEF を
かきなさい。

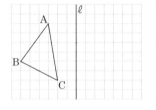

(ここに着目!) **対称移動 ⇒ 図形をある直線を折り目として折り返した位置に移す移動。**

(解き方) ① 直線 ℓ が，線分 AD，BE，
CF を垂直に 2 等分する直線
となるように点 D，E，F を
とる。
② 点 D，E，F を結ぶ。
右上の図 ……(答)

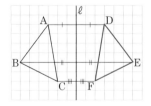

● 線対称

対称の軸は，対応する 2 点
を結ぶ線分を垂直に 2 等
分する直線になっている。
1 つの直線を折り目として
折り返したとき，両側の部
分がぴったり重なる図形を
線対称な図形という。

(✓) **類題 11**

解答 → 別冊 p.33

右のような図形を，直線 ℓ を対称の軸と
して，対称移動した図形をかきなさい。

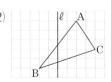

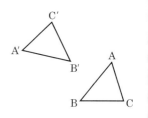

右の図で，2つの三角形△ABC と △A′B′C′ は重ね合わせることができる。

△ABC を△A′B′C′ に重ね合わせるには，どのように移動すればよいですか。（移動の方法は 1 つとはかぎらない）

ここに着目！ △ABC と △A′B′C′ ⇒ 位置はちがうが向きは同じである。

対応する辺は平行でない ⇒ 平行移動と回転移動を組み合わせて考える。

（解き方）右の図のように，△ABC を頂点 B が頂点 B′ に重なるように平行移動した三角形を△A″B′C″ とする。

△A″B′C″ を頂点 B′ を中心として，頂点 A″ が頂点 A′ に，頂点 C″ が頂点 C′ に重なるように回転移動すればよい。

△ABC を点 B から点 B′ の方向へ線分 BB′ の長さだけ平行移動し，点 B′ を回転の中心として∠A″B′A′ の大きさだけ反時計回りに回転移動すればよい。 ……（答）

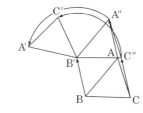

○ 移動の組み合わせ

1 回の移動だけでは重ならない場合には，平行移動と回転移動，対称移動と平行移動などを組み合わせて考えてみる。

対称移動を 1 回行えば，図形は裏向きになるなどの性質をうまく利用する。

5 章 平面図形

いろいろな方法を考えてみよう！

✓ 類題 **12**

解答 ➡ 別冊 p.33

右の図は，点 O を中心とする回転移動によって，線分 AB が線分 CD に移動することを示している。

このとき，線分 AB と線分 CD のつくる角の大きさは，∠AOC の大きさに等しいことを説明しなさい。

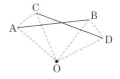

UNIT 1 基本の作図①

（目標）➤ 垂直二等分線，中点の作図ができる。

要点

● **線分の垂直二等分線の作図**…線分 AB の点 A，B をそれぞれ中心として，等しい半径の円をかき，その 2 つの円の交点を P，Q とする。直線 PQ が線分 AB の**垂直二等分線**になる。線分 AB と直線 PQ の交点が線分 AB の**中点**になっている。

例題 13 垂直二等分線の作図

LEVEL：標準

右の図の線分 AB の垂直二等分線を作図しなさい。

A————————B

（ここに着目！）➤ 線分 AB の垂直二等分線 ⇒ 線分 AB の中点を通り，AB に垂直。

（解き方）線分 AB の垂直二等分線を ℓ とし，直線 ℓ 上に 2 点 P，Q をとる。線分 AB の両端の点 A，B は直線 ℓ について対称だから，PA＝PB，QA＝QB

このことから，垂直二等分線 ℓ は次のようにして作図できる。

① 点 A，B を中心として，2 円が交わるように等しい半径の円をかき，交点を P，Q とする。

② 直線 PQ をひく。**右の図** ……（答）

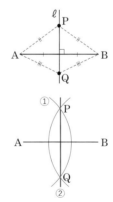

● **垂直二等分線の特徴**
垂直二等分線上の 1 点から，線分の両端までの長さは等しくなる。

✓ **類題 13**

解答 ➡ 別冊 p.34

右の図のような△ABC がある。線分 AB，BC それぞれの垂直二等分線を作図しなさい。

14 中点の作図

LEVEL：標準

右の図の線分 AB の中点 M を，作図によって求めなさい。

線分の中点 ⇒ 線分の垂直二等分線とその線分との交点。

解き方 線分 AB の垂直二等分線と線分 AB との交点を M とすると，
AM＝BM になる。したがって，線分 AB の垂直二等分線をかき，
その垂直二等分線と線分 AB との交点が中点 M になる。

① 点 A，B を中心として，等しい半
径の円をかく。
（2 円が交わるように円をかく）

② 2 つの円の交点を結ぶ。

③ 線分 AB と②の直線との交点を M
とする。**右の図** ……㊁

◆ 中点の作図

線分の垂直二等分線を作図
する。
垂直二等分線と線分との交
点が中点になる。

5 章
平面図形

✓ **類題 14**

解答 ➡ 別冊 p.34

右の図の△ABC について，辺 BC の中点 M と辺 AC の中点 N を作図
しなさい。

COLUMN

コラム

三角形の外接円

三角形の 3 つの辺の垂直二等分線をそれぞれひくと，一点で交わります。
この点を中心として，三角形の 3 つの頂点を通る円をかくことができます。
この円を外接円（がいせつえん）といい，中心を外心（がいしん）といいます。

基本の作図②

UNIT 2

目標 ▶ 角の二等分線の作図ができる。

要点

● **角の二等分線**の作図…角の頂点 O を中心にして，適当な半径で円をかき，辺との交点を求める。次に，それぞれの交点を中心として等しい半径の円をかき，その交点を P とする。半直線 OP が角の**二等分線**になる。

例題 15 **角の二等分線の作図**　　　　　　　　　　　　　　LEVEL：標準

右の図のように，∠AOB が与えられている。
このとき，∠AOB の二等分線を作図しなさい。

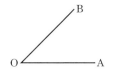

 角は，角の二等分線を対称の軸とする線対称な図形。

解き方
① 頂点 O を中心とする円をかき，辺 OA，OB との交点をそれぞれ C，D とする。
② 点 C，D をそれぞれ中心として，等しい半径の円をかき，その交点を P とする。
③ 半直線 OP をひく。**右の図** ……答

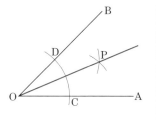

参考

角の二等分線上の点を P とすると，
$PD = PC$
となる。

✓ **類題 15**　　　　　　　　　　　　　　　　　　　　　　解答 ➔ 別冊 p.34

右の図の△ABC の∠B，∠C の二等分線をそれぞれ作図しなさい。

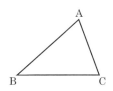

基本の作図③

UNIT 3

目標 3辺から等距離にある点の作図ができる。

要点

● **3辺から等距離にある点の作図**…2つの角の二等分線の交点である。

例題 16 3辺から等距離にある点の作図

LEVEL：応用

右の図のように，線分 AB とその両端から出ている半直線 AC，BD が与えられている。
このとき，AB，AC，BD からの距離が等しい点 P を作図しなさい。

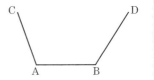

ここに着目！ **点 P は，(1)AC と AB から等しい距離　(2)AB と BD から等しい距離**

解き方 (1) AC と AB から等しい距離にある点は，∠CAB の二等分線上にある。

(2) AB と BD から等しい距離にある点は，∠ABD の二等分線上にある。

以上のことから，3辺からの距離が等しい点 P の作図は，

① ∠CAB の二等分線をひく。
② ∠DBA の二等分線をひく。
③ ①，②の二等分線の交点を P とする。**右の図** ……㊐

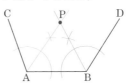

● 3辺から等距離にある点

2辺から等しい距離にある点の集まりは，その2辺がつくる角の二等分線になる。
点 P から AB，AC との距離は等しい。
点 P から AB，BD との距離は等しい。
よって，点 P から AC，AB，BD との距離は等しい。

✓ 類題 16

解答 ➡ 別冊 p.34

右の図のように，△ABC が与えられている。
このとき，AB，BC，AC から等しい距離にある点 O を作図しなさい。

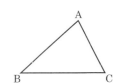

UNIT

4 基本の作図④

目標 → 直線上にある1点を通る垂線の作図ができる。

要点

● **直線上にある1点を通る垂線の作図**…180°の角を2等分すると考える。

例題 **17** 直線上にある1点を通る垂線の作図
　　　　　　　　　　　　　　　　　　　　　　LEVEL：標準

右の図のように，直線 ℓ 上に点 P がある。
点 P を通り，ℓ に垂直な直線を作図しなさい。

ここに着目! **180° を 2 等分する直線は，180° をつくっている直線の垂線。**

解き方 　点 P を頂点とする 180° の角の二等分線が，点 P を通る直線 ℓ に垂直な直線になるので，角の二等分線と同じように作図をする。

① 点 P を中心とする円をかき，直線 ℓ との交点をそれぞれ A，B とする。

② 点 A，B を中心として，等しい半径の円をそれぞれかき，その交点を C とする。

③ 直線 PC をひく。**右上の図** ⌐答⌐

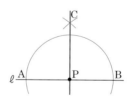

◆ **垂線の作図**

直線上にある1点を通る垂線は180°の2等分になることから，180°の角の二等分線をひく。

角の二等分線と考え方が同じだね。

✓ **類題 17**

右の図のような△ABC がある。
頂点 B を通り線分 AB に垂直な直線，頂点 B を通り線分 BC に垂直な直線をそれぞれ作図しなさい。

解答 → 別冊 p.34

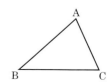

UNIT

基本の作図⑤

目標 → 直線上にない 1 点を通る垂線の作図ができる。

要点

● **直線上にない 1 点を通る垂線の作図**…直線上にない点 P を中心とする円をかき，直線との交点を A，B とする。次に点 A，B を中心として等しい半径の円をかき，その交点を Q とする。直線 PQ をひく。

例題 **18** | 直線上にない 1 点を通る垂線の作図
                                                    LEVEL：標準

右の図のように，直線 ℓ 上にない点 P がある。
点 P を通って直線 ℓ に垂直な直線を作図しなさい。

P•

ℓ ————————

ここに着目！ 点 P から等距離にある直線上の 2 点を見つけ，それらを結ぶ線分の垂直二等分線をひく。

解き方 ① 点 P を中心とする円をかき，直線 ℓ との交点を A，B とする。

② 点 A，B それぞれを中心として，等しい半径の円をかき，その交点を Q とする。

③ 直線 PQ をひく。**右の図** ……… 答

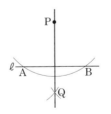

● **垂線の作図**

点 P，Q はともに点 A，B から等しい距離にある点だから，直線 PQ は線分 AB の垂直二等分線になっている。

✓ **類題 18**

△ABC の頂点 A を通って辺 BC に垂直な直線を作図しなさい。

解答 → 別冊 p.34

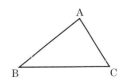

5
章
平面図形

UNIT

⑥ 基本の作図⑥

（目標）平行線の作図ができる。

要点

● **平行線のひき方**…点 P を通り直線 ℓ に平行な直線をひくには、
　∠a = ∠a' となるように直線 m をひく。

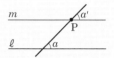

例題 19 平行線の作図

LEVEL：標準

右の図で、点 P を通って直線 ℓ に平行な直線をひきなさい。

P•

ℓ ————

（ここに着目！）**点 P を通る 2 直線と直線 ℓ で大きさが等しい 2 角をつくる。**

（解き方）
① 点 P を通る直線をひき、直線 ℓ との交点を Q とする。
② 点 P，Q を中心とする同じ半径の円をかき、直線 PQ と円 P，Q との交点を A，X，直線 ℓ と円 Q との交点を Y とする。
③ 点 A を中心とする半径 XY の円をかき、円 P との交点を B とする。
④ 直線 PB をひく。**右上の図の直線 PB** （答）

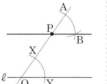

（注意）

③の円との交点は、下の図のように 2 つある。どちらの点を用いるかに注意する。

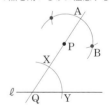

✓ 類題 19

解答 → 別冊 p.34

右の図の △ABC で、点 A を通って、BC に平行な直線をひきなさい。

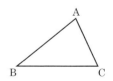

UNIT
7

基本の作図⑦

目標 直線上で２点からの距離が等しい点の作図ができる。

要点

● **直線上で２点からの距離が等しい点の作図**…線分の垂直二等分線のかき方を利用する。

例題 **20** **直線上で２点からの距離が等しい点の作図**　LEVEL：応用

右の図のように，直線 ℓ 上に点 A，直線 ℓ 上にない点 B がある。
点 A，B から等しい距離にある点 P を直線 ℓ 上に作図しなさい。

・B

A

ℓ

ここに
着目！ **２点から等しい距離にある点**
⇒ **その２点を両端とする線分の垂直二等分線上にある。**

解き方 点 P は AP＝BP となる点である。
点 P は線分 AB の垂直二等分線が，直線 ℓ と交わった点になる。
① 点 A，B を結ぶ。（省略してもよい）
② 線分 AB の垂直二等分線をひく。
③ ②の垂直二等分線と直線 ℓ との交
点を P とする。**右の図** ……… 答

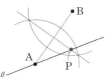

・B

A　　P

ℓ

◎ **２点から等しい距離
にある点**

２点から等しい距離にある
点は，２点を両端とする線
分の垂直二等分線上にある。

類題 **20**

解答 ➔ 別冊 p.35

右の図のように，直線 ℓ と直線 ℓ 上にない２点 A，B がある。
直線 ℓ 上にあって，２点 A，B から等しい距離にある点 P を作図
しなさい。

・B

A・

ℓ

5
章
平面図形

基本の作図の利用①

UNIT ⑧

（目標）最短距離になる点の作図ができる。

要点

● **最短距離になる点の作図**…右の図で，点 A，B と直線 ℓ 上の点 C との距離の和を考える。点 B を直線 ℓ について対称移動した点を B′ とすると，線分 AB′ と直線 ℓ との交点を C としたとき，距離の和が最短になる。

例題 21 最短の道の作図

LEVEL：応用

右の図のように，直線 ℓ と，直線 ℓ について一方の側に 2 点 A，B がある。直線 ℓ 上に点 C をとり，AC＋BC が最も短くなるような点 C を直線 ℓ 上にとりたい。どのようにすればよいですか。

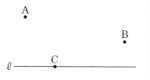

（ここに着目!）**点 B を直線 ℓ について対称移動した点 B′ を利用する。**

（解き方）AC＋CB′ が最小になるのは，点 C が線分 AB′ と直線 ℓ の交点になるとき。**直線 ℓ について点 B を対称移動した点を B′ とする。線分 AB′ と直線 ℓ との交点を点 C とする。**……（答）

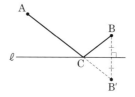

● **2 点の最短距離の求め方**

一方の点を直線について対称移動して 2 点を結ぶ。

✓ 類題 21

解答 → 別冊 p.35

右の図のように，∠XOY と∠XOY 内に点 P が与えられている。半直線 OX 上に点 Q を，半直線 OY 上に点 R をとって，PQ＋QR が最も短くなるようにするには，点 Q，R をどこにとればよいですか。

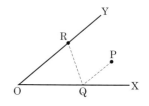

基本の作図の利用②

UNIT 9

目標 いろいろな大きさの角の作図ができる。

要 点

● **いろいろな大きさになる角の作図**…基本の作図を利用して，いろいろな大きさの角を作図する。

例題 22 **いろいろな大きさの角の作図**　　　　　LEVEL：応用

右の図のような 15° の大きさの角を 15°＝45°－30° であることを用いて作図しなさい。

ここに着目！ **45° は 90° の角の二等分線。**
30° は 60°（正三角形の 1 つの内角）の角の二等分線。

解き方 ① 線分 AB をひき，点 A を通る線分 AB の垂線 AC をひく。

② ∠BAC の二等分線 AD をひく。∠DAB＝45°

③ 二等分線 AD 上に点 P をとり，点 A，P から半径 AP の円をかき，その交点を Q とする。∠PAQ＝60°
このとき，∠QAB＝15°　**右上の図** ⋯⋯⋯ 答

○ **いろいろな角の大きさ**
直線上にある点からの垂線，角の二等分線の作図のしかたを利用して，与えられた大きさの角を作図する。

類題 22

右の図のような 105° の大きさの角を，いろいろな方法で作図しなさい。

解答 ➜ 別冊 p.35

UNIT 1 | 円の性質①

（目標）円の弧と弦について理解できる。

要点

- **弧**…円の周上に 2 点 A，B をとるとき，点 A から点 B までの円の周の一部分を弧 AB という。$\overset{\frown}{AB}$ と書く。
- **弦**…$\overset{\frown}{AB}$ の両端の点を結んだ線分を弦 AB という。

例題 23 | 円の弧と弦 　　　　　　　　　　　 LEVEL：基本

右の円について，次のそれぞれの問いに答えなさい。
(1) 点 A を通るいちばん長い弦をかきなさい。
(2) $\overset{\frown}{BCD}$ と $\overset{\frown}{EDC}$ の共通な弧に対する弦を求めなさい。

ここに着目！ いちばん長い弦 ⇒ 直径， $\overset{\frown}{BCD}$ と $\overset{\frown}{EDC}$ の共通な弧 ⇒ $\overset{\frown}{CD}$

（解き方）(1) いちばん長い弦は，円の中心を通る弦
右の図 ………（答）

(2) $\overset{\frown}{BCD}$ は，点 B，D が両端になっている弧で，点 C があるほうの弧を表す。同じように，$\overset{\frown}{EDC}$ は，点 E，C が両端になっている弧を表す。
よって，共通な弧に対する弦は，**CD** ………（答）

参考

いちばん長い弦は直径である。
$\overset{\frown}{BD}$ はふつう 2 つあるが，これらを区別するために，途中の点 C も書いて表している。

✓ **類題 23**　　　　　　　　　　　　　　　 解答 → 別冊 p.35

右の円について，$\overset{\frown}{AED}$ の両端を通る弦をひきなさい。

UNIT 2 | 円の性質②

> 目標 円の接線の性質が理解できる。

要点

● **接線・接点**…円Oが直線 ℓ と1点だけを共有するような位置関係を**接する**といい、直線 ℓ を円の**接線**、共有する点を**接点**という。
● **円の接線の性質**…円の接線は、その接点を通る半径に垂直。

例題 24 円の接線の性質

LEVEL：標準

右の図の円Oで、点Aが接点となるように、この円の接線 ℓ を作図しなさい。

> ここに着目！ 円の接線 ⇒ その接点を通る半径に垂直。

解き方
① 点O、Aを通る直線をひく。
② 点Aを中心として、適当な半径の円をかき、直線OAとの交点をそれぞれB、Cとする。
③ 点B、Cを中心として、等しい半径の円をそれぞれかき、その交点をDとする。
④ 直線ADをひく。**右上の図** ……答

⊃ 円の接線

円の接線は、その接点を通る半径に垂直であるということから、直線上にある1点から垂線をひく作図の方法を用いる。

✓ 類題 24

解答 ➜ 別冊 p.35

右の図のように、直線 ℓ と点Oがある。点Oを中心として直線 ℓ に接する円を作図しなさい。

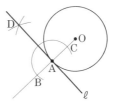

UNIT

3

円の周の長さ

(目標) 円の周の長さを求めることができる。

要点

● **円の周の長さ**…(直径)×(円周率)より，半径 r cm，円周率を π とするとき，円の周の長さは，$2\pi r$ (cm) で表される。

円の周の長さ $2\pi r$

例題 **25** 円の周の長さ
LEVEL：基本

次の問いに答えなさい。ただし，円周率は π とする。
(1) 直径 15 cm の円の周の長さを求めなさい。
(2) 半径 5 cm の円の周の長さを求めなさい。

(1) (2)

ここに着目！ 円の周の長さ ⇒ $2\pi r$ （r：半径，π：円周率）

(解き方) (1) 直径 15 cm の円の周の長さは，
$$15 \times \pi = 15\pi \,(\text{cm})$$
よって，**15π cm** ……(答)

(2) (円の周の長さ)$=2\pi r$ で，
半径 $r=5$ より，
$$2\pi r = 2\pi \times 5 = 10\pi \,(\text{cm})$$
よって，**10π cm** ……(答)

● 円の周の長さ

(円の周の長さ)
＝(直径)×(円周率)より，
半径 r cm，円周率を π とすると，
$2\pi r$ (cm) になる。

✓ **類題 25**
解答 ➡ 別冊 p.35

次の問いに答えなさい。ただし，円周率は π とする。
(1) 直径 20 cm の円の周の長さを求めなさい。
(2) 半径 15 cm の円の周の長さを求めなさい。

UNIT 4 | 円の面積

目標 ▶ 円の面積を求めることができる。

要点

● **円の面積**…半径 r cm，円周率を π とするとき，円の面積は $\pi r^2 (\text{cm}^2)$ で表される。

円の面積 πr^2

例題 26 円の面積

LEVEL：基本

次の円の面積を求めなさい。ただし，円周率は π とする。

(1)

(2)

 円の面積 ⇒ πr^2 （r：半径，π：円周率）

解き方 (1) 半径 4cm の円の面積は，

$\pi r^2 = \pi \times 4^2 = 16\pi$ より，**$16\pi \,\text{cm}^2$** ……答

(2) 直径 12cm の円の半径は，

$12 \div 2 = 6 \,(\text{cm})$

半径 6cm の円の面積は，

$\pi r^2 = \pi \times 6^2 = 36\pi$ より，**$36\pi \,\text{cm}^2$** ……答

 参考

（円の面積）
＝（半径）×（半径）×（円周率）より，
半径 r cm，円周率を π とすると，
$r \times r \times \pi = \pi r^2 (\text{cm}^2)$
になる。

✓ 類題 26

解答 → 別冊 p.35

次の問いに答えなさい。ただし，円周率は π とする。

(1) 半径 5cm の円の面積を求めなさい。

(2) 直径 18cm の円の面積を求めなさい。

(3) 直径 a cm の円の面積を求めなさい。

UNIT
5
おうぎ形の弧の長さ

(目標) おうぎ形の弧の長さを求めることができる。

要点

- **おうぎ形**…円の2つの半径と弧で囲まれた形。
- **中心角**…おうぎ形をつくる2つの半径がつくる角。
- **おうぎ形の弧の長さ**…半径が r，中心角が $x°$ のおうぎ形の弧の長さ ℓ は，

$$\ell = 2\pi r \times \frac{x}{360}$$

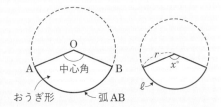

おうぎ形 　弧AB

例題 27 おうぎ形の弧の長さ　　　　　　LEVEL：標準

次のようなおうぎ形の弧の長さを求めなさい。ただし，円周率は π とする。
(1) 半径8cm，中心角120°
(2) 半径15cm，中心角270°

(ここに着目!) (おうぎ形の弧の長さ)＝(円の周の長さ)$\times \dfrac{(中心角)}{360°}$

(解き方) (1) $2\pi \times 8 \times \dfrac{120}{360} = 16\pi \times \dfrac{1}{3} = \dfrac{16}{3}\pi (\mathbf{cm})$ ……(答)

(2) $2\pi \times 15 \times \dfrac{270}{360} = 30\pi \times \dfrac{3}{4} = \dfrac{45}{2}\pi (\mathbf{cm})$ ……(答)

○ **おうぎ形の弧の長さ**

おうぎ形の弧の長さは，同じ半径の円の周の何分のいくつかを考える。

✓ 類題 27

解答 → 別冊 p.35

次のようなおうぎ形の弧の長さを求めなさい。ただし，円周率は π とする。
(1) 半径18cm，中心角280°
(2) 半径12cm，中心角225°

UNIT 6 | おうぎ形の面積

(目標) おうぎ形の面積を求めることができる。

要点

● **おうぎ形の面積**…半径が r，中心角が $x°$ のおうぎ形の面積 S は，

$$S = \pi r^2 \times \frac{x}{360}$$

例題 28 おうぎ形の面積

LEVEL：標準

次のようなおうぎ形の面積を求めなさい。ただし，円周率は π とする。
(1) 半径 4cm，中心角 120°
(2) 半径 18cm，中心角 300°

 ここに着目！ （おうぎ形の面積）＝（円の面積）× $\dfrac{（中心角）}{360°}$

(解き方) (1) $\pi \times 4^2 \times \dfrac{120}{360} = 16\pi \times \dfrac{1}{3} = \dfrac{16}{3}\pi\,(\mathrm{cm}^2)$ ………(答)

(2) $\pi \times 18^2 \times \dfrac{300}{360} = \pi \times 18^2 \times \dfrac{5}{6} = 270\pi\,(\mathrm{cm}^2)$ ………(答)

● **円の面積**
おうぎ形の面積は，同じ半径の円の面積の何分のいくつかを考える。

✓ 類題 28

解答 → 別冊 p.36

次のようなおうぎ形の面積を求めなさい。ただし，円周率は π とする。
(1) 半径 8cm，中心角 135°
(2) 半径 12cm，中心角 145°

UNIT

7 いろいろな図形の周の長さと面積

目標 いろいろな図形の周の長さと面積を求めることができる。

要点

● **いろいろな図形の周の長さ**…おうぎ形の弧の長さや円の周の長さを利用する。

● **いろいろな図形の面積**…図形を移動させるなどのくふうをする。

例題 29 いろいろな図形の周の長さ

LEVEL: 応用

右の図の色の部分の周の長さを求めなさい。

ここに着目! おうぎ形の弧の長さと直線部分の長さを組み合わせる。

解き方 (2つのおうぎ形の弧の長さの和)+2×2だから，

$$2\pi \times (6+2) \times \frac{70}{360} + 2\pi \times 6 \times \frac{70}{360} + 2 \times 2$$

$$= 16\pi \times \frac{7}{36} + 12\pi \times \frac{7}{36} + 4 = \frac{28}{9}\pi + \frac{21}{9}\pi + 4$$

$$= \frac{49}{9}\pi + 4 \ (\text{cm}) \quad \cdots\cdots 答$$

注意

円の周の長さやおうぎ形の弧の長さを使って曲線部分の長さを求めてから，直線部分の長さを加える。
直線部分の長さを加え忘れないように注意する。

類題 29

解答 → 別冊 p.36

右の図の色の部分の周の長さを求めなさい。

(1)
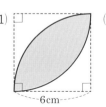

(2)
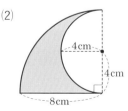

例題 30　いろいろな図形の面積　　　　　　LEVEL：応用

右の図の色の部分の面積を求めなさい。

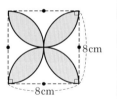

ここに着目! 複雑な図形の面積を求めるには，同じ形をした図形がいくつあるかや同じ形をした図形を移動させるなどのくふうが重要になる。

解き方 求める図形は，右のように点線を入れると，
⑦の面積 8 つ分を 1 辺 8cm の正方形の面
積からひいたものである。⑦は，1 辺 4cm
の正方形の面積から半径 4cm，中心角 90°
のおうぎ形の面積をひいたものだから，求
める面積は，

● 複雑な図形の面積

おうぎ形が組み合わさったような複雑な図形の面積を求める問題では，全体の面積から同じ面積のものをひいたり，合同な図形を移動させたりして，くふうして求める。

$$8 \times 8 - 8 \times \left(4 \times 4 - \pi \times 4^2 \times \frac{90}{360} \right)$$

$$= 64 - 8 \times \left(16 - 16\pi \times \frac{1}{4} \right) = 64 - 128 + 32\pi$$

$$= \mathbf{32\pi - 64 \ (cm^2)} \quad \text{……（答）}$$

直径 8cm の円の面積から対角線の長さが 8cm の正方形の面積をひいたもの 2 つ分でも求められるよ。

✓ 類題 30

解答 ➡ 別冊 p.36

右の図の色の部分
の面積を求めなさ
い。

(1)
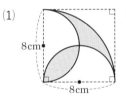

(2)
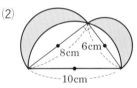

(3)
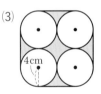

5
章
平面図形

UNIT

⑧ おうぎ形の中心角

(目標) おうぎ形の中心角を求めることができる。

要点

● **おうぎ形の中心角**…(同じ半径の円の周の長さ):(弧の長さ)=360:x の比例式から
求める。**おうぎ形の中心角と弧の長さは比例する。**

例題 **31** おうぎ形の中心角

LEVEL:標準

右の図のように，半径 9cm，弧の長さ 10π cm のおうぎ形がある。
このおうぎ形の中心角を求めなさい。

ここに着目! おうぎ形の中心角と弧の長さが比例することから求める。

(解き方) 半径 9cm の円の周の長さを求め，中心角を $x°$ として比例式を
つくる。半径 9cm の円の周の長さは 18π cm，中心角を $x°$ とす
ると，

$$18\pi:10\pi=360:x$$
$$18\pi \times x=10\pi \times 360$$
$$18x=3600$$
$$x=200$$

よって，**200°** ……(答)

○ **おうぎ形の中心角**

おうぎ形の中心角と弧の長さは比例することから，おうぎ形の中心角を $x°$ とおいて，比例式をつくる。

✓ **類題 31**

解答 → 別冊 p.36

右の図のように，半径 12cm，弧の長さ 15π cm のおうぎ形がある。
このおうぎ形の中心角を求めなさい。

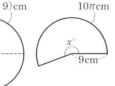

UNIT

⑨ 円の接線と半径

（目標）円の接線と半径の関係が理解できる。

要点

● **円の接線と半径**…円の接線は接点を通る半径に垂直である。

例題 32　円の接線と半径

LEVEL：応用

右の図で点 A，B，C は円 O の周上の点で，直線 ST は円 O と点 B で接する。このとき，∠x の大きさを求めなさい。

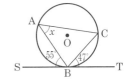

ここに着目！ 円の接線は，接点を通る半径に垂直であるという性質を利用。

（解き方）OA，OB，OC は半径だから，

∠OBS ＝ ∠OBT ＝ 90°

△OAB，△OBC，△OAC は二等辺三角形だから，

∠OAB ＝ ∠OBA ＝ 90° － 55°
　　　 ＝ 35°

∠OCB ＝ ∠OBC ＝ 90° － 47° ＝ 43°

∠AOB ＝ 180° － 2 × 35° ＝ 110°　　∠BOC ＝ 180° － 2 × 43° ＝ 94°

ゆえに，∠AOC ＝ 360° － （110° ＋ 94°） ＝ 156°

よって，∠OAC ＝ （180° － 156°） ÷ 2 ＝ 12°

∠x ＝ ∠OAB ＋ ∠OAC ＝ 35° ＋ 12° ＝ **47°** ……（答）

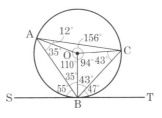

● 円の接線と半径

円の接線は，接点を通る半径に垂直。
円の周上にある 2 点と円の中心 O を結んでできる三角形は二等辺三角形。
以上のことを用いて補助線をひき，角を分けていくことによって，角の大きさを順に求めていく。

類題 32

解答 → 別冊 p.36

点 A，B，C は円 O の周上の点，直線 DT は点 C で円 O と接している。

∠x の大きさを求めなさい。

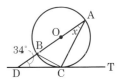

定期テスト対策問題

解答 → 別冊 p.37

問 1 直線と線分，半直線

次の問いに答えなさい。

⑴ 直線 AB のうち，点 A から点 B までの部分を何といいますか。

⑵ 半直線 AB を右の図に示しなさい。

A・　　　　　　　　B・

問 2 記号を使った表し方

右の長方形 ABCD について，次の問いに答えなさい。

⑴ 辺 AB と辺 DC の関係を，記号を使ってすべて表しなさい。

⑵ 辺 AB と辺 AD の関係を，記号を使って表しなさい。

⑶ 長方形の中にあるすべての三角形を△の記号を使って表しなさい。

⑷ ①の角を∠の記号を使って表しなさい。

問 3 平行移動

右の四角形 ABCD を，点 D が点 D′ に移るように，平行移動した四角形 A′B′C′D′ をかきなさい。

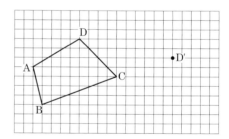

問 4 対称移動と点対称移動

次の⑴は △ABC を点 O を中心として点対称移動した △A′B′C′ を，⑵は △ABC を直線 ℓ について対称移動した △A′B′C′ を，それぞれかきなさい。

⑴　　　　　　　　　　　　　　⑵

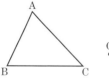

問 5 正八角形での図形の移動

右の図の正八角形について答えなさい。

(1) △ABO を直線 CG を対称の軸として，対称移動すると，重なる三角形を答えなさい。

(2) △ABO を点 O を中心として時計回りに 90° 回転移動すると，重なる三角形を答えなさい。

(3) △ABO を対称移動すると △GFO と重なるとき，対称の軸をいいなさい。

(4) △ABO を点 O を中心として点対称移動し，さらに直線 DH を対称の軸として対称移動すると，重なる三角形を答えなさい。

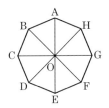

問 6 垂線の作図

右の図の △ABC で，辺 BC を底辺とするときの高さを AP とする。線分 AP を作図しなさい。

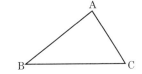

問 7 角の二等分線の作図

右の図のように，2 直線 ℓ，m と円 O が与えられている。円 O 内にあって，直線 ℓ と直線 m から等しい距離にある点の集まりを作図しなさい。

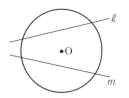

問 8 円の接線の作図

右の図の円 O の周上に点 P がある。点 P が接点となるような，円 O の接線を作図しなさい。

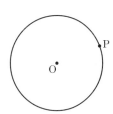

問 9 30° の角の作図

線分 BC がある。∠ABC＝30° となる点 A を作図しなさい。

問 10 正六角形

半径 **6cm** の円 O の中心 O のまわりの角 360° を 6 等分する半径を
ひいて，正六角形をかいた。直線 ℓ は頂点 D で円 O に接している。
次の問いに答えなさい。

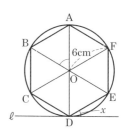

(1) おうぎ形 AOB の中心角を求めなさい。

(2) 弦 AB の長さをいいなさい。

(3) ∠x の大きさを求めなさい。

(4) おうぎ形 AOB の弧の長さと面積を求めなさい。

(5) 弧 AE (長いほう) の長さを求めなさい。

問 11 おうぎ形の弧の長さと面積

次の問いに答えなさい。

(1) 半径が 9cm で中心角が 80° のおうぎ形の弧の長さを求めなさい。

(2) 半径が 15cm で中心角が 288° のおうぎ形の面積を求めなさい。

(3) 半径が 4cm で弧の長さが 6πcm のおうぎ形の中心角と面積を求めなさい。

問 12 いろいろな図形の周の長さと面積

次の色をぬった部分の周の長さと面積を求めなさい。

(1)

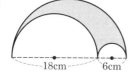

(2)

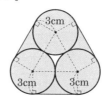

問 13 回転した図形の移動距離と面積

右の図は，直角三角形を，直角の頂点 C を中心に，点 A が点
D に，点 B が点 E に重なるように回転したものである。辺
AC の長さが 10cm，辺 BC の長さは 6cm である。

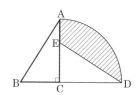

(1) 点 B が通った部分の長さを求めなさい。

(2) 斜線の部分の面積を求めなさい。

KUWASHII
MATHEMATICS

6
章

中1
数学

空間図形

UNIT 1 多面体

(目標) 多面体の意味が理解できる。

要点

● **多面体**…いくつかの平面で囲まれた立体。その面の数によって，**四面体，五面体，六面体**などという。

五面体 四面体 六面体 五面体 七面体

例題 1 いろいろな立体

LEVEL：基本

底面が正方形で，側面がすべて二等辺三角形である四角錐がある。この四角錐は何面体ですか。

ここに着目! 角柱・角錐 ⇒ 底面の図形の辺の数だけ側面がある。

（解き方）角柱や角錐は多面体である。多面体はその面の数によって，四面体，五面体，六面体，…という。

四角錐は，1つの底面と4つの側面からできているから，

五面体 ……（答）

◯ **角柱・角錐**
底面の図形の辺の数だけ側面がある。

✓ **類題 1**

解答 → 別冊 p.39

多面体で最も面の数が少ない立体は何ですか。また，その面の形をいいなさい。

正多面体

目標 ▶ 正多面体の特徴が理解できる。

要点

● **正多面体**…すべての面が合同な正多角形で，どの頂点でも集まる面の数が同じである多面体。正多面体は，次の5種類がある。

正四面体　　　　正六面体　　　　正八面体　　　　正十二面体　　　正二十面体

例題 2 正多面体

LEVEL：応用

立方体の各面の対角線の交点を頂点とする多面体がある。
この多面体について，次の ☐ をうめなさい。
この多面体は，大きさも形も同じ ☐ が，☐ 個集まってできている。この多面体を ☐ という。

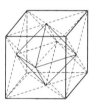

 正多面体 ⇒ 各面が合同な正多角形。頂点には同じ数の面が集まる。

解き方 各面は同じ形であり，頂点は立方体の面に接していることがわかる。
各面は合同な正三角形からできていて，見取図から考えると，面の数は8個ある。
正三角形，8，正八面体 ……… 答

● 正多面体

それぞれの面が合同な正多角形で，どの頂点にも同じ数だけの面が集まっている立体。

✓ 類題 2

解答 ➡ 別冊 p.39

右の図はある正多面体の展開図である。この立体の名前をいいなさい。

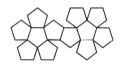

6
章

空間図形

UNIT

3

角柱・角錐の展開図

（目標）→ 角柱，角錐の展開図からもとの多面体がわかる。

要点

● **展開図**…立体の表面を開いて，すべての面を 1 つの平面上に広げた図。
● **見取図**…立体をある方向から見たままの形で表した図。

例題 **3** ⌇ 角柱の展開図

LEVEL：標準

右の展開図を組み立てたとき，次の問いに答えなさい。
(1) 面⑧と平行になる面はどれですか。
(2) 面⑧と垂直になる面はどれですか。
(3) 辺 CD と平行になる辺はどれですか。

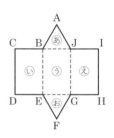

 角柱の展開図 ⇒ すべての辺や面の実際の形や大きさが現れる。

（解き方）(1) 三角形の面どうしは平行になる。 ⑩ ……（答）
(2) 三角形の面と長方形の面どうしは垂直になる。
⑩，⑤，⑥ ……（答）
(3) 側面の長方形の辺どうしは平行になる。
辺 BE，辺 JG ……（答）

● **角柱の展開図**

組み立てたとき，重なる頂点，重なる辺から，面と面との平行や垂直，辺と辺との平行や垂直の関係を求める。

✓ **類題 3**

解答 ➡ 別冊 p.39

右の展開図を組み立てたとき，次の問いに答えなさい。
(1) 面⑤と平行になる面はどれですか。
(2) 面⑧と垂直になる面はどれですか。
(3) 辺 AC と平行になる辺はどれですか。
(4) 辺 AC と垂直になる辺はどれですか。

右の図は，ある立体の展開図である。

(1) この立体を組み立てると何という立体になりますか。名前をいいなさい。

(2) この展開図から立体をつくったとき，辺 AB と重なる辺をいいなさい。

(3) 右の図は，この立体の展開図の一部である。残りの面をかき加えて，右上の展開図とはちがう展開図をつくりなさい。

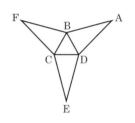

 角錐の展開図 ⇒ 側面のすべての三角形が 1 点を共有する。

解き方 (1) すべての面が三角形の立体であるから

三角錐 ⋯⋯⋯答

(2) 見取図をかいて考えるとよい。辺 AB と重なる辺は，**辺 FB** ⋯⋯⋯答

(3) 次のような，展開図が考えられる。

下の図 ⋯⋯⋯答

参考

組み立てたとき，側面の三角形が 1 点を共有するような立体は角錐になる。

6 章

空間図形

展開図の形はいろいろあるね。

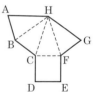

✓ **類題 4**　　　　　　　　　　　　　　　　解答 → 別冊 p.39

右の図は，ある立体の展開図である。

(1) この立体の名前をいいなさい。

(2) この展開図を組み立てて立体をつくったとき，辺 AB と重なる辺をいいなさい。

円柱の展開図

（目標）円柱の展開図から側面の長方形の横の長さなどを求めることができる。

要点

● **円柱の展開図**…側面の長方形の横の長さは，底面の円周の長さになる。

 円柱の展開図 LEVEL：基本

右の図は，ある立体の展開図である。
(1) この立体の名前をいいなさい。
(2) この展開図から立体をつくったとき，高さは何cm
になりますか。
(3) AD の長さを求めなさい。

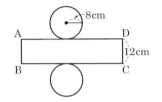

（ここに着目！）**円柱の展開図では，側面の長方形の縦の長さは円柱の高さを，横の長さ
は底面の円周の長さを表す。**

（解き方）(1) 2つの底面が円であるから，**円柱** ……（答）
(2) 側面の長方形の縦の長さが高さになるので，**12cm** ……（答）
(3) 側面の長方形の横の長さ AD は，底面の円周の長さに等し
いので，
$$2\pi \times 8 = 16\pi \,(\text{cm}) \quad \text{……（答）}$$

（参考）
（円周の長さ）
$= 2\pi \times$（半径）
公式　$\ell = 2\pi r$

✓ **類題 5**
解答 → 別冊 p.39

右の図は，ある立体の展開図である。
(1) この立体の名前をいいなさい。
(2) この展開図から立体をつくったとき，高さは何cmに
なりますか。
(3) 底面の円の半径の長さを求めなさい。

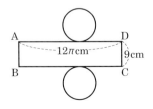

UNIT

5 | 円錐の展開図

目標 円錐の展開図から側面のおうぎ形の中心角などを求めることができる。

要点

● **円錐の展開図**…側面のおうぎ形の弧の長さは，底面の円周の長さになる。

例題 6 円錐の展開図

LEVEL：標準 ◆◆◆

右の図は，円錐の展開図である。
(1) 側面のおうぎ形の弧の長さを求めなさい。
(2) 側面のおうぎ形の中心角を求めなさい。

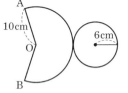

 底面の円周と側面のおうぎ形の弧の長さの関係から中心角を求める。

解き方 (1) おうぎ形の弧の長さは，底面の円周
の長さと同じである。底面の円の半
径は 6cm だから，
$$2\pi \times 6 = 12\pi \,(\mathbf{cm}) \quad \text{答}$$

(2) 側面のおうぎ形の半径は 10cm で，
弧の長さは，(1)より，$(2\pi \times 6)$cm なので，半径 10cm の
円周の長さの $\dfrac{2\pi \times 6}{2\pi \times 10} = \dfrac{6}{10} = \dfrac{3}{5}$

中心角は，$360° \times \dfrac{3}{5} = \mathbf{216°}$ 答

● **円錐の展開図**

円錐の側面を切り開くとおうぎ形になる。円錐の展開図は，おうぎ形と円とを組み合わせたものである。おうぎ形の中心角は
$$360° \times \dfrac{(底面の半径)}{(おうぎ形の半径)}$$
の式で求めることができる。

✓ 類題 6

解答 ➔ 別冊 p.40

右の図は，円錐の展開図である。この円錐の底面の円の半
径を求めなさい。

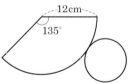

6 章

空間図形

UNIT 6 投影図

目標 ▶ 投影図の見かたが理解できる。

要点

- **投影図**…立体をある方向から見て平面に表した図で，真正面と真上から見た図を組み合わせてかいたものが多い。
- **平面図**…真上から見た図。
- **立面図**…真正面から見た図。

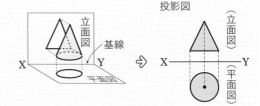

例題 7 平面図と立面図

LEVEL：標準

右の図は，ある角柱の投影図をかこうとしたものである。
この投影図にたりない線をかき入れて完成させなさい。

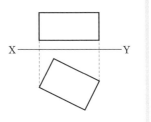

ここに着目！ 立面図と平面図の同じ点 ⇒ 基線 XY に対して垂直に結ぶ。

解き方 投影図では，見える辺は実線—，
見えない辺は破線---で表す。
右の図 ……⑧

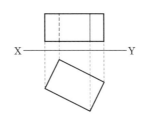

● 見取図をかいてみる
見取図をかいて，正面から見た図と真上から見た図を考える。

類題 7

解答 ➡ 別冊 p.40

例題 7 の立体の名前をいいなさい。

右の図は，ある立体の投影図である。次の立体のうち，どの投影図と考えられますか。

　　直方体　　円柱　　円錐（えんすい）　　四角錐

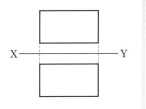

X―――――――――――――Y

ここに着目！ **異なる立体でも，置きかたによって，立面図と平面図が同じ形になることがある。**

(解き方) 立体の置きかたによって投影図はいろいろなものができる。異なる立体であっても，2つの方向だけから見たときには，同じ形になることもある。

直方体または円柱の場合に，立面図と平面図が長方形になる。

直方体，円柱 …………(答)

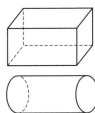

(参考)

立面図と平面図だけでは立体がよくわからないことがある。立面図と平面図のほかに側面図（真横からの図）をつけ加えて表すことがある。

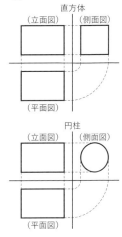

投影図では，見えない面を予想しよう！

✓ **類題 8**　　　　　　　　　　　　　　　　解答 ➡ 別冊 p.40

円錐がある。この底面を下にして平面上に置いたとき，真正面から見た図，真上から見た図，および真横から見た図をかきなさい。

UNIT
7

いろいろな投影図

（目標）投影図に示された立体の名前や立体の影の形がわかる。

要点

● **立方体の影**…立方体 ABCD − EFGH に，AG の方向の平行光線をあてると，面 EFGH をふくむ平面上にできる影は，右の図のようになる。

例題 **9** いろいろな投影図 　　　　　　　　　LEVEL：標準

右の投影図で示される立体の名前をいいなさい。

(1)　　　　　　　　　(2)

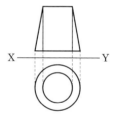

ここに着目！ 投影図 ⇒ 真正面から見た図と真上から見た図を組にして示す方法。

（解き方）(1)　真上から見ると三角形で，真正面から見ると長方形になる立体。**三角柱** ……（答）

(2)　真上から見ると同心円が2つになり，真正面から見ると台形になる立体。**円錐台** ……（答）

参考

(2)は，円錐を底面に平行な平面で切断したときにできる立体である。この立体を円錐台という。

✓ **類題 9**　　　　　　　　　　　　　　解答 ➡ 別冊 p.40

右の投影図で示された立体の名前をいいなさい。

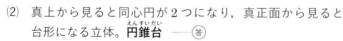

平面上に立方体を置き，DF の方向に平行光線をあてるものとする。

このとき，平面上にうつるこの立方体の影はどうなりますか。

その形をかきなさい。

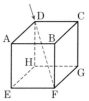

ここに着目！▶ 立体の平行光線による影 ⇒ 立体と影の対応する点を結ぶ線分は平行。

解き方 A，B，C の頂点がそれぞれ平面上のどこにくるかを考える。それらが平面上にくる点を A′，B′，C′ とすると，次のことがいえる。

AA′ ∥ BB′ ∥ CC′ ∥ DF

右の図 ………（答）

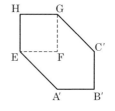

◎ 立体の影

平面上にうつる影は，AA′∥BB′∥CC′∥DF となる直線と平面上の交点を結んだ形になる。

✓ **類題 10**

解答 ➡ 別冊 p.40

例題 10 で，辺 DC の影はどうなるか。右の図にかき入れなさい。

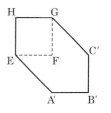

COLUMN

コラム

立体を平面に表す

立体を平面上に表す方法には，見取図，展開図，投影図があります。

見取図は，立体のおおよその形を知るのにはよいですが，辺の長さなどは正確に表されてはいません。一方，展開図や投影図は，辺の長さなどが正確にわかります。ただ投影図では，立体がよくわからない場合もあります。

それぞれの特徴を知っておきましょう。

UNIT

8

立体の展開図

目標 ▶ 多面体の展開図をかくことができる。

要点

● **正多面体の展開図**…正四面体は 4 個の正三角形で，正六面体は 6 個の正方形で，正八面体は 8 個の正三角形で，正十二面体は 12 個の正五角形で，正二十面体は 20 個の正三角形でできている。

例題 **11** 多面体の展開図　　　　　　　　　　　　LEVEL：標準

右の図は，正八面体の展開図をかこうとしたものである。
この展開図を完成させなさい。

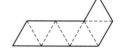

ここに着目！ **正八面体 ⇒ どの頂点にも 4 つの面が集まっている。**
　　　　　　どの面も大きさが等しい正三角形。

解き方 1 つの頂点には，4 つの面が集まっていることに注意して，もう 1 つの面がどこにくればよいかを考える。

下の図のいずれか ……… (答)

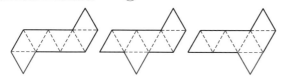

> 注意
>
> 1 つの頂点にいくつの面が集まっているかに注意する。大きさが等しい，どのような正多角形でできているかを考える。

✓ **類題 11**

正六面体の展開図をかきなさい。

解答 ➡ 別冊 p.40

UNIT
⑨

立体の表面での最短距離

目標 ▶ 立体の表面での最短距離をかくことができる。

要点

● **立体の表面での最短距離**…立体の表面上の2点を結ぶ最短距離は，展開図に表したとき，その2点を結ぶ線分の長さになる。

例題 **12** 立体の表面での最短距離　　　　　　　　　　　　LEVEL：応用 ▮▮▮

底面の円周の長さが 9cm，高さが 3cm の円柱がある。この円柱の上と下の底面の周上にそれぞれ点 A，B をとって，AB が底面に垂直になるようにする。いま，点 P が右の図のように，点 A から点 B まで円柱の側面上を動く距離が最も短くなるように一周した。この円柱を AB のところで切り開いた側面の展開図に，点 P の動いた線をかき入れなさい。

ここに着目！ **立体の表面上の2点を結ぶ最短距離 ⇒ 展開図の2点を結ぶ線分の長さ。**

解き方 立体の側面の展開図をかき，側面を一周するように，展開図上の2点 A，B を結んだ線分の長さが立体の表面での最短距離になる。

右の図 ………答

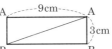

➡ **立体の表面での最短距離**
①立体を展開図に表す。
②展開図上の2点を線分で結ぶ。

✓ **類題 12**　　　　　　　　　　　　　　　　　　　　　解答 ➡ 別冊 p.40

右の図は，立方体の見取図である。この立方体の表面上にあって，頂点 A から頂点 G まで行く最も短い道を，展開図をかいて，それにかき入れなさい。

6章 空間図形

UNIT

10 | 多面体の頂点，辺，面

（目標）→ 多面体の頂点，辺，面の数を求めることができる。

要点

- **多面体の頂点，辺，面**…（面の数）−（辺の数）＋（頂点の数）＝2 の関係がある。
- **多面体の頂点，辺，面の数**…多面体では，辺は 2 つの面の境目にできる。

  四角錐は，四角形が 1 個，三角形が 4 個あるので，面の数は 5，辺の数は，

  $$\frac{1}{2} \times (4 \times 1 + 3 \times 4) = 8$$

  頂点の数を a とすると，$5 - 8 + a = 2$ より，$a = 5$

例題 **13** | 正多面体の頂点，辺，面の数 LEVEL：標準

5 種類の正多面体について，その面の形，1 つの頂点に集まる面の数，頂点の数，辺の数，面の数を調べなさい。

（ここに着目！）→ **正多面体の面の形，面の数から辺の数を求め，頂点の数を求める。**

（解き方）

	面の形	1 つの頂点に集まる面の数	頂点の数	辺の数	面の数
正 四 面 体	正三角形	3	4	6	4
正 六 面 体	正 方 形	3	8	12	6
正 八 面 体	正三角形	4	6	12	8
正十二面体	正五角形	3	20	30	12
正二十面体	正三角形	5	12	30	20

○ 正多面体
（1 つの面の辺の数）×（面の数）÷2＝（辺の数）
（1 つの面の頂点の数）×（面の数）÷（1 つの頂点に集まる面の数）＝（頂点の数）

上の表 ┄┄┄（答）

✓ **類題 13**   解答 → 別冊 p.40

同じ大きさの 2 つの正四面体を，1 つの面が重なるように重ねてできる六面体は正多面体ではない。その理由をいいなさい。

例題 **14** 多面体の頂点，辺，面の数　　　　LEVEL：標準

右の図は，サッカーボールの見取図である。この立体を，正五角形 12 個，正六角形 20 個の面からできている多面体と考えて，辺の数と頂点の数を求めなさい。

ここに着目！

多面体では，辺は 2 つの面の境目にできる。
多面体の辺の数 ⇒ すべての面の辺の数の和を 2 でわる。

（解き方）正五角形の面では，辺の数は 5，頂点の数は 5，正六角形の面では，辺の数は 6，頂点の数は 6 である。
面がいくつあるかを考えて個数を求める。
12 個の正五角形の辺は 5×12＝60（本），20 個の正六角形の辺は 6×20＝120（本）で，これらは多面体の辺を 2 回ずつ数えた数だから，

辺の数…(60＋120)÷2＝**90（本）** ──（答）

1 つの頂点には 3 つの面が集まっているから，

頂点の数…(60＋120)÷3＝**60（個）** ──（答）

頂点

参考

辺は 2 つの面の境目にできるので，すべての面の辺の数の和は，多面体の辺を 2 回ずつ数えた数になる。
よって，立体の辺の数は，
（すべての辺の数の和）÷2
頂点の数は，
（辺の数）−（面の数）＋2
の式で求めることもできる。

6
章

空間図形

✓ **類題 14**　　　　　　　　　　　　　　　　解答 → 別冊 p.40

ある多面体の頂点の数が 12 で，辺の数が 30 であるとき，面の数を求めなさい。

COLUMN
コラム

オイラーの多面体定理

例題 13 で学習した正多面体の頂点，辺，面の関係を表す式
　（面の数）−（辺の数）＋（頂点の数）＝2
は，スイスの数学者オイラー（1707〜1783）が発見したので，オイラーの多面体定理といわれています。オイラーは偉大な数学者で，たくさんの定理や公式を発見しました。

UNIT

1 平面の決定

目標 ▶ 平面の決定条件が理解できる。

要点

● **平面の決定条件**…平面を 1 つに決定するための条件。
   ① 同じ直線上にない 3 点は，1 つの平面を決定する。
   ② 直線とその直線外の 1 点は，1 つの平面を決定する。
   ③ 平行な 2 直線は，1 つの平面を決定する。
   ④ 交わる 2 直線は，1 つの平面を決定する。

例題 15 平面の決定

LEVEL：標準

平面 P 上にない 1 点 O と，平面 P 上の 4 点 A，B，C，D とがあるとき，O と他の 2 点で決定する平面は全部でいくつありますか。ただし，点 A，B，C，D はどの 3 点も同じ直線上にないものとする。

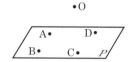

ここに着目！▶ 同じ直線上にない 3 点 ⇒ 1 つの平面を決定する。

解き方 同じ直線上にない 3 点が決まれば，それらをふくむ平面はただ 1 通りに決まる。
同じ直線上にない 3 点をかっこを使って表すと，

(O, A, B)，(O, A, C)，(O, A, D)，(O, B, C)，

(O, B, D)，(O, C, D)

の **6 通り** ……… 答

◆ **平面の決定**

同じ直線上にない 3 点が決まれば，それらをふくむ平面は 1 つに決定する。
(O, A, B) と (O, B, A) は同じ組み合わせなので，2 通りとしないこと。

 類題 15

解答 ➡ 別冊 p.40

次のうち，1 つの平面を決定するのはどれですか。すべて選びなさい。

① 空間の 4 点　　　　　　② 交わる 2 直線

③ 平行な 2 直線

2 直線の位置関係

UNIT 2

目標 2 直線の位置関係が理解できる。

要点

● **2 直線の位置関係**…平行，交わる，ねじれの位置(いち)の 3 つがある。

● **ねじれの位置**…空間内で，平行でもなく交わりもしない 2 直線の位置関係。

例題 16 | 2 直線の位置関係

LEVEL：標準

右の図は，直方体を 1 つの平面で切ってできた立体である。
切り口の面は BCGF である。辺 AB と辺 DC の長さが等しく
ないとき，次のそれぞれの位置関係をいいなさい。

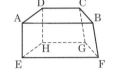

(1) 辺 AD と辺 EH

(2) 辺 CG と辺 CB

(3) 辺 AE と辺 GH

ここに着目！ **2 直線の位置関係 ⇒ 平行，交わる，ねじれの位置。**

解き方 直方体や立方体では，向かいあっている辺は平行で，となりあっている辺はたがいに直交する。

(1) 辺 AD と辺 EH は向かいあっているので，**平行** ——(答)

(2) 辺 CG と辺 CB は点 C が交点なので，**交わる** ——(答)

(3) 辺 AE と辺 GH は，平行でなく，交わらないので，**ねじれの位置** ——(答)

● **2 直線の位置関係**

2 直線の位置関係には，平行，交わる，ねじれの位置の 3 つがある。
2 直線が交わってつくる角が 90°(直角)のとき，この 2 直線は垂直に交わる，またはたがいに直交するという。

✓ 類題 16

解答 ➡ 別冊 p.40

右の図の三角柱について，次の問いに答えなさい。

(1) 辺 AD と平行な辺をすべていいなさい。

(2) 辺 AC とねじれの位置にある辺をすべていいなさい。

6 章 空間図形

UNIT

3 | 直線と平面の位置関係①

目標 直線と平面の位置関係が理解できる。

要点

● **直線と平面の位置関係**…次の３つの場合が考えられる。

① 平面上にある　② 交わる　③ 平行

例題 **17** | **直線と平面の位置関係**　　　　　　　　　　LEVEL：標準

右の図は，直方体を１つの平面で切ってできた立体である。
切り口の面は BCGF である。辺 AB と辺 DC の長さが等しく
ないとき，次のそれぞれの位置関係をいいなさい。

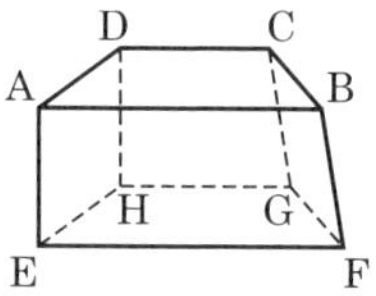

(1) 辺 BC と面 ABFE

(2) 辺 AB と面 EFGH

(3) 辺 CG と面 BCGF

ここに 着目！ **直線と平面の位置関係 ⇒ 平面上にある，交わる，平行。**

解き方 (1) 辺 BC と面 ABFE は点 B が交点なので，**交わる** ……(答)

(2) 辺 AB と面 EFGH は交わらないので，**平行** ……(答)

(3) 辺 CG と面 BCGF は辺 CG が面 BCGF の辺なので，
平面上にある ……(答)

○ **直線と平面の位置関係**

直線と平面の位置関係には，平面上にある，交わる，平行の３つがある。

✓ **類題 17**

解答 → 別冊 p.41

右の図の三角柱について，次の問いに答えなさい。

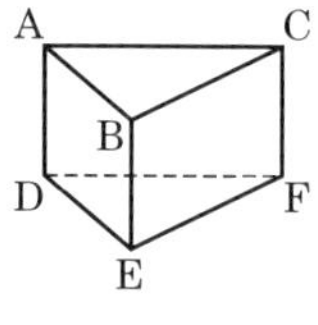

(1) 辺 AB と平行な面はどれですか。

(2) 面 ABC と交わる辺はどれですか。

直線と平面の位置関係②

目標▶垂直と垂線について理解できる。

 要 点

● **垂直と垂線**…直線が平面と1点で交わっていて，その点を通る平面上のすべての直線と垂直であるとき，直線と平面は**垂直**であるといい，この直線を平面の**垂線**という。

例題 18 **直線と平面が垂直に交わることの説明** LEVEL：標準

右の図は，長方形の厚紙 ABCD を AB に平行な折り目 EF で折り，平面 P の上に置いたものである。このとき，折り目 EF は平面 P に垂直であることを説明しなさい。

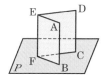

ここに着目！ 平面と交わる直線 ℓ がその交点を通る平面上の2直線に垂直
⇒ 直線 ℓ はその平面に垂直。

解き方 点 F を通る2つの直線 FB，FC がともに EF に垂直であれば，EF は平面 P に垂直になることを利用する。

面 ABFE は長方形だから，EF⊥FB
面 DCFE も長方形だから，EF⊥FC
点 F を通る平面 P 上の2直線 FB，FC が EF に垂直だから，
EF⊥平面 P ……(答)

◐ **直線と平面の垂直**
平面上の2直線と垂直になっている直線は，その平面に垂直である。

✓ 類題 18

解答 ➡ 別冊 p.41

平面 P 上に4点 A，B，C，D をとり，P に垂線 EC を立てるには，どのようになっていればよいか説明しなさい。ただし，A，B，C，D のうち，どの3点をとっても一直線上にないものとする。

 6章 空間図形

UNIT

5 | 点と平面との距離

目標▶点と平面との距離について理解できる。

要点

● **点と平面との距離**…右の図のように，点 A から平面 P にひいた垂線 AH は，点 A と平面 P 上の点とを結ぶ線分の中で最も短い。この垂線 AH の長さを点 A と平面 P との距離という。

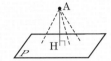

例題 **19** | **点と平面との距離**　　　　　　　　　　LEVEL: 基本

右の図のように，直方体の一部を切り取ってできた三角錐がある。次の面を底面としたときの高さは，どこの長さになりますか。

(1) 面 BCD を底面としたとき
(2) 面 ACD を底面としたとき

ここに
着目!▶角錐・円錐の高さ ⇒ 頂点から底面にひいた垂線の長さ。

解き方 (1) 面 BCD を底面としたとき，垂線は辺 AD になるので，

辺 AD ……(答)

(2) 面 ACD を底面としたとき，垂線は辺 BD になるので，

辺 BD ……(答)

○ **点と平面との距離**

同一平面上にない 1 つの点から，平面にひいた垂線の長さを点と平面との距離という。

✓ **類題 19**　　　　　　　　　　　　　　　　　　解答 → 別冊 p.41

右の図のように，立方体の一部を切り取ってできた三角錐がある。点 H は，頂点 B から平面 ACD にひいた垂線との交点である。次の面を底面としたときの高さは，どこの長さになりますか。

(1) 面 ABD を底面としたとき
(2) 面 ACD を底面としたとき

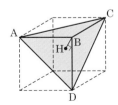

UNIT
6

2平面の位置関係

目標 > 2平面の位置関係が理解できる。

要点

● **2平面の位置関係**…平行，交わるの2つがある。
平面Pと平面Qが交わっていて，平面Qが，平面P
に垂直な垂線 ℓ をふくんでいるとき，2つの平面P,
Qは垂直であるという。

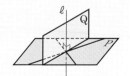

例題 20　**2平面の位置関係**　　　　　　　　LEVEL: 基本

右の図のように，直方体を2つに切って三角柱をつくった。
この三角柱で，次の関係にある平面をいいなさい。
(1)　平面ABCと平行な平面
(2)　平面BEFCと垂直な平面

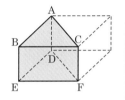

ここに
着目!
> **2つの平面が垂直に交わる ⇒ 1つの平面に垂直な直線をふくんでいる。**

解き方 (1)　平面ABCと交わらない平面が平行である。
　　　　平面DEF ……(答)
(2)　平面BEFCと辺AB，DEはそれぞれ垂直に交わっているの
　　　で，辺AB，DEをふくむ平面は平面BEFCと垂直である。
　　　平面ABED，平面ABC，平面DEF ……(答)

● **2平面の位置関係**

平行，交わるの2つがある。

✓ 類題 20

解答 ➡ 別冊 p.41

右の図のように，直方体を2つに切って四角柱をつくった。
この四角柱で，次の関係にある平面をいいなさい。
(1)　平面ABCDと平行な平面
(2)　平面ABFEと垂直な平面

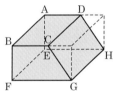

6
章

空間図形

UNIT

7

直線や平面の位置関係

目標 ▶ 2 つの平面の位置関係，直線や平面の位置関係が理解できる。

要点

● **2 平面の位置関係**…平行，交わるの 2 つがある。交わってできる直線を**交線**という。

● **直線や平面の位置関係**…見取図をかいて確かめる。

例題 **21** **垂直に交わる 2 平面**　　　　　　　　　　　LEVEL：標準

右の図は，平面 P に平面 Q を垂直に立てようとして，三角定規 ABC を用いて垂直かどうかを確かめているところである。平面 P⊥平面 Q となるには，どのようにすればよいですか。

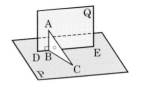

ここに着目！ ▶ **1 つの平面への垂線をふくむ平面 ⇒ もとの平面に垂直。**

解き方　右の図で，平面 P，Q のつくる角∠XOY が直角のとき，平面 P，Q は垂直である，または直交するという。

三角形 ABC は直角三角形だから，

∠ABC = 90°

よって，辺 AB を平面 Q に，辺 BC を平面 P にそれぞれあてて，AB⊥DE であれば，平面 P⊥平面 Q

AB⊥DE となるように，平面 P，Q に三角定規をあわせればよい。（三角定規は平面 Q をふくまないこと）……答

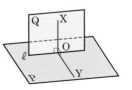

● **位置関係の表し方**

2 平面 P，Q が平行のとき，P∥Q，垂直のとき P⊥Q と表す。

● **別解**

AB⊥DE ではなく，BC⊥DE でもよい。

✓ **類題 21**　　　　　　　　　　　　　　　　　解答 ➡ 別冊 p.41

右の図のように，長方形 ABCD を 2 つに折り，平面 P の上に置く。

(1) 線分 MN⊥平面 P になるのは，どの角が直角のときですか。

(2) 平面 P⊥平面 Q になるのは，どの角が直角のときですか。

(3) 平面 Q⊥平面 R になるのは，どの角が直角のときですか。

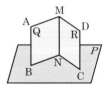

例題 22 直線や平面の位置関係

空間内の直線 ℓ, m や平面 P, Q について，次のことは正しいですか。

(1) $\ell \perp m$, P∥m のとき，$\ell \perp$ P である。　　(2) ℓ∥P, ℓ∥Q のとき，P∥Q である。

(3) P∥ℓ, Q⊥ℓ のとき，P⊥Q である。　　(4) P⊥Q, Q∥ℓ のとき，P⊥ℓ である。

ここに着目! 直線や平面の位置関係 ⇒ 見取図をかいて確かめる。
どれか 1 つでも成り立たない例があれば，全体として成り立つとはいえない。

解き方 下の図で考える。

(1)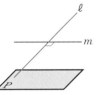

(2)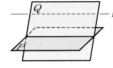

(3)

(4)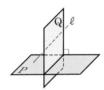

(1) 図のように，ℓ∥P となるような場合があるので，**正しいとはいえない。** ……(答)

(2) 図のように，P と Q が交わる場合があるので，**正しいとはいえない。** ……(答)

(3) つねに P⊥Q となるので，**正しい。** ……(答)

(4) 図のように，P∥ℓ となるような場合があるので，**正しいとはいえない。** ……(答)

● 直線や平面の位置関係

直線や平面の位置関係について確かめるには見取図をかいてみる。
どれか 1 つでも成り立たない例があれば，すべて成り立つとはいえない。
成り立たない例を見つけ出すことも重要である。

成り立たない場合があるか調べよう！

✓ **類題 22**

解答 → 別冊 p.41

空間内の直線 ℓ, m や，平面 P, Q, R について，次のことは正しいですか。

(1) $\ell \perp m$, P⊥m のとき，ℓ∥P である。　　(2) P∥Q, Q∥ℓ のとき，P∥ℓ である。

(3) P⊥Q, Q⊥ℓ のとき，P∥ℓ である。　　(4) P⊥Q, Q∥R のとき，P⊥R である。

UNIT
1

面を垂直な方向に動かしてできる立体

（目標）→面を垂直な方向に動かしてできる立体について理解できる。

要点

● **角柱・円柱**…多角形や円の面が，垂直な方向に一定の距離だけ移動してできた立体とみることができる。

例題 **23** | 面を垂直な方向に動かしてできる立体　　　　　LEVEL：基本

次のように面を動かしたとき，できる立体をいいなさい。
⑴　1つの多角形を，その平面に垂直な方向に，一定の距離だけ動かすことによってできる立体。
⑵　1つの円を，その平面に垂直な方向に，一定の距離だけ動かすことによってできる立体。

 ここに着目！ 角柱・円柱
⇒ 多角形や円を，垂直な方向に一定の距離だけ動かすとできる立体。

（解き方）⑴　多角形を，その平面に垂直な方向に移動することによってできる立体は，**角柱** ………（答）
⑵　円を，その平面に垂直な方向に移動することによってできる立体は，**円柱** ………（答）

● **角柱**

四角形を，その平面に垂直な方向に移動させてできる立体が四角柱。
四角形が長方形なら直方体ができる。

 三角形を動かすと三角柱になる

 円を動かすと円柱になる

✓ 類題 **23**　　　　　　　　　　　　　　　　　　　解答 → 別冊 p.41

次の問いに答えなさい。
⑴　角柱の側面の1つ1つはどのような形ですか。
⑵　円柱を底面に平行な面で切ると，その切り口はどのような形ですか。

UNIT
2 | # 面を回転させてできる立体

目標 ▶ 面を回転させてできる立体について理解できる。

要点

● **回転体**…ある平面図形を，1つの直線を軸として1回転してできる立体。
軸とした直線を回転軸，回転体の側面をつくる線を**母線**という。

例題 **24** ## 面を回転させてできる立体 　LEVEL：標準

次のようにしてできる回転体はどのような立体ですか。なお，これらの立体を回転軸に垂直な平面で切ったときの切り口の形をいいなさい。また，回転軸をふくむ平面で切ったときの切り口の形をいいなさい。

(1) 長方形 ABCD を，辺 AB を軸として1回転。
(2) ∠B が直角である直角三角形 ABC を，辺 AB を軸として1回転。
(3) 半円を，直径 AB を軸として1回転。

ここに着目！ ▶ 回転体 ⇒ ある平面図形を，1つの直線を軸として1回転してできる立体。

解き方 (1)〜(3)を図に表すと，次のようになる。

(1) 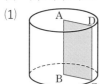 (2) 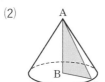 (3)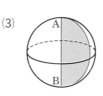

(1) **円柱，円，長方形または正方形** ……（答）
(2) **円錐，円，二等辺三角形または正三角形** ……（答）
(3) **球，円，円** ……（答）

● 回転体

回転体を，回転軸に垂直な平面で切ったときの切り口の形はすべて円（または同心円）になる。
回転体を，回転軸をふくむ平面で切ったときの切り口の形は，すべて大きさも形も同じ図形で，回転軸について線対称である。

✓ 類題 **24** 　　　　　　　　　　　　　　　　　　　解答 ➡ 別冊 p.41

ひし形を，その対角線を軸として1回転した立体を，回転軸をふくむ平面で切ったときの切り口の形，回転軸に垂直な平面で切ったときの切り口の形をいいなさい。

6 章 空間図形

UNIT

3

回転体の見取図

目標 回転体の見取図がかける。

要点

● **回転体の見取図**…回転の軸をふくむ平面で切ったときの線対称な図形をもとにして見取図をかく。

例題 **25** 回転体の見取図　　　　　　LEVEL：標準

次の色をつけた図形を，直線 ℓ のまわりに回転してできる立体の見取図をかきなさい。

(1) 　(2) 　(3) 　(4)

ここに着目！ 直線 ℓ をふくむ平面で切ったときの線対称な図形をもとにしてかく。

解き方 **下の図** ……… 答

(1) 　(2) 　(3) 　(4)

➡ **回転体の見取図**
(4)は，円が回転軸からはなれているので，回転体はドーナツ型になる。

✓ **類題 25**　　　　　　解答 → 別冊 p.41

次の色をつけた図形を，直線 ℓ のまわりに回転してできる立体の見取図をかきなさい。

(1) 　(2) 　(3)

UNIT
4

線を動かしてできる立体

目標 ▶ 線を動かしてできる立体の形がわかる。

要点

● **線を動かしてできる立体の形**…角柱，円柱は 1 つの線分を底面の周にそって 1 まわりさせた立体，また，角錐，円錐は底面と同じ平面上にない 1 点を定点として，1 つの線分を底面の周にそって 1 まわりさせた立体とみられる。

例題 **26** 線を動かしてできる立体　　　　　　　　　　LEVEL：基本

右の図のように，線分 PQ を円の面に垂直に立てたまま，円周にそって 1 まわりさせてできる立体について，次の問いに答えなさい。

(1) この立体の名前をいいなさい。

(2) 線分 PQ を何といいますか。

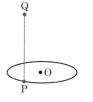

 母線 ⇒ 線分 **PQ** は母線になり，側面をつくる線分になっている。

解き方 (1) 点 Q は点 P と同じ円をえがいていくから，この立体は上の面も下の面も同じ円になっている。
円柱 ……(答)

(2) PQ は立体の側面をつくっているから，
母線 ……(答)

▶ **線を動かしてできる立体の形**
線の端点がえがく図形を考える。

✓ **類題 26**

解答 ➜ 別冊 p.41

右の図のように，線分 PQ を三角形の面に垂直に立てたまま，三角形の周にそって 1 まわりさせてできる立体について，次の問いに答えなさい。

(1) この立体の名前をいいなさい。

(2) 線分 PQ の長さはできる立体の何と同じ長さになりますか。

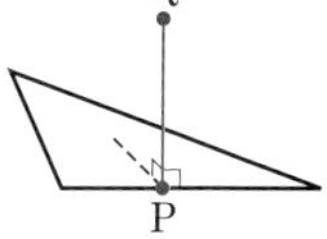

6
章
空間図形

UNIT
5
立方体の切り口

目標▶ 立方体の切り口の形がわかる。

要点

● **立方体の切り口**…次のような形になることがある。

三角形   四角形   五角形   六角形

例題 **27** 立方体の切り口

LEVEL：標準

右の図は立方体である。この立方体を次の3つの点を通る平面で切るとき，切り口はそれぞれどんな図形になるかをいいなさい。

(1) A，C，F を通る平面で切る。

(2) A，C，G を通る平面で切る。

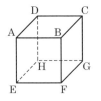

ここに着目！▶ **平行な面上には平行な切り口（直線）ができる。**

解き方 (1) 切り取る平面が立方体の3つの面と交わるから，切り口は三角形で，辺の長さが等しい。AC＝AF＝CF になる。
正三角形 ……（答）

(2) A，C，G を通る平面は，A，C，G，E を通る平面と同じだから，**長方形** ……（答）

◐ **立方体の切り口**

切り口の見取図は，次のようになる。

(1)   (2)

✓ **類題 27**

解答 → 別冊 p.41

例題 27 の立方体を A，D，F を通る平面で切るとき，切り口はどんな図形になるかをいいなさい。

立方体の切り口と展開図

（目標）立方体の展開図に切り口をかき込むことができる。

要点

● **立方体の切り口と展開図**…立方体の見取図にある頂点の記号を展開図にかいていき，切り口の線を展開図の中にかく。

例題 28　立方体の切り口と展開図　　　LEVEL：応用

図1は，立方体を頂点Aを通る平面で切ったところを示したもので，図2は立方体の展開図である。PB＝RDのとき，切り口の四角形APQRの4辺は，展開図の中にどのように現れますか。記号P，Q，Rもつけて記入しなさい。また，（　）の中に立方体の頂点の記号を記入しなさい。

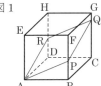
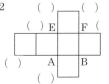

（ここに着目！）**立方体の切り口 ⇒ 展開図に頂点の記号を書いていき，切り口をかく。**

（解き方）A，P，Q，Rは1つの平面上の点であるから，展開図にしたとき，A，P，QとA，R，Qはそれぞれ1つの直線上に並ぶ。

右の図 ……（答）

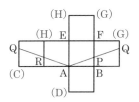

● **立方体の切り口**

点Qは辺CG上にあるから，展開図で頂点Gを決め，次に頂点Cの位置を決める。線分AQを結ぶ線分は2つになる。

✓ 類題 28　　　解答 → 別冊 p.41

右の図の立方体を，A，F，Cを通る平面で切ったときの切り口の直線を，展開図の中にかき入れなさい。

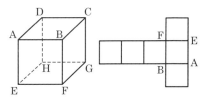

6章 空間図形

UNIT

1

角柱・円柱の体積

目標 角柱・円柱の体積を求めることができる。

要点

● **角柱の体積**…底面積を S，高さを h，体積を V とすると，$V=Sh$
● **円柱の体積**…底面の円の半径を r，底面積を S，高さを h，体積を V とすると，

$$V=Sh=\pi r^2 h$$

例題 **29** 角柱・円柱の体積　　　　　　　　　　LEVEL：標準

次のような立体の体積を求めなさい。

(1)
6cm
3cm　4cm

(2)
10cm
35cm

ここに着目！ 角柱・円柱の体積 ⇒ $V=Sh$ （S：底面積，h：高さ，V：体積）

解き方 (1) 三角柱だから，底面の三角形の面積は，

$\dfrac{1}{2}\times 3\times 4=6\,(\text{cm}^2)$　体積は，$6\times 6=\textbf{36}\,(\textbf{cm}^3)$ ……… 答

(2) 円柱だから，底面の円の面積は，$\pi\times 10^2=100\pi\,(\text{cm}^2)$

体積は，$100\pi\times 35=\textbf{3500}\boldsymbol{\pi}\,(\textbf{cm}^3)$ ……… 答

◎ 角柱・円柱の体積

（底面積）×（高さ）の式で求めることができる。

✓ 類題 **29**

解答 ➡ 別冊 p.41

次のような立体の体積を求めなさい。

(1)
6cm
4cm　5cm

(2)
7cm
5cm

UNIT

2 | 角錐・円錐の体積

（目標）→ 角錐・円錐の体積を求めることができる。

要点

● **角錐・円錐の体積**…底面積を S，高さを h，体積を V とすると，$V = \dfrac{1}{3}Sh$

例題 **30** **角錐・円錐の体積**
 LEVEL：標準

次のような立体の体積を求めなさい。

(1)

4cm
6cm

(2)

9cm
6cm

ここに着目！ **角錐・円錐の体積** $\Rightarrow V = \dfrac{1}{3}Sh$ （S：底面積，h：高さ，V：体積）

（解き方）(1)　正四角錐だから，底面の正方形の面積は，

$6 \times 6 = 36\,(\mathrm{cm}^2)$　体積は，$\dfrac{1}{3} \times 36 \times 4 = \boldsymbol{48}\,(\mathbf{cm}^3)$ ……（答）

(2)　円錐だから，底面の円の面積は，$\pi \times 6^2 = 36\pi\,(\mathrm{cm}^2)$

体積は，$\dfrac{1}{3} \times 36\pi \times 9 = \boldsymbol{108\pi}\,(\mathbf{cm}^3)$ ……（答）

→ 円錐の体積

$V = \dfrac{1}{3}Sh$

$= \dfrac{1}{3}\pi r^2 h$

6
章

空間図形

✓ **類題 30**

解答 → 別冊 p.42

次のような立体の体積を求めなさい。

(1)

7cm
3cm
6cm

(2)

6cm
3cm

UNIT

3

角柱・円柱の表面積

目標 角柱・円柱の表面積を求めることができる。

要点

● **表面積**…立体の表面全体の面積を表面積という。展開図をかくとわかりやすい。
　　　また，1つの底面の面積を底面積，側面全体の面積を側面積という。
● **（角柱・円柱の表面積）＝（底面積）×2＋（側面積）**

例題 **31** 角柱・円柱の表面積

LEVEL：標準

右のような立体の表面積を求めなさい。

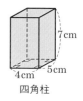

四角柱

ここに
着目！ **角柱・円柱の表面積 ⇒ （底面積）×2＋（側面積）**

底面積は，4×5＝20（cm²）
側面積は，7×(4＋5＋4＋5)
　　　　　＝7×18＝126（cm²）
表面積は，20×2＋126
　　　　　＝**166（cm²）**……答

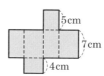

参考

側面積を求めるときには，
展開図から横の長さを求め
るとわかりやすくなる。

類題 **31**

解答 ➡ 別冊 p.42

次のような立体の表面積を求めなさい。

(1)

三角柱

(2)

円柱

UNIT

4

角錐の表面積

目標 角錐の表面積を求めることができる。

要点

● (角錐の表面積)＝(底面積)＋(側面積)

例題 32 角錐の表面積　　　　　　　　　　　　LEVEL：標準

右のような立体の表面積を求めなさい。

三角錐

ここに着目！ 角錐の表面積 ⇒ (底面積)＋(側面積)

解き方 底面積は，$\frac{1}{2} \times 6 \times 5.2 = 15.6 \, (\text{cm}^2)$

側面積は，$\frac{1}{2} \times 6 \times 5.2 \times 3 = 15.6 \times 3$
$= 46.8 \, (\text{cm}^2)$

表面積は，$15.6 + 46.8 = \mathbf{62.4 \, (cm^2)}$ ……(答)

○ 角錐の側面積

この例題の場合，角錐の側面は二等辺三角形(正三角形)になる。
底面の多角形の辺の数だけ側面がある。

6 章 空間図形

✓ **類題 32**

解答 ➡ 別冊 p.42

次のような立体の表面積を求めなさい。

(1)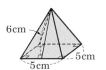

(2)

UNIT
5 | 円錐の表面積

（目標）▷ 円錐の表面積を求めることができる。

要点

● **円錐の表面積**…（底面積）＋（側面積）（側面はおうぎ形）

例題 **33** 円錐の表面積　　　　　　　　　LEVEL：標準

右のような円錐の表面積を求めなさい。

20cm
10cm

💬 ここに 着目！ ▷ 円錐の表面積 ⇒ （底面の円の面積）＋（側面のおうぎ形の面積）

（解き方）底面積は，$\pi \times 5^2 = 25\pi$（cm²）

側面積は，$\pi \times 20^2 \times \dfrac{2\pi \times 5}{2\pi \times 20}$

$= 400\pi \times \dfrac{1}{4} = 100\pi$（cm²）

表面積は，$25\pi + 100\pi = \textbf{125}\boldsymbol{\pi}$（**cm²**） ……（答）

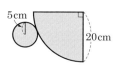

5cm
20cm

➡ **円錐の側面積**

円錐の側面はおうぎ形になる。おうぎ形の中心角は，

$\dfrac{（中心角）}{360°} = \dfrac{（底面の半径）}{（母線の長さ）}$

の関係になる。

➡ **側面のおうぎ形の面積**

（母線の長さ）×（底面の半径）×πで求めてもよい。

✓ 類題 **33**

解答 ➡ 別冊 p.42

次のような円錐の表面積を求めなさい。

(1)

10cm
4cm

(2)

8cm
3cm

UNIT

6 球の体積と表面積

目標 ▶ 球の体積と表面積を求めることができる。

要点

● **球の体積**…球の半径を r，体積を V とすると，$V = \dfrac{4}{3}\pi r^3$

● **球の表面積**…球の半径を r，表面積を S とすると，$S = 4\pi r^2$

例題 34 球の体積と表面積

LEVEL：標準

半径 3cm の球の体積と表面積を求めなさい。

3cm

ここに着目！ 球の体積，表面積 $\Rightarrow V = \dfrac{4}{3}\pi r^3$，$S = 4\pi r^2$

$(r：半径，\ V：体積，\ S：表面積)$

解き方 体積は，

$$\frac{4}{3}\pi \times 3^3 = \frac{4}{3}\pi \times 27 = 4\pi \times 9 = \mathbf{36\pi}\,(\mathbf{cm^3}) \quad \text{……（答）}$$

表面積は，

$$4\pi \times 3^2 = 4\pi \times 9 = \mathbf{36\pi}\,(\mathbf{cm^2}) \quad \text{……（答）}$$

● 球の体積と表面積

（体積）

$= \dfrac{4}{3}\pi \times (半径)^3$

（表面積）

$= 4\pi \times (半径)^2$

6 章

空間図形

✓ 類題 34

解答 ➡ 別冊 p.42

半径 6cm の球の体積と表面積を求めなさい。

UNIT
7

立体の体積と表面積①

(目標) 複雑な形の立体の体積と表面積を求めることができる。

要 点

● **複雑な立体の体積**…いくつかの立体に分けて，それぞれの立体の体積の和を求める。
● **複雑な立体の表面積**…重なっている部分の面積は考えなくてもよい。

例題 **35** **複雑な形の立体の体積と表面積①** LEVEL：標準

下の図の立体で，(1)については体積，(2)については表面積を求めなさい。

(1)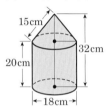

(2)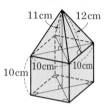

(ここに着目！)→ (1)(円錐)＋(円柱)，(2)(四角錐)＋(四角柱) に分けて考える。

(解き方) (1) 円錐(えんすい)の高さは，$32 - 20 = 12 \, (\text{cm})$

$$\frac{1}{3} \times \pi \times 9^2 \times 12 + \pi \times 9^2 \times 20 = 324\pi + 1620\pi$$

$$= \mathbf{1944\pi \, (cm^3)} \quad \cdots\cdots (答)$$

(2) (四角錐の側面積)＋(四角柱の側面積)＋(四角柱の底面積)
に分けて求める。

$$\frac{1}{2} \times 10 \times 12 \times 4 + 10 \times 10 \times 4 + 10 \times 10 = 240 + 400 + 100$$

$$= \mathbf{740 \, (cm^2)} \quad \cdots\cdots (答)$$

> 立体を組み合わせたとき，重なっている面は表面積には加えないよ。

✓ **類題 35**

解答 → 別冊 p.42

例題 35 の立体で，(1)については表面積，(2)については体積を求めなさい。

例題 36　複雑な形の立体の体積と表面積②　　LEVEL：標準

右の図は，底面の直径が 20cm で高さが 10cm の円柱と，底面の直径が 10cm で高さが 8cm の円柱を組み合わせた立体です。

(1)　この立体の体積を求めなさい。

(2)　この立体の表面積を求めなさい。

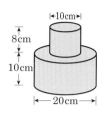

 体積 ⇒（大きい円柱）＋（小さい円柱） に分けて考える。
表面積 ⇒ 真上から見た形と真下から見た形は同じ大きさの円になる。

解き方 (1)　大きい円柱の体積は，
$$\pi \times 10^2 \times 10 = 100\pi \times 10 = 1000\pi \,(\mathrm{cm}^3)$$
小さい円柱の体積は，$\pi \times 5^2 \times 8 = 25\pi \times 8 = 200\pi \,(\mathrm{cm}^3)$
体積は，$1000\pi + 200\pi = \mathbf{1200\pi}\,(\mathbf{cm}^3)$　……（答）

(2)　この立体を真上から見たとき，直径 20cm の円に見えることから，底面積の和は直径 20cm の円の面積 2 つ分になる。
その半径は，$20 \div 2 = 10\,(\mathrm{cm})$
底面積の和は，$\pi \times 10^2 \times 2 = 100\pi \times 2 = 200\pi \,(\mathrm{cm}^2)$
2 つの側面の面積は，小さい円柱の側面を展開した長方形の横の長さが 10π cm，大きい円柱の側面を展開した長方形の横の長さが 20π cm より，
$$8 \times 10\pi + 10 \times 20\pi = 80\pi + 200\pi = 280\pi \,(\mathrm{cm}^2)$$
表面積は，$200\pi + 280\pi = \mathbf{480\pi}\,(\mathbf{cm}^2)$　……（答）

 参考

真上から見た円と真下から見た円は，同じ大きさの円になるから，底面積の和は，直径 20cm の円の面積 2 つ分になる。
表面積を求めるとき，小さい円柱の底面積を求める必要はない。

6
章

空間図形

✓ 類題 36

解答 ➡ 別冊 p.42

右の図のような円錐台があります。

(1)　体積を求めなさい。

(2)　表面積を求めなさい。

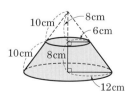

UNIT
⑧

立体の体積と表面積②

目標 → いろいろな立体の体積と表面積を求めることができる。

要点

● **複雑な立体の表面積**…大きい立体から小さい立体を切り取ってできた立体では，切り取った面の面積も表面積にふくまれる。
● **平面上を転がる円錐（えんすい）**…(転がる円錐の底面の円周の長さ)×(頂点 O を中心として転がる回数)が，点 O を中心とした円 O の周の長さになる。

例題 **37** **複雑な形の立体の体積と表面積③**　　　　LEVEL：標準

右の立体は，球からその 4 分の 1 の立体を切り取ったものである。この立体の表面積を求めなさい。

ここに着目！ **(表面積)＝(球の表面積の 4 分の 3)＋(半径 6cm の円の面積)**

解き方 この立体の表面積は，半径 6cm の球の表面積の $\dfrac{3}{4}$ と，半径 6cm の円の面積の和になるので，表面積は，

$$4\pi \times 6^2 \times \dfrac{3}{4} + \pi \times 6^2 = 108\pi + 36\pi = \mathbf{144\pi}\,(\mathbf{cm^2}) \quad \text{答}$$

注意
半径 6cm の円の面積も忘れずに加える。

✓ **類題 37**　　　　　　　　　　　　　　　　解答 ➡ 別冊 p.42

右の図は，底面の直径と高さが等しい円柱に，ちょうど入っている円錐と球を，真横から見た図である。

(1) 円柱の体積が $216\pi\,\mathrm{cm^3}$ のとき，円錐，球の体積をそれぞれ求めなさい。

(2) 円柱の表面積が $144\pi\,\mathrm{cm^2}$ のとき，球の表面積を求めなさい。

38 円錐を転がす

LEVEL：応用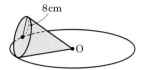

右の図のように，底面の半径が 8cm の円錐を，点 O を中心として平面上で転がしたところ，図で示した円 O の上を 1 周してもとの場所にもどるまでに，2 回転半した。

(1) 円錐の母線の長さを求めなさい。

(2) 円錐の表面積を求めなさい。

> **ここに着目！** （転がる円錐の底面の円周の長さ）×（回転数）⇒ 円 O の周の長さ。

解き方 (1) 半径が 8cm の円が 2 回転半するまでに，円が通った部分の長さは，半径が 8cm の円周の長さの 2.5 倍になる。

$$2\pi \times 8 \times 2.5 = 40\pi \,(\text{cm})$$

これが円 O の周の長さになるから，円 O の半径を r cm とすると，$2\pi r = 40\pi$ より，$r = 20 \,(\text{cm})$

これが円錐の母線の長さになるので，**20cm** ……㊜

(2) 底面の円の面積は，$\pi \times 8^2 = 64\pi \,(\text{cm}^2)$

側面積は，$\pi \times 20^2 \times \dfrac{2\pi \times 8}{2\pi \times 20} = 400\pi \times \dfrac{2}{5} = 160\pi \,(\text{cm}^2)$

表面積は，$64\pi + 160\pi = \mathbf{224\pi} \,(\mathbf{cm^2})$ ……㊜

◉ 円錐を転がす

点 O を中心として平面上で円錐を転がしたとき，もとの場所にもどるまでに円が通った部分の長さは，点 O を中心とし，円錐の母線の長さを半径とする円周の長さになる。

6
章

空間図形

✓ **類題 38**

解答 ➡ 別冊 p.43

右の図のように，底面の半径が 9cm の円錐を，点 O を中心として平面上を転がしたところ，図で示した円 O の上を 1 周してもとの場所にもどるまでに 3 回転した。

(1) 円錐の母線の長さを求めなさい。

(2) 円錐の表面積を求めなさい。

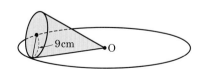

定期テスト対策問題

解答 ➡ 別冊 p.43

問 1 いろいろな立体

次の⑦〜⑦の立体のうち，⑴〜⑸にあてはまるものをすべて答えなさい。

⑦ 立方体　　⑦ 三角錐（さんかくすい）　　⑦ 円柱　　⑦ 正十二面体　　⑦ 球

⑴ 多面体である立体

⑵ 多角形や円を，その面に垂直な方向に，平行に動かしてできる立体

⑶ 面の形が正五角形である立体

⑷ 底面が1つだけである立体

⑸ 平面図形を，1つの直線を軸として回転してできる立体

問 2 立体の展開図と投影図

右の図は1辺の長さがすべて等しい
立体の展開図と，投影図（とうえいず）の一部である。

⑴ この立体の名前をいいなさい。

⑵ 展開図の①，②はどの頂点と重な
りますか。

⑶ 投影図のかきたりない線をかき加
えなさい。

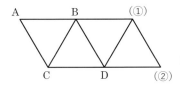

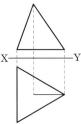

問 3 いろいろな立体の投影図

次の図は，ある立体の投影図である。それぞれどのような立体ですか。立体の名前をいいな
さい。

(1)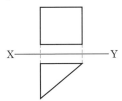

(2)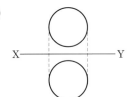

(3)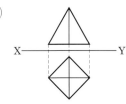

問4 空間内の直線と平面の平行と垂直

空間内の次のことがらのうち，つねに成り立つものはどれですか。

① 同じ平面に平行な2直線は平行である。
② 同じ平面に垂直な2直線は平行である。
③ 与えられた3点をふくむ平面はただ1つである。
④ 平行な2直線のうちの一方に垂直な平面は，もう一方の直線にも垂直である。
⑤ 1つの直線に垂直な2直線は平行である。

問5 空間内の直線と平面の位置関係

直方体 ABCD-EFGH がある。次の問いに答えなさい。

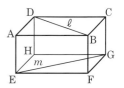

(1) 面 ABCD と平行な辺はどれですか。
(2) 面 ABCD の対角線 ℓ と面 EFGH の対角線 m の位置関係をいいなさい。
(3) 面 EFGH に垂直な辺をいいなさい。
(4) 面 ABCD と面 BCGF の位置関係をいいなさい。

問6 回転体の見取図

次の図形を，直線 ℓ を軸として1回転してできる立体の見取図をかきなさい。

(1)

(2)

(3)

問7 立方体の切り口

立方体 ABCD-EFGH の辺 BC の中点を P とする。
この立体から C-PGD を切りとった。次の問いに答えなさい。

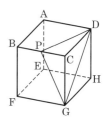

(1) 切り口はどんな形になりますか。
(2) C-PGD は，何という立体ですか。
(3) 切り取った残りの立体は何面体ですか。

立体の頂点，辺，面の数

右の図のように，立方体の各辺の中点を通る直線で 8 つのかどを切りとると，右のような立体ができる。

この立体の，面の数，辺の数，頂点の数は，それぞれいくつですか。

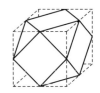

問 9 **見取図や展開図で表された立体の体積と表面積**

下の見取図や展開図で表された立体の体積と表面積を求めなさい。

(1)

2cm
1.7cm²
9.5cm

（底面は正六角形）

(2)

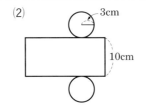

3cm
10cm

(3)

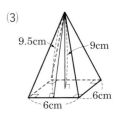

9.5cm
9cm
6cm
6cm

問 10 **回転体の体積と表面積**

右の図で，△ABC は AB＝5cm，BC＝12cm，AC＝13cm，∠ABC＝90° の直角三角形である。

このとき，次の問いに答えなさい。

(1) 辺 BC を回転の軸として 1 回転してできる立体の表面積を求めなさい。

(2) 辺 AB を回転の軸として 1 回転してできる立体の体積を求めなさい。

C
A B

問 11 **複雑な形をした立体の体積と表面積**

右の図のような直径 6cm の半球の上に円錐をのせた立体がある。

この立体の体積と表面積を求めなさい。

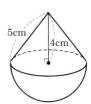

5cm
4cm

KUWASHII
MATHEMATICS

7章

中1数学

データの分析と活用

UNIT
1

度数分布表，ヒストグラム

....

(目標) 度数分布表を読みとることができる。

要点

- **階級**…データを整理するために用いる区間。
- **階級の幅**…階級の区間の幅。階級の真ん中の値を階級値という。
- **度数**…それぞれの階級にはいっているデータの個数。
- **度数分布表**…階級と度数で分布のようすを表した表。
- **累積度数**…度数分布表で，最初の階級からその階級までの度数の合計。
- **ヒストグラム**…各階級の幅を横，それに属する度数を縦とする長方形を並べたグラフ。

例題 **1** 度数分布表と累積度数，ヒストグラム   LEVEL：基本

右の表は，あるクラスの生徒40人の1週間の睡眠時間の度数分布表である。

(1) 階級の幅をいいなさい。

(2) 度数が最も多い階級をいいなさい。

(3) 50 時間の生徒は，どの階級にはいりますか。

(4) 50 時間未満の生徒は，何人いますか。

(5) ヒストグラムをかきなさい。

睡眠時間 （時間）	度数 （人）	累積度数（人）
以上　未満		
35 ～ 40	2	2
40 ～ 45	6	8
45 ～ 50	14	22
50 ～ 55	11	33
55 ～ 60	4	37
60 ～ 65	3	40
計	40	

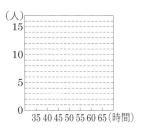

(ここに着目!) 度数分布表 ⇒ 各階級にはいるデータの個数を示したもの。
ヒストグラムのつくり方 ⇒ 横が階級の幅，縦が度数の長方形をつくる。

(解き方) (1) 1つの階級の区間の大きさを調べる。**5 時間** ……(答)

(2) 人数が 14 人の階級だから，

45 時間以上 50 時間未満の階級 ……(答)

● **度数分布表**

階級の幅はそれぞれ 5 時間になっており，各階級にはいる人数が示されている。

(3) 50 時間以上 55 時間未満の階級にはいる。

50 時間以上 55 時間未満の階級 ……(答)

(4) 45 時間以上 50 時間未満の階級の累積度数を見る。

22 人 ……(答)

(5) 睡眠時間を横軸にとり，35，40，45，…と等間隔に目もりをつけて，各階級の区間をつくる。次に，人数を縦軸にとる。

各区間の度数（人数）を縦，区間を横とする長方形を，各区間ごとにつくっていく。

右の図 ……(答)

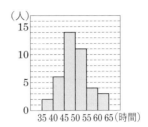

参考

ヒストグラムは，各階級に属する度数を図示したもので，長方形の面積は，階級の度数に比例している。度数分布のようすをいっそう見やすくしたグラフである。柱状グラフともいう。

✓ **類題 1**

解答 → 別冊 p.45

右の表は，ある中学校の生徒 42 人のハンドボール投げの結果の度数分布表である。

(1) 階級の幅はいくらですか。

(2) 度数が最も多い階級をいいなさい。

(3) 記録が 35 m 未満の生徒は，何人いますか。

(4) ヒストグラムをかきなさい。

距離(m)		度数(人)	累積度数(人)
以上	未満		
15 ～	20	3	3
20 ～	25	12	15
25 ～	30	18	33
30 ～	35	6	39
35 ～	40	3	42
計		42	

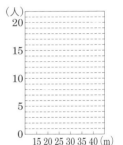

COLUMN

コラム

代表値

小学校ではデータの代表値として，平均値，中央値，最頻値を学習しました。

データを分析するうえで重要なことなので，ここでもう 1 度確認しておきましょう。

平均値…データの値の合計を，データの個数でわった値。

中央値（メジアン）…データを大きさの順に並べたとき，中央にくる値。

最頻値（モード）…データの中で，最も多く現れる値。

UNIT
2

範囲，度数折れ線

目標 → 各データから範囲を読みとったり，度数折れ線をかいたりすることができる。

要点

● **範囲（レンジ）**…データの中の最大の値と最小の値の差。（範囲）＝（最大値）－（最小値）

● **度数折れ線**…ヒストグラムの各長方形の上の辺の中点を結んだグラフ。その左端は
1つ手前の階級の度数を0とし，右端は1つ先の階級の度数を0としてつくっ
ている。度数分布多角形ともいう。

例題 **2** 範囲

LEVEL：基本

漢字の書きとりテストが10回あ
った。右の表は，A，B2人の各
回の得点である。
A，Bの得点の範囲を求めなさい。

回	1	2	3	4	5	6	7	8	9	10
A（点）	7	8	6	4	6	5	6	7	5	6
B（点）	7	3	6	9	4	8	4	5	8	6

ここに
着目！ **範囲 ⇒ データのちらばりの度合を表す値の1つ。（最大値）－（最小値）**

解き方 Aの最高点は8点，最低点は4点だから，範囲は，

$8 - 4 = $ **4（点）** ……（答）

Bの最高点は9点，最低点は3点だから，範囲は，

$9 - 3 = $ **6（点）** ……（答）

参考

平均が同じでも，範囲が大
きいほど，データは広く散
らばっている。
範囲が小さいほど，平均の
近くに集まっている。

✓ 類題 **2**

解答 → 別冊 p.45

下のデータは，A，B2班の生徒の握力である。それぞれの班について，範囲を求めなさ
い。（単位 kg）

A班　23.6　30.5　25.2　24.0　31.4

B班　35.9　25.4　16.0　29.7　28.5

例題 **3** | **度数折れ線（度数分布多角形）** | LEVEL：標準

右の表は，ある中学校の生徒 41 人の通学時間を調べてまとめた度数分布表である。

これを度数折れ線に表しなさい。

時間(分)	以上 未満 5〜10	10〜15	15〜20	20〜25	25〜30	30〜35
度数(人)	7	14	10	5	3	2

ここに着目！ **まずヒストグラムをかく ⇒ それぞれの長方形の上の辺の中点を結ぶ。**

(解き方) 横軸に通学時間，縦軸に度数をとって，まずヒストグラムをかく。

そして，それぞれの長方形の上の辺の中点を結んでいけばよい。

そのとき，両端の長方形の上の辺の中点からは，あけてある 1 階級分の横軸の中点を，度数を 0 として結ぶ。

右上の図 ……… (答)

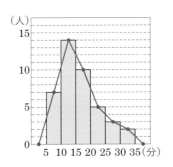

● **度数折れ線**

折れ線で表されているので，2 つのものを比べたとき，分布の特徴がよりわかりやすくなる。

グラフに表して，分布の特徴を読みとろう！

✓ **類題 3**

解答 ➡ 別冊 p.45

下の表は，ある中学校の生徒 42 人の走り幅とびの記録を調べてまとめた度数分布表である。これを度数折れ線に表しなさい。

記録(cm)	以上 未満 250〜275	275〜300	300〜325	325〜350	350〜375	375〜400	400〜425	425〜450
度数(人)	1	4	8	13	9	4	2	1

UNIT
3

相対度数

目標 ▶ 相対度数を求めて異なるデータを比較することができる。

要点

- **相対度数**…各階級の度数の合計に対する割合。(相対度数) $= \dfrac{(各階級の度数)}{(度数の合計)}$
- **累積相対度数**…最初の階級からその階級までの相対度数の合計。
- **相対度数分布表**…相対度数を階級ごとにまとめて表にしたもの。
- **相対度数分布グラフ**…相対度数分布表を折れ線で表したグラフ。

例題 4 相対度数

 LEVEL：標準

右の表は，ある中学校の生徒40人の通学時間を調べてまとめた度数分布表である。これから累積相対度数をふくめた相対度数分布表をつくりなさい。

時間(分)	以上 未満 5〜10	10〜15	15〜20	20〜25	25〜30
度数(人)	8	14	10	6	2

ここに着目！ 相対度数 ⇒ その階級の度数の，全体に対する割合がわかる。

解き方 右の表 ……… 答

時間(分)	度数(人)	相対度数	累積相対度数
以上 未満			
5 〜 10	8	0.20	0.20
10 〜 15	14	0.35	0.55
15 〜 20	10	0.25	0.80
20 〜 25	6	0.15	0.95
25 〜 30	2	0.05	1.00
計	40	1.00	—

 参考

相対度数では，四捨五入の結果，合計が 1.00 にならないときは，最大のものから操作して 1.00 にする場合がある。

✓ 類題 4

解答 ➡ 別冊 p.45

例題 4 でつくった相対度数分布表から，相対度数分布グラフをかきなさい。

右の表は，ある中学校のA，B 2 チームのハンドボール投げの記録を調べて，相対度数分布表にまとめたものである。これから相対度数分布グラフをかき，特徴をいいなさい。

階級(m)	A チーム		B チーム	
	度数(人)	相対度数	度数(人)	相対度数
以上　未満				
10 ～ 15	2	0.10	5	0.20
15 ～ 20	6	0.30	9	0.36
20 ～ 25	7	0.35	7	0.28
25 ～ 30	5	0.25	2	0.08
30 ～ 35	0	0	2	0.08
計	20	1.00	25	1.00

ここに着目！ **相対度数を比較することで，データの特徴がわかる。**

解き方　A チームと B チームの人数の合計がちがうので，相対度数分布グラフをかくことで，特徴を比べることができる。

右の図の，B チームのグラフの山の頂上より，A チームのグラフの山の頂上のほうが右にあるので，B チームの記録より，A チームの記録のほうがよいことがわかる。……(答)

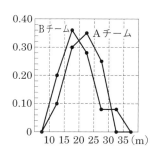

◯ **相対度数の比較**

ヒストグラムや度数折れ線の全体の形，山の頂上の位置や広がりの範囲などで，比較する。

✓ **類題 5**

解答 ➡ 別冊 p.45

右の表は，A 中学校とB 中学校の 1 年生の通学時間をまとめたものである。

それぞれの相対度数を求め，相対度数分布グラフをかきなさい。

相対度数は小数第 2 位まで求めること。

時間(分)	A 中学校		B 中学校	
	度数(人)	相対度数	度数(人)	相対度数
以上　未満				
0 ～ 5	6		4	
5 ～ 10	12		6	
10 ～ 15	15		10	
15 ～ 20	10		8	
20 ～ 25	3		6	
25 ～ 30	2		6	
計	48		40	

UNIT

1 相対度数と確率

目標 相対度数と確率の関係を理解できる。

要点

● **相対度数と確率**（かくりつ）…あることがらが起こる場合の相対度数が，一定の値 P に等しいとみなされる場合，この相対度数 P をそのことがらの起こる**確率**という。

例題 **6** 起こりやすさと確率

LEVEL：基本

右の表は，画びょうを投げたとき，針の先が上向きに

投げた回数(回)	100	200	300	400	500	600	700	800	900	1000
上向きの回数(回)	64	136	191	270	319	386	443	509	578	639

なった回数を調べたものである。針の先が上向きになった割合を小数第 3 位まで求めなさい。また，上向きになる確率を小数第 2 位まで求めなさい。

ここに
着目！ $(起こりやすさ) = \dfrac{(あることがらの起こった回数)}{(すべての回数)}$

解き方 針の先が上向きになった割合は，下の表のようになる。（小数第 4 位を四捨五入して，小数第 3 位まで求める）**下の表** …… (答)

投げた回数(回)	100	200	300	400	500	600	700	800	900	1000
上向きの回数(回)	64	136	191	270	319	386	443	509	578	639
上向きになった割合	0.640	0.680	0.637	0.675	0.638	0.643	0.633	0.636	0.642	0.639

この表から，上向きになった割合は，投げる回数が多くなると，0.64 に近づいていくことがわかる。確率は **0.64** …… (答)

● 起こりやすさと確率

あることがらの確率を考えるときには，実験や観察を多数回くり返したときの起こりやすさを確率とみなすとよいと考えられる。

✓ 類題 **6**

解答 ➡ 別冊 p.46

ある魚の卵 10 万個を人工ふ化したところ，79600 個がふ化した。この卵のふ化する確率を小数第 2 位まで求めなさい。

例題 7 相対度数を使って考える　LEVEL：標準

1個のボタンをくり返し投げ，裏が出た回数を調べる実験をした。結果は下の表のようになった。

投げた回数(回)	50	100	500	1000	2000	3000	5000
裏の出た回数(回)	16	37	206	425	808	1191	1990
相対度数	0.320	0.370	0.412	0.425	0.404	0.397	0.398

この結果から，裏の出る確率は，いくつと考えられますか。小数第2位まで求めなさい。

ここに着目! 投げた回数が多くなるほど，裏の出た相対度数は 0.40 に近づいていく。

解き方 上の表から，このボタンを投げる回数を多くしていくと，裏が出た相対度数は，ほぼ 0.40 になることがわかる。

したがって，このボタンを投げて裏の出る確率は，ほぼ 0.40 といえる。

裏が出る確率は **0.40** ……(答)

● 相対度数と確率
実験する回数を多くすればするほど，相対度数は，起こりうる確率に近づいていく。

✓ 類題 7

解答 → 別冊 p.46

正しくつくられた正八面体で，1 から 8 までの整数がそれぞれの面に 1 つずつ書かれている。この正八面体を投げて，1 または 2 の数が上面に出た相対度数を調べる実験を行った。下の表は，そのときの実験の結果を表したものである。

投げた回数(回)	100	200	300	400	500	600	800	1000
1 または 2 の数が上面に出た相対度数	0.270	0.245	0.247	0.248	0.246	0.252	0.249	0.251

1 または 2 の数が上面に出る確率はいくつと考えられますか。小数第2位まで求めなさい。

定期テスト対策問題

解答 ➡ 別冊 p.46

問 1 度数分布表

下の表は，ある中学校の生徒 40 人の生徒のハンドボール投げの記録を度数分布表に整理したものである。

(1) 階級の幅をいいなさい。

(2) 記録が 20m の生徒は，どの階級にはいりますか。

(3) ヒストグラムを下の図にかきなさい。

(4) 階級が 15m 以上 20m 未満の相対度数を求めなさい。

(5) 階級が 15m 以上 20m 未満の累積相対度数を求めなさい。

記録(m)		度数(人)
以上	未満	
10	～ 15	2
15	～ 20	10
20	～ 25	16
25	～ 30	8
30	～ 35	4
計		40

問 2 度数折れ線

右の図は，あるクラスの生徒のテストの得点についての度数折れ線(度数分布多角形)である。

(1) 得点が 50 点以上 60 点未満の生徒は何人いますか。

(2) このクラスの生徒の人数を求めなさい。

(3) 得点が 70 点未満の生徒は，クラスの何%ですか。

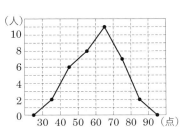

問 3 範囲と中央値，平均値

下のデータは，ある中学校の 1 年生 10 人の数学のテストの得点である。

　65，43，88，72，90，58，95，87，74，86

(1) 得点の範囲を求めなさい。

(2) 中央値を求めなさい。

(3) 平均値を求めなさい。

問 **4** 相対度数

下の表は，ある中学校の 1 年 A 組の生徒 40 人と，1 年生全体の生徒 250 人について通学距離を調べ，その相対度数をまとめたものである。

(1) 空欄⑦〜⑨をうめて，表を完成させなさい。

(2) 右下のグラフは，1 年 A 組の相対度数分布グラフである。

このグラフに同じように 1 年生全体の相対度数分布グラフをかきなさい。

(3) グラフをみて，同じ階級における相対度数を比較するとき，1 年 A 組の相対度数が 1 年生全体の相対度数より大きい階級の階級値を求めなさい。

階級(km)	1 年 A 組		1 年生全体	
	度数(人)	相対度数	度数(人)	相対度数
以上　未満				
0 〜 1	10	0.25	75	⑦
1 〜 2	14	0.35	⑦	0.38
2 〜 3	12	0.30	50	0.20
3 〜 4	4	0.10	30	0.12
計	40	1.00	250	⑨

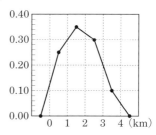

問 **5** ことがらの起こりやすさと確率

右の表は，さいころを投げて，1 の目が出た回数を調べて結果をまとめたものである。次の問いに答えなさい。

投げた回数	100	200	400	600	800	1000
1 の目が出た回数	19	31	70	101	132	167
1 の目が出た割合	①	②	③	④	⑤	⑥

(1) 1 の目が出た割合①〜⑥を，小数第 3 位まで求めなさい。

(2) 投げた回数と 1 の目が出た割合の関係を，折れ線グラフに表しなさい。

(3) このさいころの 1 の目が出る確率はいくつと考えられますか。小数第 2 位まで求めなさい。

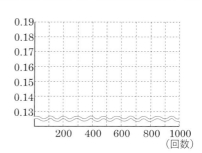

思考力を鍛える問題

入試では思考力を問う問題が増えている。課題は何か，どんな知識・技能を使えばよいか，どう答えたらよいかを身につけよう。

解答 → 別冊 p.47

問 1 文香さんと英太さんは，何月に生まれたかをあてるゲームをしている。
次の問いに答えなさい。

(1) ある日の2人の会話を読んで， ア ～ エ にあてはまる数を答えなさい。

文香さん「英太さんの生まれた月をあててみせるよ。この手順どおりに求めた数を教えてください。」

《文香さんの方法》
手順①　生まれた月の数に1をたす。
手順②　①の数を6倍する。
手順③　②の数から12をひく。
手順④　③の数を2でわる。
手順⑤　④の数に①の数をたす。

英太さん「26になりました。」
文香さん「それなら，英太さんは7月生まれです。」
英太さん「わあ，正解。どうしてわかったの。」
文香さん「英太さんの生まれた月の数を a とすると，手順どおりに求めた数は
　　　　 ア $a-$ イ と表されるんだよ。」
英太さん「なるほど。だから，26に ウ をたして エ でわれば，生まれた月がわかるんだね。」
文香さん「そのとおり。」
英太さん「おもしろい。近所の友達にも出してみるよ。」

(2)　次の日の2人の会話を読んで，　ア　～　ウ　にあてはまる数や言葉を答えなさい。

英太さん「昨日，近所の友達と教えてくれたゲームをして，とても楽しかった。ぼくも，
　　　　　文香さんの生まれた月をあてるゲームを考えたよ。」
文香さん「わあ，やってみたい。」
英太さん「この手順どおりに求めた数を教えてください。」

┌─────────────────────────────────┐
│《英太さんの方法》   │
│手順①　生まれた月の数に1をたす。   │
│手順②　①の数を8倍する。   │
│手順③　②の数に16をたす。   │
│手順④　③の数を　ア　でわる。   │
│手順⑤　④の数から①の数をひく。   │
└─────────────────────────────────┘

文香さん「10になりました。」
英太さん「文香さんは　イ　月生まれです。」
文香さん「おお，正解。私のゲームのときより，すぐにわかったね。どうして，そんなに
　　　　　早くわかったの。」
英太さん「文香さんの生まれた月の数をbとすると，手順どおりに求めた数は$b+$　ウ　と
　　　　　表されるんだよ。」
文香さん「bに係数がつかない形の式になるのね。」
英太さん「そう。だから，文香さんが求めた数から　ウ　をひくだけで，生まれた月をあ
　　　　　てることができるんだ。」
文香さん「ひき算を1度するだけで求められるから，すぐにあてることができたんだね。」

思考力を鍛える問題

一方の面が白，もう一方の面が赤である12枚の
カードを，図1のように，表がすべて赤になる
ように正方形に並べ，順に **A，B，C，D，E，F，
G，H，I，J，K，L** とする。このとき，次の問
いに答えなさい。

(1) 図1で1回目にAのカードを裏返し，2回
目にD，… と時計回りに2枚とばしで裏返し
ていく。たとえば，カードを2回目まで裏返
すと図2のようになる。

　① 図1の状態からカードを5回目まで裏返
　　したとき，表が赤であるカードをA～Lの
　　うち，すべて答えなさい。

　② 図1の状態からカードを10回目まで裏返
　　したとき，表が赤であるカードをA～Lの
　　うち，すべて答えなさい。

(2) 図1で1回目にAのカードを裏返し，2回
目にE，… と時計回りに3枚とばしで裏返し
ていく。たとえば，カードを2回目まで裏返
すと図3のようになる。

　① 図1の状態からカードを何回か裏返して
　　いき，初めてカードの表がすべて赤に戻る
　　のは，カードを何回目まで裏返したときか求め
　　なさい。

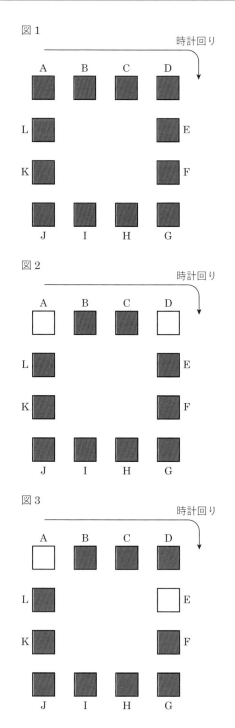

図1

図2

図3

② 図1の状態からカードを何回か裏返していき，3度目にカードの表がすべて赤に戻るのは，カードを何回目まで裏返したときか求めなさい。

③ 図1の状態からカードを35回目まで裏返したとき，表が赤であるカードをA～Lのうち，すべて答えなさい。

④ 図1の状態からカードを50回目まで裏返したとき，表が<u>白</u>であるカードをA～Lのうち，すべて答えなさい。

⑶ 図1で1回目にAのカードを裏返し，2回目にF，… と時計回りに4枚とばしで裏返していく。たとえば，カードを2回目まで裏返すと図4のようになる。

図4

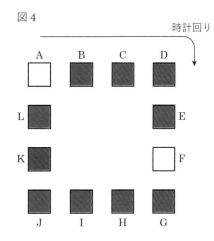

① 図1の状態からカードを何回か裏返していき，初めてカードの表がすべて赤に戻るのは，カードを何回目まで裏返したときか求めなさい。

② 図1の状態からカードを100回目まで裏返したとき，表が赤であるカードをA～Lのうち，すべて答えなさい。

③ 図1の状態からカードを2021回目まで裏返したとき，表が赤であるカードをA～Lのうち，すべて答えなさい。

問 **3** ある日の夜に，北の空に見える北斗七星を，一定の時間をおいて 3 回撮影した。図 1 は，その 3 枚の写真に写った北斗七星を，1 枚に重ね合わせたものである。この図のうち，ある 1 つの星について，撮影した時間ごとの位置を点 A，B，C とする。下の図 2 は，図 1 の点 A，B，C の位置関係を変えずに表したものである。このとき，次の問いに答えなさい。なお，北斗七星の星は，北極星を中心とした円周上を，それぞれ 24 時間で反時計回りに 1 周するものとする。

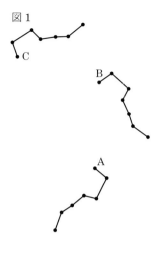

図 1

⑴ 図 2 に，北極星の位置を表す点 P を，定規とコンパスを用いて作図しなさい。

⑵ 図 2 で，∠APC の大きさが 150°であるとき，写真を何時間ごとに撮影したか求めなさい。

図 2

C•

•B

•A

4 文香さんと英太さんのクラスでは，ペットボトルキャップを回収している。生徒が持ってきたペットボトルキャップの数を調べて，ヒストグラムに表すと，次の図のようになった。

持ってきたペットボトルキャップの数

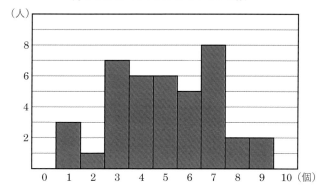

このヒストグラムから，持ってきたペットボトルキャップの数の代表値を調べるとき，次の問いに答えなさい。

(1) 最頻値は何個か，求めなさい。

(2) 中央値は何個か，求めなさい。

(3) 平均値は何個か，求めなさい。

(4) 文香さんが持ってきたペットボトルキャップの数は最頻値よりも小さく，中央値よりも大きかった。文香さんが持ってきたペットボトルキャップの数は何個か，考えられる数を求めなさい。

(5) 後日，英太さんの持ってきたペットボトルキャップの数が誤っていたことがわかった。そのため，ペットボトルキャップの数の平均値，中央値，範囲を求め直したところ，中央値と範囲は変わらなかったが，平均値は 0.2 個小さくなった。これらのことをもとに，英太さんが実際に持ってきたペットボトルキャップの数は何個か，考えられる数を求めなさい。

入試問題にチャレンジ 1

制限時間： 50分　　　　　　点

解答 ➡ 別冊 p.50

問 1 　正負の数，文字と式　　　　　　　　4点×6

次の計算をしなさい。

(1) $8-(2-5)$ 　　　　　　[愛知県]　(2) $6+4\times(-2)$ 　　　　　　[長崎県]

(3) $-3^2-(-2)^3$ 　　　　　　[大分県]　(4) $4+2\div\left(-\dfrac{3}{2}\right)$ 　　　　　[和歌山県]

(5) $3x+7+3(x-2)$ 　　　　[大阪府]　(6) $\dfrac{5x+3}{3}-\dfrac{3x+2}{2}$ 　　　　[愛知県]

問 2 　小問集合　　　　　　　　　　　　4点×7

次の問いに答えなさい。

(1) a，b を負の数とするとき，次の**ア〜エ**の式のうち，その値がつねに負になるものを記号で答えなさい。　　　　　　　　　　　　　　　　　　　　　　　　　　　　　　　[大阪府]

　ア ab 　　　　**イ** $a+b$ 　　　**ウ** $-(a+b)$ 　　　**エ** $(a-b)^2$

(2) 定価 1500 円の T シャツを a 割引で買ったときの代金を，a を使った式で表しなさい。ただし，消費税については，考えないものとする。　　　　　　　　　　　　　　　[富山県]

(3) ある科学館の入館料は，おとな 1 人 a 円，子ども 1 人 b 円である。おとな 3 人と子ども 4 人の入館料の合計は 3000 円より安い。この数量の間の関係を不等式で表しなさい。

[長崎県]

(4) 方程式 $9x+4=5(x+8)$ を解きなさい。　　　　　　　　　　　　　　　[東京都]

(5) x についての方程式 $2x-a=-x+5$ の解が 7 であるとき，a の値を求めなさい。　[栃木県]

(6) y は x に比例し，$x=3$ のとき $y=-15$ である。このとき，y を x の式で表しなさい。

[福島県]

(7) 次の資料は，ある中学校の生徒 10 人が，バスケットボールのフリースローを 1 人 10 回ずつ行って，シュートの入った回数を記録したものである。中央値を求めなさい。　[秋田県]

生徒	A	B	C	D	E	F	G	H	I	J
シュートの入った回数(回)	4	3	10	5	4	7	6	3	7	3

右の図のような3点A，B，Cがある。3点A，B，Cから等しい距離(きょり)にある点Pを，定規とコンパスを使って作図しなさい。ただし，点を示す記号Pをかき入れ，作図に用いた線は消さないこと。　［北海道］

B
•

A•

•C

Aさんは，P地点から5200m離(はな)れたQ地点までウォーキングとランニングをした。P地点から途中のR地点までは分速80mでウォーキングをし，R地点からQ地点までは分速200mでランニングをしたところ，全体で35分かかった。P地点からR地点までの道のりとR地点からQ地点までの道のりは，それぞれ何mか求めなさい。　［広島県］

右の図のように，2つの関数 $y=\dfrac{a}{x}$ $(a>0)$, $y=-\dfrac{5}{4}x$ のグラフ上で，x 座標が2である点をそれぞれA，Bとする。AB=6となるときの a の値を求めなさい。　［栃木県］

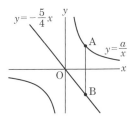

右図の立体は，底面の半径が4cm，高さが6cmの円錐(えんすい)である。この立体をPとする。　［大阪府］

(1) 次のア～エのうち，立体Pの投影図(とうえいず)として最も適しているものはどれですか。1つ選び，記号で答えなさい。

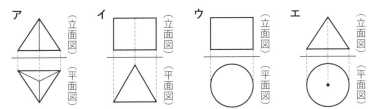

(2) 円周率をπとして，立体Pの体積を求めなさい。

入試問題にチャレンジ ②

制限時間： **50分**　　　**点**

解答 ➡ 別冊 p.51

問 ① 正負の数，文字と式　　　　　　　　　　　　　　　5点×6

次の計算をしなさい。

(1) $\left(-\dfrac{3}{4}\right)+\dfrac{2}{5}$　　　[福島県]　(2) $8+(-2)\times 3$　　　[長崎県]

(3) $18\div(-6)+(-5)^2$　　　[大阪府]　(4) $\dfrac{2}{3}a+\dfrac{1}{2}a$　　　[滋賀県]

(5) $-2(a-4)+5(a-3)$　　　[和歌山県]　(6) $\dfrac{7x+2}{3}+x-3$　　　[高知県]

問 ② 小問集合　　　　　　　　　　　　　　　　　　　6点×7

次の問いに答えなさい。

(1) 2020 を素因数分解すると，$2020=2^2\times 5\times 101$ である。$\dfrac{2020}{n}$ が偶数となる自然数 n の個数を求めなさい。　　　[長崎県]

(2) $a=-8$ のとき，$2a+7$ の値を求めなさい。　　　[大阪府]

(3) サイクリングコースの地点 A から地点 B まで自転車で走った。地点 A を出発して，はじめは時速 13km で a km 走り，途中から時速 18km で b km 走ったところで，地点 B に到着し，かかった時間は 1 時間であった。このときの数量の関係を等式で表しなさい。　　　[秋田県]

(4) 1 次方程式 $6x-7=4x+11$ を解きなさい。　　　[大阪府]

(5) 関数 $y=\dfrac{a}{x}$ のグラフが点 $(6,\ -2)$ を通るとき，a の値を求めなさい。　　　[栃木県]

(6) 右の図において，3 つの線分 AB，BC，CD のすべてに接する円の中心 P を定規とコンパスを用いて作図して求め，その位置を点・で示しなさい。ただし，作図に用いた線は消さずに残しておくこと。　　　[長崎県]

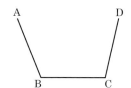

(7) ある中学校の 1 年生 120 人の 50m 走の記録を調べ，7.4 秒以上 7.8 秒未満の階級の相対度数を求めたところ 0.15 であった。
7.4 秒以上 7.8 秒未満の人数は何人か，求めなさい。　　　[愛知県]

(問) **③ 数量の表し方** (1)6点，(2)4点×3

次の図のように，縦 4cm，横 3cm の長方形の板を，一部が重なるように右下にずらして並べて図形をつくっていく。このとき，重なる部分は，すべて縦 3cm，横 1cm の長方形となるようにし，図形の面積は太線（—）で囲まれた部分の面積とする。たとえば，2 番目の図形の面積は 21cm² となる。

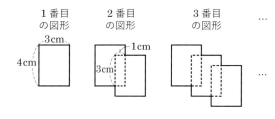

[秋田県]

(1) 4 番目の図形の面積を求めなさい。

(2) 絵美さんは，n 番目の図形の面積の求め方を考え，次のように説明した。「絵美さんの説明」が正しくなるように，| ア |にあてはまる数を，| イ |，| ウ |にあてはまる式を書きなさい。

［絵美さんの説明］

> 板 1 枚の面積は | ア | cm²，となり合う板が重なる部分の面積は 3cm² です。重なる部分は，たとえば 2 番目の図形では 1 か所，3 番目の図形では 2 か所あり，n 番目の図形では（| イ |）か所あります。これらのことから，n 番目の図形の面積は，（| ウ |）cm² となります。

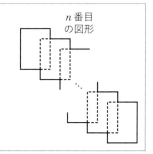

(問) **④ 1 次方程式の利用** 10点

花子さんは，定価 150 円のジュースを 50 本買うことにした。そのジュースが定価の 2 割引きで売られている A 店に行き，そのジュースを買った。しかし 50 本には足りなかったので，そのジュースが定価で売られている B 店に行き，A 店で買った本数と合わせて 50 本になるようにそのジュースを買った。B 店では 500 円分の値引券を使用したので，花子さんが A 店と B 店で支払った金額の合計は 6280 円であった。A 店で買ったジュースの本数を x 本として方程式をつくり，A 店で買ったジュースの本数を求めなさい。ただし，途中の計算も書くこと。なお，消費税は考えないものとする。

[栃木県]

入試問題にチャレンジ ③

制限時間： 50分 　　 点

解答 ➡ 別冊 p.51

 問 1 　正負の数，文字と式 　　　　　　　　　　　　　　　　　　　　5点×6

次の計算をしなさい。

(1)　$2-9-(-4)$ 　　　　　　　[高知県]　　(2)　$5+\dfrac{1}{2}\times(-8)$ 　　　　　　　[東京都]

(3)　$4^2-(-6)\div2$ 　　　　　　[大阪府]　　(4)　$\dfrac{7}{4}a-\dfrac{3}{5}a$ 　　　　　　　[滋賀県]

(5)　$(9x-6)\div\dfrac{3}{2}$ 　　　　　　[高知県]　　(6)　$\dfrac{2}{3}(2x-3)-\dfrac{1}{5}(3x-10)$ 　　　　[愛知県]

 問 2 　小問集合 　　　　　　　　　　　　　　　　　　　　　　　　6点×5

次の問いに答えなさい。

(1)　中学生 a 人に 1 人 4 枚ずつ，小学生 b 人に 1 人 3 枚ずつ折り紙を配ろうとすると，100 枚ではたりない。このときの数量の間の関係を，不等式で表しなさい。　　　　　[福島県]

(2)　方程式 $\dfrac{3x+4}{2}=4x$ を解きなさい。　　　　　　　　　　　　　　　　　[秋田県]

(3)　比例式 $6:8=x:20$ で，x の値を求めなさい。　　　　　　　　　　　　　[秋田県]

(4)　次の**ア～エ**のうち，y が x に反比例するものはどれですか。1 つ選び，記号で答えなさい。　　　　　　　　　　　　　　　　　　　　　　　　　　　　　　　　[大阪府]

　ア　毎分 60 m の速さで x 分間歩いたときに進む道のり y m
　イ　500 mL のジュースを x 人で同じ量に分けたときの 1 人当たりのジュースの量 y mL
　ウ　200 枚の色紙から x 枚を使ったときの残りの色紙の枚数 y 枚
　エ　重さが 150 g の容器に 1 個の重さが 20 g のビー玉を x 個入れたときの全体の重さ y g

(5)　右の図のように，1 辺の長さが 12 cm の立方体のすべての面に接している球がある。この球の体積を求めなさい。ただし，円周率は π を用いること。　　　　　　　　　　　　　　　　　　　　[高知県]

問 ③ 1次方程式の利用　　　　　　　　　　　　　　　　　　　　3点×2

図の〇の中には，三角形の各辺の3つの数の和がすべて等しくなるように，それぞれ数がはいっている。
ア，イにあてはまる数を求めなさい。　　　　　　　　　[愛知県]

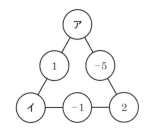

問 ④ 数量の表し方　　　　　　　　　　　　　　　　　　　　　6点×3

右の図のように，自然数を規則的に書いていく。各行の左端（ひだりはし）の数は，2から始まり上から下へ順に2ずつ大きくなるようにする。さらに，2行目以降は左から右へ順に1ずつ大きくなるように，2行目には2個の自然数，3行目には3個の自然数，…と行の数と同じ個数の自然数を書いていく。このとき，次の問いに答えなさい。　　　　　　　　　[富山県]

(1) 7行目の左から4番目の数を求めなさい。

(2) n 行目の右端の数を n で表しなさい。

(3) 31は何個あるか求めなさい。

問 ⑤ データの分析と活用　　　　　　　　　　　　　　　　　　4点×4

次の文章は，40人で行ったクイズ大会について述べたものである。文章中の a ， b ， c ， d にあてはまる数を書きなさい。　　　　　　　　　[愛知県]

クイズ大会では，問題を3問出題し，第1問，第2問，第3問の配点は，それぞれ1点，2点，2点であり，正解できなければ0点である。

獲得した点数の度数分布表

点数(点)	5	4	3	2	1	0	計
度数(人)	9	9	10	6	5	1	40

表は，クイズ大会で獲得（かくとく）した点数を度数分布表に表したものである。度数分布表から，獲得した点数の平均値は a 点，中央値は b 点である。

また，各問題の配点をあわせて考えることで，第1問を正解した人数と正解した問題数の平均値がわかる。第1問を正解した人数は c 人であり，正解した問題数の平均値は d 問である。

さくいん

INDEX

☞ 青字の項目は，特に重要なものであることを示す。**太字**のページは，その項目の主な説明のあるページを示す。

□ 編集協力　㈲四月社　河本真一　坂下仁也

□ アートディレクション　北田進吾

□ 本文デザイン　堀 由佳里　山田香織　畠中脩大　川邉美唯

□ 図版作成　㈲デザインスタジオエキス.

シグマベスト
くわしい 中1数学

本書の内容を無断で複写（コピー）・複製・転載する
ことを禁じます。また，私的使用であっても，第三
者に依頼して電子的に複製すること（スキャンやデ
ジタル化等）は，著作権法上，認められていません。

編　者　文英堂編集部

発行者　益井英郎

印刷所　中村印刷株式会社

発行所　株式会社文英堂

〒601-8121　京都市南区上鳥羽大物町28
〒162-0832　東京都新宿区岩戸町17
（代表）03-3269-4231

● 落丁・乱丁はおとりかえします。

くわしい

KUWASHII

MATHEMATICS

解答と解説

Σ BEST
シグマベスト

文英堂
BUN-EIDO.CO.JP

中 1 数学

1章 正負の数

✓ 類題

1 (1) $+21$　(2) $+0.7$
　　(3) -4　(4) $-\dfrac{1}{5}$

(解説) 0 より大きい数には＋を，0 より小さい数には－をつける。
(1) 0 より大きい数だから，$+21$
(2) 0 より大きい数だから，$+0.7$
(3) 0 より小さい数だから，-4
(4) 0 より小さい数だから，$-\dfrac{1}{5}$

2 (1) $6,\ 2,\ -5,\ 0,\ -8$
　　(2) $6,\ 2$

(解説) (1)負の整数もふくめる。
(2)正の整数のことである。

3 (1) -10m　(2) $+3$万円

(解説) (1)「海面より高い」を正の数で表しているから，「海面より低い」は負の数で表される。
(2)「借りる」を負の数で表しているから，「貸す」は正の数で表される。

4 ア…-4　イ…0　ウ…$+1$

(解説) 平均の重さとの差を調べる。
B の平均の重さとの差は，$45-41=4$ (g)
B は平均の重さより軽いから，ア…-4
C の平均の重さとの差は，$45-45=0$ (g)
C は平均の重さとの差がないから，イ…0
D の平均の重さとの差は，$46-45=1$ (g)
D は平均の重さより重いから，ウ…$+1$

5 下の図

(解説) 上の数直線では，小さい 1 目もりは，1 を 4 等分しているので，0.25 になる。
$-0.75=-\dfrac{3}{4}$ だから，D は 0 から -1 の間を 4 等分した中で，最も -1 に近い点である。

6 (1) $-4<-1<+7$
　　(2) $-8<-4<-2$
　　(3) $-5<-3<+2<+4$

(解説) 数直線上にそれぞれの数を示すと数の大小がわかる。数直線の左へいくほど小さい。
(1)
(2)
(3)

7 (1)① 5　② 0.3　③ $\dfrac{1}{3}$　④ $\dfrac{1}{2}$
　　(2) $+6$ と -6

(解説) (1)＋，－の符号のついた数から符号を取ったものが，その数の絶対値になる。
(2)絶対値が 6 となる数とは，数直線上で原点との距離が 6 である数のことで，$+6$ と -6 の 2 つある。

8 (1) $+24>-36$　(2) $+0.9>+0.09$
　　(3) $-\dfrac{7}{5}<-1$

(解説) (1)(負の数)<(正の数) だから，
$+24>-36$
(2)正の数どうしでは，絶対値の大きい数のほうが大きくなる。

$(3) -\dfrac{7}{5} = -1.4$ になる。

___

9 (1) $+25$　(2) -63

　　(3) $+1.5$　(4) $-\dfrac{7}{8}$

(解説) 同符号の2数の和だから,
(共通な符号), (絶対値の和)の順に書く。

$(4)\left(-\dfrac{1}{8}\right)+\left(-\dfrac{3}{4}\right)=\left(-\dfrac{1}{8}\right)+\left(-\dfrac{6}{8}\right)$

$=-\left(\dfrac{1}{8}+\dfrac{6}{8}\right)=-\dfrac{7}{8}$

___

10 (1) $+5$　(2) -18

　　(3) $-\dfrac{7}{12}$　(4) $+\dfrac{2}{15}$

(解説) 異符号の2数の和だから,
(絶対値の大きいほうの符号), (絶対値の差)の
順に書く。

$(3)\left(-\dfrac{3}{4}\right)+\left(+\dfrac{1}{6}\right)=\left(-\dfrac{9}{12}\right)+\left(+\dfrac{2}{12}\right)$

$=-\left(\dfrac{9}{12}-\dfrac{2}{12}\right)=-\dfrac{7}{12}$

$(4)\ 0.6=\dfrac{6}{10}=\dfrac{3}{5}$

$\left(-\dfrac{7}{15}\right)+(+0.6)=\left(-\dfrac{7}{15}\right)+\left(+\dfrac{3}{5}\right)$

$=\left(-\dfrac{7}{15}\right)+\left(+\dfrac{9}{15}\right)=+\left(\dfrac{9}{15}-\dfrac{7}{15}\right)=+\dfrac{2}{15}$

___

11 (1) -11　(2) -43

　　(3) $+19$　(4) -35

(解説) どんな数に0を加えても, 和ははじめの
数になる。また, 0にどんな数を加えても, 和
は加えた数になる。

___

12 (1) $+12$　(2) $+19$

　　(3) -28　(4) $+10$

(解説) $(1)\ (-7)+(+22)+(-3)$

$=(-7)+(-3)+(+22)$

$=\{(-7)+(-3)\}+(+22)$

$=(-10)+(+22)=+12$

$(2)\ (+23)+(-31)+(+27)$

$=(+23)+(+27)+(-31)$

$=\{(+23)+(+27)\}+(-31)$

$=(+50)+(-31)=+19$

$(3)\ (-25)+(+12)+(-15)$

$=(+12)+(-25)+(-15)$

$=(+12)+\{(-25)+(-15)\}$

$=(+12)+(-40)=-28$

$(4)\ (+14)+(-11)+(+26)+(-19)$

$=(+14)+(+26)+(-11)+(-19)$

$=\{(+14)+(+26)\}+\{(-11)+(-19)\}$

$=(+40)+(-30)=+10$

___

13 (1) -17　(2) -59

　　(3) $+136$　(4) -39

(解説) ひく数の符号を変えて, 加法になおす。

$(1)\ (+18)-(+35)=(+18)+(-35)=-17$

$(2)\ (-30)-(+29)=(-30)+(-29)=-59$

$(3)\ (+84)-(-52)=(+84)+(+52)=+136$

$(4)\ (-96)-(-57)=(-96)+(+57)=-39$

___

14 (1) -14　(2) $+35$

　　(3) $+19$　(4) -23

(解説) 0からある数をひくことは, その数の符
号を変えることと同じである。また, どんな数
から0をひいても, 差ははじめの数になる。

___

15 (1) $(+8)+(-27)$　(2) $(-14)+(-19)$

　　(3) $(-5)+(+13)+(-28)$

　　(4) $(+15)+(-22)+(+19)+(-11)$

(解説) $(1)\ 8-27=(+8)-(+27)=(+8)+(-27)$

$(2)\ -14-19=(-14)-(+19)=(-14)+(-19)$

$(3)\ -5+13-28=(-5)+(+13)-(+28)$

$=(-5)+(+13)+(-28)$

$(4)\ 15-22+19-11$

$=(+15)-(+22)+(+19)-(+11)$

$=(+15)+(-22)+(+19)+(-11)$

16 (1) $+2, \; -6, \; -8, \; +9$
　　(2) $+11, \; -15, \; -7, \; +17$
　　(3) $-7, \; +12, \; -18, \; +2$
　　(4) $-13, \; +22, \; +8, \; -19$

(解説) 加法だけの式になおして，項を書いていく。

17 (1) -15 　(2) $+17$
　　(3) -3 　(4) $+16$

(解説) 減法を加法になおし，すべて加法にする。

(1) $(-9)-(-4)-(+3)-(+7)$
$=(-9)+(+4)+(-3)+(-7)$
$=(+4)+(-9)+(-3)+(-7)$
$=(+4)+(-19)$
$=-15$

(2) $(-8)+(+6)-(+13)-(-32)$
$=(-8)+(+6)+(-13)+(+32)$
$=(+6)+(+32)+(-8)+(-13)$
$=(+38)+(-21)$
$=+17$

(3) $(+6)+(-25)-(+18)-(-34)$
$=(+6)+(-25)+(-18)+(+34)$
$=(+6)+(+34)+(-25)+(-18)$
$=(+40)+(-43)$
$=-3$

(4) $(-35)-(-18)-(+16)-(-49)$
$=(-35)+(+18)+(-16)+(+49)$
$=(+18)+(+49)+(-35)+(-16)$
$=(+67)+(-51)$
$=+16$

18 (1) -5
　　(2) -2
　　(3) 23
　　(4) -5
　　(5) 0.4
　　(6) $-\dfrac{3}{8}$

これ以降答えの正の符号＋を省くことがある。

(解説) (1) $3-7-5+4=3+4-7-5$
$=7-12=-5$

(2) $-9+13+4-10=13+4-9-10$
$=17-19=-2$

(3) $-17-(-29)+3-(-14)-6$
$=-17+29+3+14-6$
$=29+3+14-17-6$
$=46-23=23$

(4) $8-15-(+10)-(-12)$
$=8-15-10+12$
$=8+12-15-10$
$=20-25=-5$

(5) $5.4-3.9-2.8+1.7$
$=5.4+1.7-3.9-2.8$
$=7.1-6.7=0.4$

(6) $-\dfrac{2}{3}-\left(-\dfrac{3}{8}\right)+\left(-\dfrac{5}{6}\right)+\dfrac{3}{4}$
$=-\dfrac{2}{3}+\dfrac{3}{8}-\dfrac{5}{6}+\dfrac{3}{4}$
$=\dfrac{9}{24}+\dfrac{18}{24}-\dfrac{16}{24}-\dfrac{20}{24}$
$=\dfrac{27}{24}-\dfrac{36}{24}=-\dfrac{9}{24}=-\dfrac{3}{8}$

19 (1) 96 　(2) 144
　　(3) 4.2 　(4) $\dfrac{5}{24}$

(解説) 符号を＋に決める。そのあと絶対値の乗法をする。

(4) $\left(+\dfrac{5}{9}\right)\times\left(+\dfrac{3}{8}\right)=+\left(\dfrac{5}{9}\times\dfrac{3}{8}\right)=\dfrac{5}{24}$

20 (1) -144 　(2) -180
　　(3) $-\dfrac{1}{4}$ 　(4) -19.2
　　(5) $-\dfrac{2}{9}$ 　(6) $-\dfrac{49}{10}$

(解説) 符号を－に決める。そのあと絶対値の乗法をする。

(6) 小数×分数の計算は小数を分数になおしてから計算する。

$$1.4 = \frac{14}{10} = \frac{7}{5}$$

$$(+1.4) \times \left(-\frac{7}{2}\right) = -\left(\frac{7}{5} \times \frac{7}{2}\right) = -\frac{49}{10}$$

21 (1) -8　(2) $\dfrac{4}{9}$

　　(3) **0**　(4) **0**

解説　-1 との積はその数の符号を変えればよい。0 との積は 0 になる。

22 (1) **1900**　(2) **380**

　　(3) -3700　(4) -2600

　　(5) -20　(6) **6000**

解説　交換法則や結合法則を使って計算が簡単になるくふうをする。

(1) $(-25) \times 19 \times (-4)$
$= (-25) \times (-4) \times 19 = 100 \times 19 = 1900$

(2) $2 \times (-3.8) \times (-50)$
$= 2 \times (-50) \times (-3.8) = (-100) \times (-3.8)$
$= 380$

(3) $25 \times 37 \times (-4)$
$= 25 \times (-4) \times 37 = (-100) \times 37 = -3700$

(4) $(-50) \times 13 \times 4$
$= (-50) \times 4 \times 13 = (-200) \times 13 = -2600$

(5) $14 \times 2.5 \times \dfrac{1}{7} \times (-4)$

$= 14 \times \dfrac{1}{7} \times 2.5 \times (-4) = 2 \times (-10) = -20$

(6) $(-125) \times \dfrac{3}{5} \times (-8) \times 10$

$= (-125) \times (-8) \times \dfrac{3}{5} \times 10 = 1000 \times 6 = 6000$

23 (1) **420**　(2) -480

　　(3) $\dfrac{3}{5}$　(4) -1

解説　負の数が奇数個であれば，符号を $-$ にまず決める。

(1) $(-7) \times 4 \times (-5) \times 3$
$= +(7 \times 4 \times 5 \times 3) = 420$

(2) $6 \times (-0.8) \times (-5) \times (-20)$
$= -(6 \times 0.8 \times 5 \times 20) = -480$

(3) $(-2) \times \left(-\dfrac{1}{4}\right) \times \left(-\dfrac{1}{5}\right) \times (-6)$

$= +\left(2 \times \dfrac{1}{4} \times \dfrac{1}{5} \times 6\right) = \dfrac{3}{5}$

(4) $0.25 \times (-8) \times (-3) \times \left(-\dfrac{1}{6}\right)$

$= -\left(\dfrac{1}{4} \times 8 \times 3 \times \dfrac{1}{6}\right) = -1$

24 (1) -27　(2) -64

　　(3) $-\dfrac{1}{8}$　(4) **16**

解説　(1) $(-3)^3 = (-3) \times (-3) \times (-3) = -27$

(2) $-4^3 = -(4 \times 4 \times 4) = -64$

(3) $\left(-\dfrac{1}{2}\right)^3 = \left(-\dfrac{1}{2}\right) \times \left(-\dfrac{1}{2}\right) \times \left(-\dfrac{1}{2}\right) = -\dfrac{1}{8}$

(4) $(-2)^4 = (-2) \times (-2) \times (-2) \times (-2) = 16$

25 (1) **27**　(2) **4**

　　(3) **8**　(4) **8**

解説　符号を $+$ に決めたあと絶対値の除法をする。

(3) $(-120) \div (-15) = +(120 \div 15) = 8$

(4) $(-144) \div (-18) = +(144 \div 18) = 8$

26 (1) -4　(2) -9

　　(3) -9　(4) -4

　　(5) -7　(6) -4

解説　符号を $-$ に決めたあと絶対値の除法をする。

(1) $(+64) \div (-16) = -(64 \div 16) = -4$

(4) $(-68) \div (+17) = -(68 \div 17) = -4$

27 (1) **0**　(2) **0**

解説　0 をどんな数でわっても商は 0 になる。

28 (1) $\dfrac{1}{4}$ (2) $\dfrac{10}{3}$ (3) $\dfrac{7}{3}$

(4) $-\dfrac{1}{6}$ (5) $-\dfrac{5}{9}$ (6) $-\dfrac{7}{17}$

(解説) 整数, 小数は分数になおしてから, 分母と分子を入れかえる。

(1) $4 = \dfrac{4}{1}$ より, $\dfrac{1}{4}$

(2) $0.3 = \dfrac{3}{10}$ より, $\dfrac{10}{3}$

(3)符号はそのままで, 分母と分子を入れかえる。

(4) $-6 = -\dfrac{6}{1}$ より, $-\dfrac{1}{6}$

(5) $-1.8 = -\dfrac{18}{10}$ より, $-\dfrac{10}{18} = -\dfrac{5}{9}$

(6) $-2\dfrac{3}{7} = -\dfrac{17}{7}$ より, $-\dfrac{7}{17}$

29 (1) $-\dfrac{3}{2}$ (2) 2

(3) $\dfrac{7}{9}$ (4) $-\dfrac{2}{5}$

(解説) 逆数をかけて, 除法を乗法になおす。

(1) $\left(-\dfrac{9}{8}\right) \div \dfrac{3}{4} = \left(-\dfrac{9}{8}\right) \times \left(+\dfrac{4}{3}\right)$

$= -\left(\dfrac{9}{8} \times \dfrac{4}{3}\right) = -\dfrac{3}{2}$

(2) $\left(-\dfrac{2}{7}\right) \div \left(-\dfrac{1}{7}\right) = \left(-\dfrac{2}{7}\right) \times \left(-\dfrac{7}{1}\right)$

$= +\left(\dfrac{2}{7} \times \dfrac{7}{1}\right) = 2$

(3) $\left(-\dfrac{5}{9}\right) \div \left(-\dfrac{5}{7}\right) = \left(-\dfrac{5}{9}\right) \times \left(-\dfrac{7}{5}\right)$

$= +\left(\dfrac{5}{9} \times \dfrac{7}{5}\right) = \dfrac{7}{9}$

(4) $-0.25 = -\dfrac{25}{100} = -\dfrac{1}{4}$

$(-0.25) \div \dfrac{5}{8} = \left(-\dfrac{1}{4}\right) \times \dfrac{8}{5}$

$= -\left(\dfrac{1}{4} \times \dfrac{8}{5}\right) = -\dfrac{2}{5}$

30 (1) $-\dfrac{24}{5}$ (2) $-\dfrac{1}{30}$

(3) $\dfrac{1}{36}$ (4) $-\dfrac{3}{8}$

(解説) 符号は負の数の個数で決まる。累乗(るいじょう)の計算では符号に注意する。

(1) $4 \times (-3) \times (-2) \div (-5)$

$= 4 \times (-3) \times (-2) \times \left(-\dfrac{1}{5}\right)$

$= -\left(4 \times 3 \times 2 \times \dfrac{1}{5}\right) = -\dfrac{24}{5}$

(2) $\left(-\dfrac{2}{3}\right) \div (-4) \div (-5)$

$= \left(-\dfrac{2}{3}\right) \times \left(-\dfrac{1}{4}\right) \times \left(-\dfrac{1}{5}\right) = -\left(\dfrac{2}{3} \times \dfrac{1}{4} \times \dfrac{1}{5}\right)$

$= -\dfrac{1}{30}$

(3) $\left(-\dfrac{1}{4}\right)^2 \times \left(-\dfrac{1}{3}\right) \div (-0.75)$

$= \dfrac{1}{16} \times \left(-\dfrac{1}{3}\right) \times \left(-\dfrac{100}{75}\right)$

$= +\left(\dfrac{1}{16} \times \dfrac{1}{3} \times \dfrac{100}{75}\right) = \dfrac{1}{36}$

(4) $-3^2 \times \left(-\dfrac{1}{6}\right) \div (-4)$

$= -9 \times \left(-\dfrac{1}{6}\right) \times \left(-\dfrac{1}{4}\right) = -\left(9 \times \dfrac{1}{6} \times \dfrac{1}{4}\right)$

$= -\dfrac{3}{8}$

31 (1) 8 (2) -5

(3) -44 (4) -13

(解説) かっこの中→乗法・除法→加法・減法の順に計算する。

(1) $6 - 8 \div (-4) = 6 + (8 \div 4)$

$= 6 + 2 = 8$

(2) $-4 + (12 - 9) \div (-3)$

$= -4 + 3 \div (-3) = -4 - (3 \div 3)$

$= -4 - 1 = -5$

(3) $-12 - \{75 \div (-5)^2 + 13\} \times 2$

$= -12 - \{(75 \div 25) + 13\} \times 2$

$= -12 - (3 + 13) \times 2$

$= -12 - (16 \times 2) = -12 - 32 = -44$

(4) $\{-3 \times (-4) - 4\} \times (-5) - (-3)^3$

$= \{+(3 \times 4) - 4\} \times (-5) - (-27)$

$= (12 - 4) \times (-5) + 27$

$= 8 \times (-5) + 27 = -40 + 27 = -13$

---

32 (1) **−2800** (2) **−8**

(3) **−30** (4) **−6993**

(解説) (1) $(-345) \times 7 + (-55) \times 7$

$= (-345 - 55) \times 7 = -400 \times 7 = -2800$

(2) $3.7 \times (-4) - 1.7 \times (-4)$

$= (3.7 - 1.7) \times (-4) = 2 \times (-4) = -8$

(3) $\left(-\dfrac{6}{7}\right) \times 9 + \left(-\dfrac{6}{7}\right) \times 26$

$= \left(-\dfrac{6}{7}\right) \times (9 + 26) = \left(-\dfrac{6}{7}\right) \times 35 = -30$

(4) $-7 \times 999 = -7 \times (1000 - 1)$

$= -7 \times 1000 + (-7) \times (-1)$

$= -7000 + 7 = -6993$

---

33 加法，乗法，除法

(解説) 正の数の範囲では，

$(+) + (+) = (+)$

$(+) \times (+) = (+)$

$(+) \div (+) = (+)$ となるが，

減法では，負の数となる場合もある。

---

34 17, 71, 101

(解説) 1 は素数ではない。49 と 91 は 7 を約数にもつ。111 は 3 を約数にもつ。153 は 3 を約数にもつ。203 は 7 を約数にもつ。

---

35 (1) $18 = 2 \times 3^2$ (2) $45 = 3^2 \times 5$

(3) $75 = 3 \times 5^2$ (4) $80 = 2^4 \times 5$

(5) $96 = 2^5 \times 3$ (6) $225 = 3^2 \times 5^2$

(解説) (1)
```
2) 18
 3)  9
     3
```
$18 = 2 \times 3 \times 3$
$= 2 \times 3^2$

(2)
```
3) 45
 3) 15
     5
```
$45 = 3 \times 3 \times 5$
$= 3^2 \times 5$

(3)
```
3) 75
 5) 25
     5
```
$75 = 3 \times 5 \times 5$
$= 3 \times 5^2$

(4)
```
2) 80
 2) 40
 2) 20
 2) 10
     5
```
$80 = 2 \times 2 \times 2 \times 2 \times 5$
$= 2^4 \times 5$

(5)
```
2) 96
 2) 48
 2) 24
 2) 12
 2)  6
     3
```
$96 = 2 \times 2 \times 2 \times 2 \times 2 \times 3$
$= 2^5 \times 3$

(6)
```
3) 225
 3)  75
 5)  25
      5
```
$225 = 3 \times 3 \times 5 \times 5$
$= 3^2 \times 5^2$

---

36 (1) **14** (2) **11**

(解説) 素因数分解して考える。

(1) $350 = 2 \times 5^2 \times 7$

累乗の指数をすべて偶数にすればよいので，

2×7 をかければよい。よって，14。

(2) $396 = 2^2 \times 3^2 \times 11$

累乗の指数をすべて偶数にするには，11 でわればよい。

---

37 149cm

(解説) E の高さ 148cm を基準とすると，

A … +5，B … −4，C … +10，

D … −12，E … 0，F … +7 と表せる。

$(+5 - 4 + 10 - 12 + 0 + 7) \div 6 = 1$

よって，平均は基準より 1 大きいので

$148 + 1 = 149 \, (\text{cm})$

---

38 (1) **220 台**

(2) 多かった日…**12 日**

少なかった日…**9 日**

(解説) 8 日の生産台数を基準とすると，

9 日は -20，10 日は $-20 + 5 = -15$，11 日は $-15 + 0 = -15$，12 日 は $-15 + 15 = 0$，13 日

は $0-10=-10$ と表される。

よって，12 日は 0 なので，8 日と同じ 220 台
となる。

また，最も多かった日は，0 の 12 日。最も少
なかった日は，-20 の 9 日となる。

 定期テスト対策問題

❶ (1) $+3$ (2) $+\dfrac{9}{4}$ (3) -2 (4) -4.8

(解説) 0 より大きい数は正の数だから，$+$ をつ
ける。0 より小さい数は負の数だから，$-$ をつ
ける。

❷ A … -4.5 B … -0.5
C … $+1$ D … $+3.5$

(解説) 上の数直線の 1 目もりは，1 を 4 等分し

ているので，$0.25=\dfrac{1}{4}$ になる。

(3) $-\dfrac{3}{2}=-1.5$ である。

(4) $+\dfrac{13}{4}=+3.25$ である。

❸ (1) $-13<6$ (2) $-0.5<-0.15$

(3) $-\dfrac{5}{7}<-\dfrac{5}{9}$

(4) $-3.8<-0.01<0$

(解説) 負の数どうしの大小は，正の数のときと
反対になるので，不等号の向きに注意する。3
つ以上の数の大小を表すときは，不等号の向き
がそろうように書く。
〇$<$△$>$◎ このような表し方はしない。

❹ (1) 庭を 10m^2 狭くした
(2) -3，-2，-1，0，1，2，3

(解説) (1)「広くした」の反対は「狭くした」
これを使って正の数で表す。
(2) 絶対値が 3 以下なので，3 をふくむ整数で考
える。

❺ (1) $+2$ (2) -1 (3) -11
(4) -4 (5) $+4$ (6) -40
(7) -2 (8) $+3$ (9) -16
(10) $+0.1$ (11) $-\dfrac{11}{15}$ (12) $-\dfrac{1}{20}$

(解説) (11) $-\dfrac{2}{5}+\left(-\dfrac{1}{3}\right)=-\dfrac{6}{15}-\dfrac{5}{15}=-\dfrac{11}{15}$

(12) $0.7-\dfrac{3}{4}=\dfrac{7}{10}-\dfrac{3}{4}=\dfrac{14}{20}-\dfrac{15}{20}=-\dfrac{1}{20}$

❻ (1) 16 (2) -12 (3) -17
(4) -1.7 (5) $\dfrac{25}{12}$ (6) $\dfrac{43}{30}$

(解説) (3) $-15-(-7)+0-9=-15+7+0-9$
$=-15-9+7=-24+7=-17$
(4) $-0.5-2.3-(-1.1)=-0.5-2.3+1.1$
$=-2.8+1.1=-1.7$
(5) $1-\left(-\dfrac{1}{3}\right)+\dfrac{3}{4}=1+\dfrac{1}{3}+\dfrac{3}{4}$
$=\dfrac{12}{12}+\dfrac{4}{12}+\dfrac{9}{12}=\dfrac{25}{12}$
(6) $-\dfrac{1}{6}+2+(-0.4)=-\dfrac{1}{6}+2-\dfrac{4}{10}$
$=-\dfrac{5}{30}+\dfrac{60}{30}-\dfrac{12}{30}=\dfrac{60}{30}-\dfrac{17}{30}=\dfrac{43}{30}$

❼ (1) 42 (2) -27 (3) -12
(4) $-\dfrac{13}{12}$ (5) $\dfrac{11}{3}$ (6) -3
(7) 3 (8) -3 (9) 6
(10) 4 (11) $-\dfrac{15}{8}$ (12) $\dfrac{4}{5}$

(解説) 乗法，除法だけの計算で数が 3 つ以上の
ときは，まず符号を決める。負の数が奇数個あ
ったら，符号は $-$ になる。

❽ (1) -0.16 (2) 12 (3) -20

(4) **26**　(5) **−26**　(6) **8**

(7) $-\dfrac{1}{12}$　(8) **−8**　(9) $-\dfrac{1}{10}$

(10) **−4**

解説　(6) $(-4)^2 \times (-8) \div (-2^4)$
$= 16 \times (-8) \div (-16) = 8$

(8) $2 \div 3 \times (-6) - 4 = -\left(2 \times \dfrac{1}{3} \times 6\right) - 4$

$= -4 - 4 = -8$

(10)分配法則を用いて計算する。

$\left(-\dfrac{2}{9}\right) \times 15 + \left(-\dfrac{2}{9}\right) \times 3 = \left(-\dfrac{2}{9}\right) \times (15+3)$

$= \left(-\dfrac{2}{9}\right) \times 18 = -4$

❾ (1) **1, 2, 11　素数は2つ**

　　(2) $-5,\ -\dfrac{1}{10},\ -8$

解説　(1)正の整数＝自然数のこと。
素数は，2と11の2つ。1は素数ではない。
(2)負の数は3乗すると負の数になる。

❿ **①, ②, ③**

解説　除法は，商が分数や小数になることがあるので，つねに整数の範囲になるとは限らない。

⓫ (1) $36 = 2^2 \times 3^2$　(2) $50 = 2 \times 5^2$

　　(3) $168 = 2^3 \times 3 \times 7$

解説　(3)
```
2) 168      168 = 2×2×2×3×7
2)  84          = 2³×3×7
2)  42
3)  21
     7
```

⓬ (1) **1, 2, 3, 4, 6, 8, 12, 24**

　　(2) **15**　(3) **6**

解説　(1) $24 = 2 \times 2 \times 2 \times 3$ より，1，2，2，2，3 からいくつかを用いた積をもれなく求める。
1，2，3，$2 \times 2 = 4$，$2 \times 3 = 6$，$2 \times 2 \times 2 = 8$，
$2 \times 2 \times 3 = 12$，$2 \times 2 \times 2 \times 3 = 24$

(2) $60 = 2^2 \times 3 \times 5$ より，累乗の指数がすべて偶数になるように，$3 \times 5 = 15$ をかければよい。

(3) $150 = 2 \times 3 \times 5^2$ より，累乗の指数がすべて偶数になるように，$2 \times 3 = 6$ でわればよい。

⓭ (1) **146台**　(2) **13台**

　　(3) **1057台**　(4) **151台**

解説　(1) $150 + (-4) = 146$（台）
(2)最も多かった日は月曜日で +8 台，最も少なかった日は日曜日で −5 台，
差は $(+8) - (-5) = 13$（台）
(3)目標台数に対する過不足は，1週間で，
$-5 + 8 + 6 + 0 - 1 - 4 + 3 = 7$
1日の目標台数が 150 台より，1週間では
$150 \times 7 = 1050$
よって，この週の生産台数は，
$1050 + 7 = 1057$（台）
(4) $150 + 7 \div 7 = 151$（台）

⓮ **金曜日，36冊**

解説　月曜日の貸出数を基準とすると，火曜日は −2，水曜日は $-2 + 7 = +5$，木曜日は $5 - 22 = -17$，金曜日は $-17 + 23 = +6$ と表される。よって，最も貸出数が多かったのは，金曜日で $30 + 6 = 36$（冊）

2章 文字と式

✓ 類題

1 (1)$(1000-a)$ 円 (2)$(t+15)$℃
 (3)$(a\times15)\,\mathrm{cm}^2$

(解説) (1)(おつり)＝(出した金額)－(代金)
(2)(求める気温)
＝(もとの気温)＋(高くなった気温)
(3)(長方形の面積)＝(縦)×(横)

2 (1)$(150\times x)$ 円
  x は自然数
 (2)$(a\times4)$ cm
  a は正の数
 (3)$(t+10)$ kg
  t は正の数

(解説) (1)ノートの冊数なので，x は自然数。
(代金)＝(ノート 1 冊の値段)×(冊数)
(2)正方形の 1 辺の長さなので，a は正の数。
(正方形の周の長さ)
＝(正方形の 1 辺の長さ)×4
(3)重さなので，t は正の数。
(重さ)＝(もとの重さ)＋(10kg)

3 (1)$5abc$ (2)$\dfrac{2}{5}xyz$
 (3)$5(x+y-z)$ (4)$3a(y-z)$

(解説) ×の記号は省いて書く。数は文字の前に書く。

4 (1)abc (2)$-xyz$
 (3)$-5ab$ (4)$-7xyz$
 (5)$-\dfrac{1}{4}xyz$ (6)$-\dfrac{3}{4}abc$

(解説) (1)1 は省いて書く。
(2)－1 は 1 を省いて書く。
(3)～(6)負の数との積ではかっこを省く。

5 (1)xy^2 (2)$-5a^2b$
 (3)$\dfrac{3}{5}a^3b^2$ (4)$-a^3b^3$

(解説) 同じ文字の積は指数を使って書く。
(4)－1 は 1 を省いて書く。

6 (1)$\dfrac{x}{4}$ (2)$\dfrac{5}{b}$
 (3)$\dfrac{a-b}{3}$ (4)$-\dfrac{a}{3}$

(解説) ÷の記号を省いて，分数の形にする。
(1)$x\div4=\dfrac{x}{4}$
÷4 は×$\dfrac{1}{4}$ と同じなので，$\dfrac{1}{4}x$ としてもよい。
(3)$(a-b)\div3=\dfrac{a-b}{3}$
$a-b$ をひとつのまとまりとみて，分子におく。
かっこは必要ない。$\dfrac{1}{3}(a-b)$ としてもよい。
(4)$a\div(-3)=-\dfrac{a}{3}$ $-\dfrac{1}{3}a$ としてもよい。

7 (1)$-7y+2x$ (2)$-\dfrac{8}{a}+\dfrac{b}{3}$
 (3)$-5a^2-b^2c^2$ (4)$\dfrac{a}{b}+c^3d$

(解説) 式の左から順に×，÷の記号を省いていく。＋，－の記号は省けない。
(1)×の記号を省く。
(2)÷の記号は省き，分数の形にする。
(3)×の記号を省く。同じ文字の積は累乗の形で表す。
(4)÷の記号は省き，分数の形にする。同じ文字の積は累乗の形で表す。

8 (1)$-2\times a\times b\times c$
 (2)$0.01\times x\times x\times y$

(3) $a \div 5 - b \times b \times c \times c$

(4) $(4 \times x + y) \div z$

(解説) (1), (2)×の記号をつけながら, 式を書きなおす。

(3)分数は÷の記号を使って表す。

(4) $4x + y$ をひとまとまりとみて, まず÷の記号を使って表す。$(4x + y) \div z$

その後かっこの中の式に×の記号をおぎなう。

$4 \times x + y \div z$ としないこと。

---

9 (1) $(10a + 8b)$ 円

(2) $(5000 - 12x)$ 円

(解説) ことばの式に文字や数をあてはめ, ×や÷の記号を省いて表す。

(1)(代金) = (鉛筆10本の代金) + (ボールペン8本の代金)

$= a \times 10 + b \times 8$

$= 10a + 8b$ (円)

(2)(おつり) = 5000 - (チョコレート12個の代金)

$= 5000 - x \times 12$

$= 5000 - 12x$ (円)

---

10 (1) $120x$ (m) (2) $\dfrac{20}{x}$ (時間)

(3)時速 $\dfrac{a}{5}$ (km)

(解説) 速さ, 時間, 道のりのどれを求めるかをはっきりさせてから式をつくる。

(1)道のりを求めるので,

(速さ)×(時間)より, $120 \times x = 120x$ (m)

(2)時間を求めるので,

(道のり)÷(速さ)より, $20 \div x = \dfrac{20}{x}$ (時間)

(3)速さを求めるので,

(道のり)÷(時間)より, $a \div 5 = \dfrac{a}{5}$

よって, 時速 $\dfrac{a}{5}$ (km)

---

11 (1) $\dfrac{3}{10}x$ (円) (2) $3a$ (L)

(3) $\dfrac{ab}{10}$ (円)

(解説) ○の△%, ○の□割を求めるときは,

$○ \times \dfrac{△}{100}$, $○ \times \dfrac{□}{10}$ と乗法で表す。

(1) $30\% = \dfrac{30}{100} = \dfrac{3}{10}$ より, $x \times \dfrac{3}{10} = \dfrac{3}{10}x$ (円)

$\dfrac{3x}{10}$, $0.3x$ と表してもよい。

(2) $a\% = \dfrac{a}{100}$ より,

$300 \times \dfrac{a}{100} = 300 \times \dfrac{1}{100} \times a = 3a$ (L)

(3) b 割 $= \dfrac{b}{10}$ より, $a \times \dfrac{b}{10} = \dfrac{ab}{10}$ (円)

$\dfrac{1}{10}ab$, $0.1ab$ と表してもよい。

---

12 (1) $10x + 3$ (2) $(10a + b)$ 円

(3) $10a + b + 25$

(解説) (1)十の位を $10x$ と表す。したがって, 2けたの自然数は十の位と一の位を合わせたものなので, $10x + 3$

(2) 10円硬貨 a 枚で, $10 \times a = 10a$ (円)

1円硬貨 b 枚で, $1 \times b = b$ (円)

合わせた金額なので, $(10a + b)$ 円

(3) 2けたの自然数は, $10a + b$ と表すことができる。それより25大きいので,

$(10a + b) + 25 = 10a + b + 25$

---

13 (1)合計の枚数

(2)合計の代金

(解説) (1) x は63円の切手を買った枚数。

y は84円の切手を買った枚数だから, $(x + y)$ は合計の枚数。

(2) $63x = 63 \times x$ より, 63円の切手 x 枚の代金。

同じように $84y$ は84円の切手 y 枚の代金。

したがって $(63x + 84y)$ は, 合計の代金。

14 (1)5 の倍数 (2)8 の倍数
(3)3 の倍数より 1 大きい数

解説 (1)$n=0$ のとき 0, $n=1$ のとき 5, $n=2$
のとき 10, $n=3$ のとき 15, …より, 5 の倍数。
(2)$n=0$ のとき 0, $n=1$ のとき 8, $n=2$ のとき
16, $n=3$ のとき 24, …より, 8 の倍数。
(3)$3n$ は 3 の倍数を表すので, $3n+1$ は 3 の倍
数より 1 大きい数。

15 (1)10 (2)1 (3)−10

解説 (1)$-5a=-5 \times a=-5 \times(-2)$
$=10$
(2)$\dfrac{b}{3}+3=b \div 3+3=(-6) \div 3+3$
$=-2+3=1$
(3)$\dfrac{4}{c}=4 \div c=4 \div\left(-\dfrac{2}{5}\right)=4 \times\left(-\dfrac{5}{2}\right)$
$=-10$

16 (1)−24 (2)−12 (3)−512

解説 累乗のある文字に負の数を代入するとき
は, かっこをつけて代入する。
(1)$-6a^2=-6 \times a \times a$
$=-6 \times(-2) \times(-2)=-24$
(2)$-\dfrac{3}{4}b^2=-\dfrac{3}{4} \times b \times b=-\dfrac{3}{4} \times 4 \times 4=-12$
(3)$(c-5)^3=(c-5) \times(c-5) \times(c-5)$
$=(-3-5) \times(-3-5) \times(-3-5)$
$=(-8) \times(-8) \times(-8)=-512$

17 (1)−3 (2)49
(3)8 (4)−4

解説 文字式の基本にもどり, ×, ÷を使って
表してから, 代入する。
(1)$-3ab=-3 \times a \times b$
$=-3 \times 3 \times \dfrac{1}{3}=-3$
(2)$(a-c)^2=(a-c) \times(a-c)$
$=\{3-(-4)\} \times\{3-(-4)\}=7 \times 7=49$

(3)$a^2-9b^2=a \times a-9 \times b \times b$
$=3 \times 3-9 \times \dfrac{1}{3} \times \dfrac{1}{3}=9-1=8$
(4)$abc=a \times b \times c=3 \times \dfrac{1}{3} \times(-4)=-4$

18 (1){2(ab+bc+ac)}cm²
(2)236cm²

解説 右図のように直方
体は長方形が 6 面ある。
それぞれの面積を合計し
たものが表面積となる。
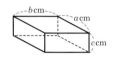
(1)$a \times b=ab$, $b \times c=bc$, $a \times c=ac$ が 2 面ずつ
ある。表面積 $=2(ab+bc+ac)$（cm²）,
$(2ab+2bc+2ac)$cm² でもよい。
(2)(1)で求めた式の文字に数を代入する。
$2(ab+bc+ac)$
$=2(8 \times 6+6 \times 5+8 \times 5)$
$=2 \times 118=236$（cm²）

19 (1)項は −5x, y, 10
xの係数は −5, yの係数は 1
(2)項は 0.1a, −2b
aの係数は 0.1, bの係数は −2
(3)項は $\dfrac{2}{3}x$, $-\dfrac{y}{4}$, $\dfrac{2}{5}z$
xの係数は $\dfrac{2}{3}$, yの係数は $-\dfrac{1}{4}$,
zの係数は $\dfrac{2}{5}$

解説 加法だけの式になおして, 項を見つける。
(3)$\dfrac{2}{3}x-\dfrac{y}{4}+\dfrac{2}{5}z=\dfrac{2}{3}x+\left(-\dfrac{y}{4}\right)+\dfrac{2}{5}z$
より, 項は, $\dfrac{2}{3}x$, $-\dfrac{y}{4}$, $\dfrac{2}{5}z$
係数は数の部分のことなので,
x の係数は, $\dfrac{2}{3}$
y の係数は, $-\dfrac{y}{4}=-\dfrac{1}{4} \times y$ より, $-\dfrac{1}{4}$
z の係数は, $\dfrac{2}{5}$

20 (1) $-2x$ (2) $-9a$

(3) $0.8x$ (4) $\dfrac{1}{6}x$

(5) $-4x-2$ (6) $5x-\dfrac{16}{15}$

解説 (1) $-5x+3x=(-5+3)x=-2x$

(2) $-6a-3a=(-6-3)a=-9a$

(3) $x-0.2x=(1-0.2)x=0.8x$

(4) $\dfrac{1}{2}x-\dfrac{1}{3}x=\left(\dfrac{3}{6}-\dfrac{2}{6}\right)x=\dfrac{1}{6}x$

(5) $9x-8-13x+6$

$=(9-13)x+(-8+6)$

$=-4x-2$

(6) $-x-\dfrac{3}{5}+6x-\dfrac{7}{15}$

$=(-1+6)x+\left(-\dfrac{9}{15}-\dfrac{7}{15}\right)$

$=5x-\dfrac{16}{15}$

21 (1) $9x-3$ (2) $-b-1$

(3) $1.4x-4$ (4) $\dfrac{1}{12}x+1$

解説 かっこをそのままはずし，文字の項，数
の項どうしをまとめる。

(1) $(4x+3)+(5x-6)$

$=4x+3+5x-6$

$=4x+5x+3-6$

$=9x-3$

(2) $(7-3b)+(2b-8)$

$=7-3b+2b-8$

$=-3b+2b+7-8$

$=-b-1$

(3) $(0.4x+3)+(x-7)$

$=0.4x+3+x-7$

$=0.4x+x+3-7$

$=1.4x-4$

(4) $\left(\dfrac{3}{4}x-2\right)+\left(-\dfrac{2}{3}x+3\right)$

$=\dfrac{3}{4}x-2-\dfrac{2}{3}x+3$

$=\dfrac{3}{4}x-\dfrac{2}{3}x-2+3$

$=\dfrac{9}{12}x-\dfrac{8}{12}x-2+3$

$=\dfrac{1}{12}x+1$

22 (1) $7a+1$ (2) $-3x-6$

(3) $-0.6x+10$ (4) $-\dfrac{1}{6}a+12$

解説 符号に注意しながらかっこをはずして計
算する。

(1) $(4a+6)-(-3a+5)$

$=4a+6+3a-5$

$=4a+3a+6-5$

$=7a+1$

(2) $(2x-9)-(5x-3)$

$=2x-9-5x+3$

$=2x-5x-9+3$

$=-3x-6$

(3) $(0.4x+3)-(x-7)$

$=0.4x+3-x+7$

$=0.4x-x+3+7$

$=-0.6x+10$

(4) $\left(\dfrac{2}{3}a+6\right)-\left(\dfrac{5}{6}a-6\right)$

$=\dfrac{2}{3}a+6-\dfrac{5}{6}a+6$

$=\dfrac{4}{6}a-\dfrac{5}{6}a+6+6$

$=-\dfrac{1}{6}a+12$

23 (1) $-14a$ (2) $48x$

(3) $-8a$ (4) $9x$

解説 (1) $7a\times(-2)=7\times(-2)\times a=-14a$

(2) $(-6)\times(-8x)=(-6)\times(-8)\times x=48x$

(3) $(-18a)\times\dfrac{4}{9}=(-18)\times\dfrac{4}{9}\times a=-8a$

(4) $(-24x)\times\left(-\dfrac{3}{8}\right)=(-24)\times\left(-\dfrac{3}{8}\right)\times x=9x$

<u>24</u> (1) $8a$ (2) $-4x$

(3) $-\dfrac{1}{18}x$ (4) $\dfrac{3}{2}x$

(解説) 除法は乗法になおして計算する。

(1) $32a \div 4 = 32a \times \dfrac{1}{4} = 8a$

(2) $20x \div (-5) = 20x \times \left(-\dfrac{1}{5}\right) = -4x$

(3) $\left(-\dfrac{5}{6}x\right) \div 15 = \left(-\dfrac{5}{6}x\right) \times \dfrac{1}{15}$

$= \left(-\dfrac{5}{6}\right) \times \dfrac{1}{15} \times x = -\dfrac{1}{18}x$

(4) $\left(-\dfrac{4}{7}x\right) \div \left(-\dfrac{8}{21}\right) = \left(-\dfrac{4}{7}x\right) \times \left(-\dfrac{21}{8}\right)$

$= \left(-\dfrac{4}{7}\right) \times \left(-\dfrac{21}{8}\right) \times x = \dfrac{3}{2}x$

<u>25</u> (1) $-6x+42$ (2) $48a+20$

(3) $-9x-15$ (4) $6x-12$

(解説) (1) $6(-x+7) = 6 \times (-x) + 6 \times 7$

$= -6x+42$

(2) $-4(-12a-5)$

$= (-4) \times (-12a) + (-4) \times (-5)$

$= 48a+20$

(3) $\dfrac{3}{5}(-15x-25) = \dfrac{3}{5} \times (-15x) + \dfrac{3}{5} \times (-25)$

$= -9x-15$

(4) $-\dfrac{3}{4}(-8x+16)$

$= -\dfrac{3}{4} \times (-8x) + \left(-\dfrac{3}{4}\right) \times 16 = 6x-12$

<u>26</u> (1) $4x-2$ (2) $-2a-3$

(3) $25x-15$ (4) $14a+21$

(解説) 除法を乗法になおして，計算する。

(1) $(12x-6) \div 3 = (12x-6) \times \dfrac{1}{3}$

$= 12x \times \dfrac{1}{3} + (-6) \times \dfrac{1}{3}$

$= 4x-2$

(2) $(24a+36) \div (-12)$

$= (24a+36) \times \left(-\dfrac{1}{12}\right)$

$= 24a \times \left(-\dfrac{1}{12}\right) + 36 \times \left(-\dfrac{1}{12}\right)$

$= -2a-3$

(3) $(15x-9) \div \dfrac{3}{5} = (15x-9) \times \dfrac{5}{3}$

$= 15x \times \dfrac{5}{3} + (-9) \times \dfrac{5}{3} = 25x-15$

(4) $(-8a-12) \div \left(-\dfrac{4}{7}\right)$

$= (-8a-12) \times \left(-\dfrac{7}{4}\right)$

$= (-8a) \times \left(-\dfrac{7}{4}\right) + (-12) \times \left(-\dfrac{7}{4}\right)$

$= 14a+21$

<u>27</u> (1) $15a-6$ (2) $6x-8$

(3) $-3a+24$ (4) $-6x+15$

(解説) かけられる数(かける数)と分数の分母で約分できるときはする。

(1) $9 \times \dfrac{5a-2}{3} = 3 \times (5a-2) = 15a-6$

(2) $\dfrac{3x-4}{6} \times 12 = (3x-4) \times 2 = 6x-8$

(3) $(-12) \times \dfrac{a-8}{4} = -3 \times (a-8)$

$= -3a+24$

(4) $\dfrac{2x-5}{7} \times (-21) = (2x-5) \times (-3)$

$= -6x+15$

<u>28</u> (1) $-54x+21$ (2) $-19a+54$

(3) $-13x+42$ (4) $-4x-27$

(解説) (1) $9(4-8x) - 3(-6x+5)$

$= 36-72x+18x-15$

$= -72x+18x+36-15 = -54x+21$

(2) $2(4a-9) - 9(3a-8)$

$= 8a-18-27a+72$

$= 8a-27a-18+72 = -19a+54$

(3) $2(2-x) - 4(5x-11) + 3(3x-2)$

$= 4-2x-20x+44+9x-6$

$$= -2x - 20x + 9x + 4 + 44 - 6$$
$$= -13x + 42$$

(4) $\dfrac{1}{2}(2x-4) - \dfrac{5}{6}(18-12x) + 42\left(-\dfrac{5}{14}x - \dfrac{5}{21}\right)$

$$= x - 2 - 15 + 10x - 15x - 10$$
$$= x + 10x - 15x - 2 - 15 - 10$$
$$= -4x - 27$$

<u>29</u> (1) $a = 3b + 1$

　　(2) $5000 - 10ab = c$

（解説）(1)(鉛筆の本数) = (配った本数) + (あまりの本数)の式に文字や数をあてはめる。

$a = 3 \times b + 1$ より，$a = 3b + 1$

$a - 3b = 1$ としてもよい。

(2)単位をそろえる。

100g が a 円なので，1kg = 1000g の値段は $10a$（円）。

5000 - (小麦粉の代金) = (おつり)の式にあてはめる。

$5000 - 10a \times b = c$ より，$5000 - 10ab = c$

<u>30</u> (1) $3x < 2y$

　　(2) $300 > 3x$

　　(3) $a - 4b \leqq c$

（解説）2つの数量の大小関係を調べる。文の終わりのことばを手がかりにする。

(1)(x の 3 倍)は(y の 2 倍)より(小さい)

よって，$3x < 2y$

(2)(生徒 300 人)は(x 脚に 3 人ずつ)でも(座れない)から，(生徒全員の人数) > (座れる生徒の人数)

よって，$300 > 3x$

(3)(a 円) - (b 円のノート 4 冊分)は(c 円以下)

よって，$a - 4b \leqq c$

<u>31</u> (1) $\ell = 2(a + b)$

　　(2) $S = \dfrac{1}{2}ah$

　　(3) $S = \dfrac{1}{2}(a + b)h$

（解説）(1)(長方形の周の長さ) = (縦 + 横) × 2 よ

り，$\ell = (a + b) \times 2$

$\ell = 2(a + b)$

$\ell = 2a + 2b$ としてもよい。

(2)(三角形の面積) = $\dfrac{1}{2}$ × (底辺) × (高さ)より，

$$S = \dfrac{1}{2} \times a \times h = \dfrac{1}{2}ah$$

(3)(台形の面積) = $\dfrac{1}{2}$ × {(上底) + (下底)} × (高さ)

より，

$$S = \dfrac{1}{2} \times (a + b) \times h = \dfrac{1}{2}(a + b)h$$

<u>32</u> (1) $V = abc$

　　(2) $S = 2(ab + bc + ac)$

　　(3) 120cm^3　　(4) 108cm^2

（解説）(1)(直方体の体積) = (縦) × (横) × (高さ)より，

$V = a \times b \times c = abc$

(2)(直方体の表面積)

= 2 × {(縦) × (横) + (横) × (高さ) + (縦) × (高さ)}より，

$S = 2(a \times b + b \times c + a \times c)$

　　$= 2(ab + bc + ac)$

$S = 2ab + 2bc + 2ac$ でもよい。

(3)(1)の公式に数を代入する。

$V = abc = 5 \times 6 \times 4 = 120 \,(\text{cm}^3)$

(4)(2)の公式に数を代入する。

$S = 2(ab + bc + ac)$

　　$= 2(12 + 18 + 24)$

　　$= 2 \times 54 = 108 \,(\text{cm}^2)$

<u>33</u> (1) $\ell \,\text{km}$ の道のりを時速 $x \,\text{km}$ で歩いたら y 時間かかった。

　　(2)時速 $x \,\text{km}$ で y 時間歩いたときの道のりは $\ell \,\text{km}$ だった。

（解説）ℓ は道のり，x は速さ，y は時間を表しているので，式をことばになおして考える。

(1)$\ell \div x = y$ より，

(道のり) ÷ (速さ) = (時間)

(2)$x \times y = \ell$ より，

(速さ) × (時間) = (道のり)

34 (1)おとな **3** 人と子ども **2** 人の料金の合計は **12000** 円以上である。

(2)おとな **1** 人と子ども **1** 人の料金の差は **2000** 円より安い。

(3)おとな **1** 人と子ども **1** 人の料金の合計は **4000** 円より高い。

(解説) 不等号の向きをよくみて，どちらの数量が大きいかを考える。
(1) $(3a+2b)$ はおとな **3** 人と子ども **2** 人の料金の合計を表している。≧なので，「以上」を使う。
(2) $(a-b)$ はおとな **1** 人と子ども **1** 人の料金の差を表している。
(3) $(a+b)$ はおとな **1** 人と子ども **1** 人の料金の合計を表している。

定期テスト対策問題

❶ (1) $-5xy$　(2) a^2　(3) $8(a-b)$

(4) $\dfrac{x}{6}$　(5) $-\dfrac{2}{a}$　(6) $\dfrac{x-y}{5}$

(解説) (2)文字の前の **1** は省く。
(4) $\dfrac{1}{6}x$ としてもよい。
(6) $\dfrac{1}{5}(x-y)$ としてもよい。

❷ (1) $-5 \times a$　(2) $3 \times a \times a \times b$
(3) $4 \times x + y \div 2$

(解説) (3)分数の式は÷を使って表す。

❸ (1) $(y-5x)$ 円　(2) $3ab\,(\mathrm{cm}^3)$
(3)分速 $\dfrac{x}{15}\,(\mathrm{m})$　(4) $\dfrac{3}{100}a\,(\mathrm{g})$
(5) $10x+6$

(解説) (2)(直方体の体積)＝(縦)×(横)×(高さ)
(3)(速さ)＝(道のり)÷(時間)より，
$x \div 15 = \dfrac{x}{15}\,(\mathrm{m}/\text{分})$

(4) $3\% = \dfrac{3}{100}$ より，$a \times \dfrac{3}{100} = \dfrac{3}{100}a\,(\mathrm{g})$
$0.03a\,(\mathrm{g})$ としてもよい。

❹ (1) -2　(2) -4　(3) -18

(解説) (2) $\dfrac{12}{x} = 12 \div x = 12 \div (-3) = -4$
(3) $-2x^2 = -2 \times x \times x = -2 \times (-3) \times (-3)$
$= -18$

❺ (1) -22　(2) -80　(3) -5　(4) 15

(解説) (2) $-5a^2b = -5 \times a \times a \times b$
$= -5 \times (-2) \times (-2) \times 4 = -80$
(4) $-\dfrac{6}{a} + 3b = -6 \div a + 3 \times b$
$= -6 \div (-2) + 3 \times 4 = 3 + 12 = 15$

❻ (1)項は $2x$，$-y$
x の係数は 2，y の係数は -1
(2)項は $3x$，$-\dfrac{y}{2}$，4
x の係数は 3，y の係数は $-\dfrac{1}{2}$

❼ (1) $2x$　(2) $-5y$　(3) $8x-3$
(4) $\dfrac{1}{12}y$　(5) $-\dfrac{11}{7}x$　(6) $-\dfrac{7}{15}x$
(7) $7x+17$　(8) $-4x-22$
(9) $-\dfrac{1}{10}a$　(10) $-2x-2$

(解説) (6) $1.2x - \dfrac{5}{3}x = \left(\dfrac{6}{5} - \dfrac{5}{3}\right)x = \left(\dfrac{18}{15} - \dfrac{25}{15}\right)x$
$= -\dfrac{7}{15}x$
(9) $\left(\dfrac{1}{2}a + 8\right) + \left(-\dfrac{3}{5}a - 8\right)$
$= \dfrac{1}{2}a + 8 - \dfrac{3}{5}a - 8 = \dfrac{1}{2}a - \dfrac{3}{5}a + (8-8)$
$= \left(\dfrac{5}{10} - \dfrac{6}{10}\right)a + (8-8) = -\dfrac{1}{10}a$
(10) $\left(-\dfrac{5}{2} + 2x\right) - \left(4x - \dfrac{1}{2}\right)$

$$= -\frac{5}{2} + 2x - 4x + \frac{1}{2} = 2x - 4x - \frac{5}{2} + \frac{1}{2}$$

$$= (2-4)x + \left(-\frac{5}{2} + \frac{1}{2}\right) = -2x - 2$$

❽
(1) $-20x+15$　(2) $6a-3$
(3) $-25m$　(4) $14x+10$
(5) $-12x+8$　(6) $4-3x$
(7) $5a+22$　(8) $5x-2$
(9) $-2x$　(10) $a-9$
(11) $5x+10$　(12) $3x-1$
(13) $5x-6$　(14) $\dfrac{3x+7}{2}$
(15) $\dfrac{3x+2}{2}$　(16) $\dfrac{7a-5}{6}$

解説　(5) $-8\left(\dfrac{3}{2}x-1\right) = -8 \times \dfrac{3}{2}x + (-8) \times (-1)$

$$= -12x + 8$$

(6) $\left(\dfrac{2}{5} - \dfrac{3}{10}x\right) \times 10 = \dfrac{2}{5} \times 10 + \left(-\dfrac{3}{10}x\right) \times 10$

$$= 4 - 3x$$

(13) $\dfrac{3}{2}(4x-2) - \dfrac{1}{5}(5x+15)$

$$= \dfrac{3}{2} \times 4x + \dfrac{3}{2} \times (-2) - \dfrac{1}{5} \times 5x + \left(-\dfrac{1}{5}\right) \times 15$$

$$= 6x - 3 - x - 3 = 5x - 6$$

(14) $\dfrac{5x-3}{2} - x + 5 = \dfrac{5x-3-2x+10}{2}$

$$= \dfrac{3x+7}{2}$$

(15) $\dfrac{2x+1}{2} + \dfrac{3x+3}{6} = \dfrac{3(2x+1)+3x+3}{6}$

$$= \dfrac{6x+3+3x+3}{6} = \dfrac{9x+6}{6} = \dfrac{3x+2}{2}$$

(16) $\dfrac{3a-1}{2} - \dfrac{a+1}{3} = \dfrac{3(3a-1)-2(a+1)}{6}$

$$= \dfrac{9a-3-2a-2}{6} = \dfrac{7a-5}{6}$$

❾ $23x+5$

解説　$2A - 3B = 2(4x-2) - 3(-5x-3)$
$= 8x - 4 + 15x + 9$

$$= 8x + 15x - 4 + 9 = 23x + 5$$

❿
(1) $5x-8=y$　(2) $50=3a+b$
(3) $\dfrac{a}{b} \geqq 5$　(4) $3x < y$
(5) $\dfrac{7}{10}x = y$

解説　(2) $50 - 3a = b$ としてもよい。
(3) 5 時間以上かかったので不等号で表す。
(4) y 人全員が座(すわ)れなかったので，座った人は y 人より少ない。
(5) 3 割 $= \dfrac{3}{10}$ より，x 円の 3 割引は
$x - \dfrac{3}{10}x = \dfrac{7}{10}x$（円）。これが y 円となる。
$0.7x = y$ としてもよい。

⓫
(1) $V = a^2 h$　(2) $S = \dfrac{1}{2}ab$
(3) $\ell = (\pi+2)r$　(4) $S = 2(xy+yz+xz)$

解説　(2)（ひし形の面積）$= \dfrac{1}{2} \times$（対角線）$\times$（対角線）
(3) 半円の周の長さは，円の円周の半分と直径の
合計だから，$\ell = 2\pi r \times \dfrac{1}{2} + 2r = \pi r + 2r$
$= (\pi+2)r$　$\ell = (2+\pi)r$ としてもよい。
(4) 直方体の面の数は 6 で，同じ形の長方形が 2
面ずつある。それぞれの長方形の面積の合計を
求め，それを 2 倍する。

⓬
(1) $V = 8a^3$　(2) $512\,\mathrm{cm}^3$
(3)㋐すべての辺の長さの合計　単位は **cm**
　㋑**表面積**　単位は **cm²**

解説　(1)（立方体の体積）$=$（1辺）$\times$（1辺）$\times$（1辺）
$V = 2a \times 2a \times 2a = 8a^3$
(2) $a = 4$ のとき，$8a^3 = 8 \times a \times a \times a$
$= 8 \times 4 \times 4 \times 4 = 512$（$\mathrm{cm}^3$）
(3)㋐立方体の辺の数は 12。1 辺 $2a$（cm）なので，
$24a = 2a \times 12$（cm）
㋑立方体の面の数は 6。1 つの面の面積は
$2a \times 2a = 4a^2$（cm^2）
よって，$24a^2 = 4a^2 \times 6$（cm^2）

3 章 方程式

 類題

1 (1) **−3** (2) **−2**

(解説) x に，-5，-4，-3，-2，-1 を代入して，（左辺の値）=（右辺の値）になるものを選ぶ。

(1) $x=-5$ のとき，
（左辺）$= 4 \times (-5) - 3 = -23$
$x=-4$ のとき，
（左辺）$= 4 \times (-4) - 3 = -19$
$x=-3$ のとき，
（左辺）$= 4 \times (-3) - 3 = -15$
$x=-2$ のとき，
（左辺）$= 4 \times (-2) - 3 = -11$
$x=-1$ のとき，
（左辺）$= 4 \times (-1) - 3 = -7$
$x=-3$ のとき，（左辺の値）=（右辺の値）になるので，この方程式の解は，$x=-3$

(2) $x=-5$ のとき，
（左辺）$= 3 \times (-5) + 5 = -10$
（右辺）$= -5 - 2 \times (-5) = 5$
$x=-4$ のとき，
（左辺）$= 3 \times (-4) + 5 = -7$
（右辺）$= -5 - 2 \times (-4) = 3$
$x=-3$ のとき，
（左辺）$= 3 \times (-3) + 5 = -4$
（右辺）$= -5 - 2 \times (-3) = 1$
$x=-2$ のとき，
（左辺）$= 3 \times (-2) + 5 = -1$
（右辺）$= -5 - 2 \times (-2) = -1$
$x=-1$ のとき，
（左辺）$= 3 \times (-1) + 5 = 2$
（右辺）$= -5 - 2 \times (-1) = -3$

$x=-2$ のとき，（左辺の値）=（右辺の値）となるので，この方程式の解は，$x=-2$

2 ①，⑤，⑥

(解説) x に -3 を代入して，（左辺の値）=（右辺の値）になるものを選ぶ。

① （左辺）$= x + 3 = (-3) + 3 = 0$
② （左辺）$= 4x - 5 = 4 \times (-3) - 5 = -17$
③ （左辺）$= x - 5 = -3 - 5 = -8$
　（右辺）$= 4x + 3 = 4 \times (-3) + 3 = -9$
④ （左辺）$= 2x - 5 = 2 \times (-3) - 5 = -11$
⑤ （左辺）$= 5x + 15 = 5 \times (-3) + 15 = 0$
⑥ （左辺）$= \dfrac{1}{3}x + 5 = \dfrac{1}{3} \times (-3) + 5 = 4$
⑦ （左辺）$= \dfrac{2}{3}x + 2 = \dfrac{2}{3} \times (-3) + 2 = 0$
⑧ （左辺）$= 4x - 7 = 4 \times (-3) - 7 = -19$
解が $x=-3$ であるのは，①，⑤，⑥。

3 (1) $x=21$ (2) $x=9$
　　(3) $x=-12$ (4) $x=12$

(解説) (1) 両辺に 13 をたす。
$$x - 13 = 8$$
$$x - 13 + 13 = 8 + 13$$
$$x = 21$$
(2) 両辺に 15 をたす。
$$x - 15 = -6$$
$$x - 15 + 15 = -6 + 15$$
$$x = 9$$
(3) 両辺から 14 をひく。
$$x + 14 = 2$$
$$x + 14 - 14 = 2 - 14$$
$$x = -12$$
(4) 両辺から 19 をひく。
$$x + 19 = 31$$
$$x + 19 - 19 = 31 - 19$$
$$x = 12$$

4 (1) $x=30$ (2) $x=-27$
　　(3) $x=4$ (4) $x=-5$

解説 (1)両辺に 5 をかける。

$$\frac{x}{5} = 6$$

$$\frac{x}{5} \times 5 = 6 \times 5$$

$$x = 30$$

(2)両辺に -9 をかける。

$$-\frac{x}{9} = 3$$

$$-\frac{x}{9} \times (-9) = 3 \times (-9)$$

$$x = -27$$

(3)両辺を -8 でわる。

$$-8x = -32$$

$$\frac{-8x}{-8} = \frac{-32}{-8}$$

$$x = 4$$

(4)両辺を 13 でわる。

$$13x = -65$$

$$\frac{13x}{13} = \frac{-65}{13}$$

$$x = -5$$

5 (1) $x = -5$ (2) $x = -2$
  (3) $x = -4$ (4) $x = 3$

解説 (1)6 を右辺に移項する。

$$3x + 6 = -9$$
$$3x = -9 - 6$$
$$3x = -15$$
$$x = -5$$

(2) $4 + 7x = -10$ $7x = -10 - 4$
$7x = -14$ $x = -2$

(3) $-5x - 18 = 2$ $-5x = 2 + 18$
$-5x = 20$ $x = -4$

(4) $23 - 6x = 5$ $-6x = 5 - 23$
$-6x = -18$ $x = 3$

6 (1) $x = 3$ (2) $x = -3$
  (3) $x = -6$ (4) $x = 3$

解説 (1) x を左辺に移項する。

$$3x = x + 6$$

$3x - x = 6$
$2x = 6$
$x = 3$

(2) $15x = 12x - 9$ $15x - 12x = -9$
$3x = -9$ $x = -3$

(3) $2x = 5x + 18$ $2x - 5x = 18$
$-3x = 18$ $x = -6$

(4) $4x = 11x - 21$ $4x - 11x = -21$
$-7x = -21$ $x = 3$

7 (1) $x = -2$ (2) $x = 4$
  (3) $x = -9$ (4) $x = -1$

解説 (1) -2 を右辺，$6x$ を左辺に移項する。

$x - 2 = 6x + 8$
$x - 6x = 8 + 2$
$-5x = 10$
$x = -2$

(2) $13 - 6x = 25 - 9x$
$-6x + 9x = 25 - 13$ $3x = 12$ $x = 4$

(3) $-7 - 3x = 5x + 65$
$-3x - 5x = 65 + 7$ $-8x = 72$
$x = -9$

(4) $20 - 8x = 36 + 8x$
$-8x - 8x = 36 - 20$ $-16x = 16$
$x = -1$

8 (1) $x = 6$ (2) $x = -2$
  (3) $x = -2$ (4) $x = 5$

解説 (1)左辺と右辺を入れかえる。

$15 = x + 9$
$x + 9 = 15$
$x = 15 - 9$
$x = 6$

(2) $-12 = 5x - 2$
$5x - 2 = -12$ $5x = -12 + 2$
$5x = -10$ $x = -2$

(3) $13 = -4x + 5$
$-4x + 5 = 13$ $-4x = 13 - 5$
$-4x = 8$ $x = -2$

(4) $-11 = -3x + 4$

$-3x+4=-11 \quad -3x=-11-4$

$-3x=-15 \quad x=5$

9 (1) $x=-1$ (2) $x=3$
     (3) $x=9$ (4) $x=-10$

(解説) (1)符号に注意して，かっこをはずす。

$2x-(9x-3)=10$

$2x-9x+3=10$

$2x-9x=10-3$

$-7x=7$

$x=-1$

(2) $3-2(3x-4)=-7$

$3-6x+8=-7$

$-6x=-7-3-8$

$-6x=-18 \quad x=3$

(3) $3x-5-2(2x-7)=0$

$3x-5-4x+14=0$

$3x-4x=5-14$

$-x=-9 \quad x=9$

(4) $2(x-1)-3(x+2)=2$

$2x-2-3x-6=2$

$2x-3x=2+2+6$

$-x=10 \quad x=-10$

10 (1) $x=4$ (2) $x=2$
     (3) $x=5$ (4) $x=2$

(解説) (1)両辺に 10 をかける。

$1.4x+2.8=2.1x$

$14x+28=21x$

$14x-21x=-28$

$-7x=-28$

$x=4$

(2) $4.5-x=3.2x-3.9 \qquad \searrow \times 10$

$45-10x=32x-39$

$-10x-32x=-39-45$

$-42x=-84 \qquad x=2$

(3) $0.15x-0.2=0.09x+0.1 \qquad \searrow \times 100$

$15x-20=9x+10$

$15x-9x=10+20 \quad 6x=30 \quad x=5$

(4) $1.5x-1.37=0.7x+0.23 \qquad \searrow \times 100$

$150x-137=70x+23$

$150x-70x=23+137 \quad 80x=160 \quad x=2$

11 (1) $x=6$ (2) $x=0$

(解説) (1)両辺に 9 をかける。

$1=\dfrac{2}{9}x-\dfrac{1}{3}$

$1\times 9=\left(\dfrac{2}{9}x-\dfrac{1}{3}\right)\times 9$

$1\times 9=\dfrac{2}{9}x\times 9-\dfrac{1}{3}\times 9$

$9=2x-3$

$-2x=-12 \quad x=6$

(2) $\dfrac{3}{4}x=\dfrac{2x-3}{6}+\dfrac{1}{2} \qquad \searrow \times 12$

$\dfrac{3}{4}x\times 12=\dfrac{2x-3}{6}\times 12+\dfrac{1}{2}\times 12$

$9x=2(2x-3)+6$

$9x=4x-6+6$

$5x=0 \quad x=0$

12 (1) $x=-5$ (2) $x=\dfrac{3}{8}$

(解説) (1)両辺に 6 をかける。

$\dfrac{1}{6}(x+10)+\dfrac{1}{3}(x-5)=-\dfrac{1}{2}(x+10)$

$(x+10)+2(x-5)=-3(x+10)$

$x+10+2x-10=-3x-30$

$6x=-30 \quad x=-5$

(2) $\dfrac{1}{5}(x-1)-1=\dfrac{1}{2}(2x-3) \qquad \searrow \times 10$

$2(x-1)-10=5(2x-3)$

$2x-2-10=10x-15$

$2x-10x=-15+2+10$

$-8x=-3 \quad x=\dfrac{3}{8}$

13 (1) $x=\dfrac{6}{5}$ (2) $x=3$

(解説) (1) $4-2x$ が $3x-2$ に等しいのだから，

$$4-2x=3x-2$$
$$-2x-3x=-2-4$$
$$-5x=-6$$
$$x=\frac{6}{5}$$

(2) $-2x-2$ が $10-4x$ の 4 倍に等しいのだから，
$$-2x-2=4(10-4x)$$
$$-2x-2=40-16x$$
$$14x=42$$
$$x=3$$

14 (1) $a=3$ (2) $a=4$

(解説) (1) $6(x-a)=2a+6$ に $x=5$ を代入すると，
$$6(5-a)=2a+6$$
$$30-6a=2a+6$$
$$-8a=-24$$
$$a=3$$

(2) $\frac{x+a}{3}=1+\frac{a-x}{2}$ に $x=2$ を代入すると，
$$\frac{2+a}{3}=1+\frac{a-2}{2} \quad \Big\} \times 6$$
$$2(2+a)=6+3(a-2)$$
$$4+2a=6+3a-6$$
$$-a=-4$$
$$a=4$$

15 49

(解説) 連続する 3 つの整数で，いちばん大きい数を x とおくと，3 つの整数は，$x-2$，$x-1$，x と表せる。これらの和が 144 だから，
$$(x-2)+(x-1)+x=144$$
$$3x-3=144$$
$$3x=144+3$$
$$3x=147$$
$$x=49$$
したがって，いちばん大きい数は 49
これは問題に適している。

16 鉛筆 7 本，ボールペン 8 本

(解説) （鉛筆の本数）＋（ボールペンの本数）＝15

より，鉛筆の本数を x 本とすると，ボールペンの本数は $(15-x)$ 本と表せる。
鉛筆の代金は $100x$（円），ボールペンの代金は，$\{120(15-x)\}$ 円になる。代金の合計は 1660 円より，
$$100x+120(15-x)=1660$$
$$100x+1800-120x=1660$$
$$100x-120x=1660-1800$$
$$-20x=-140 \quad x=7$$
よって，鉛筆 7 本，ボールペン 8 本
これは問題に適している。

17 470 円

(解説) クラスの人数を x 人とする。x を使って運動用具の費用を表す。
1 人 500 円ずつ集めると 900 円多くなるから，運動用具の費用は，$(500x-900)$ 円
同じように，1 人 450 円ずつ集めると 600 円不足するから，$(450x+600)$ 円
運動用具の費用は変わらないので，
$$500x-900=450x+600$$
これを解くと，$50x=1500 \quad x=30$
クラスの人数は 30 人，運道用具の費用は，
$$500 \times 30-900=14100（円）$$
過不足なく集めるには，1 人あたり，
$$14100 \div 30=470（円）$$
これは問題に適している。

18 16 年後

(解説) いまから x 年後に 2 倍になるとして，x 年後のそれぞれの年齢を x を使って表す。
父…$(51+x)$ 歳，母…$(47+x)$ 歳，姉…$(18+x)$ 歳，妹…$(15+x)$ 歳
$\{(父の年齢)+(母の年齢)\}=2\times\{(姉の年齢)+(妹の年齢)\}$ より，
$$(51+x)+(47+x)=2\times\{(18+x)+(15+x)\}$$
$$98+2x=2(33+2x)$$
$$-2x=-32$$
$$x=16$$

よって，16 年後となる。これは問題に適している。

19 10 分後

(解説) 兄が家を出発してから x 分後に弟に追いついたとする。

	速さ（m/分）	時間（分）	道のり（m）
弟	120	$10+x$	$120(10+x)$
兄	240	x	$240x$

弟と兄の速さ，時間，道のりの関係を表に表すと上のようになる。

弟に兄が追いついたとき，弟と兄の進んだ道のりは等しいので，

$120(10+x)=240x$

これを解いて，$x=10$ より，10 分後に追いつく。
これは問題に適している。

20 30km

(解説) A，B 間の道のりを x km とする。

時間 $=\dfrac{道のり}{速さ}$ より，それぞれの速さのときにかかる時間は，

時速 18km のとき… $\dfrac{x}{18}$（時間），

時速 20km のとき… $\dfrac{x}{20}$（時間）

時速 18km のほうが 10 分 $=\dfrac{10}{60}$ 時間 $=\dfrac{1}{6}$ 時間多くかかるので，

$\dfrac{x}{18}=\dfrac{x}{20}+\dfrac{1}{6}$

両辺に 180 をかけると，

$10x=9x+30$

これを解いて，$x=30$（km）
これは問題に適している。

（この問題では，かかる時間の単位は（時間）なので，10 分も（時間）に単位をそろえておく。）

21 8 年前

(解説) x 年後に父の年齢が子の年齢の 4 倍になるとすると，x 年後の父子の年齢は，

父…$(48+x)$ 歳，子…$(18+x)$ 歳
父の年齢は子の年齢の 4 倍に等しいから，

$48+x=4(18+x)$

これを解いて，$x=-8$
-8 年後は 8 年前である。
これは問題に適している。

22 37

(解説) もとの整数の十の位の数を x とすると，一の位の数は $x+4$ と表せる。

したがって，もとの整数は $10x+(x+4)$，十の位の数と一の位の数を入れかえてできる整数は，$10(x+4)+x$ と表せる。

十の位	一の位	入れかえる	十の位	一の位
x	$x+4$	$\rightarrow$	$x+4$	x

$\downarrow$ $\qquad\qquad\qquad\qquad\qquad$ $\downarrow$

$10\times x+(x+4)$ $\qquad\qquad$ $10\times(x+4)+x$

入れかえてできる整数はもとの整数の 2 倍より 1 小さいから，

$10(x+4)+x=2\{10x+(x+4)\}-1$
$11x+40=22x+7 \qquad x=3$

よって，もとの整数は 37
これは問題に適している。

23 10 日

(解説) 仕事の総量を 1 とすると，A さんの仕事量は 1 日あたり $\dfrac{1}{12}$，B さんの仕事量は 1 日あたり $\dfrac{1}{15}$ である。

総量が 1 の仕事を 2 人で始めて終わるまでにかかった日数を x 日とする。

A さんは 6 日休んだので，1 日 $\dfrac{1}{12}$ の仕事量で $(x-6)$ 日，B さんは 1 日 $\dfrac{1}{15}$ の仕事量で x 日仕事をしたから，

$\dfrac{1}{12}(x-6)+\dfrac{1}{15}x=1$

これを解いて，$x=10$（日）
これは問題に適している。

24 5000 円

解説 原価を x 円とすると，利益率は 3 割 $= 0.3$ だから，

定価…$x \times (1 + 0.3) = 1.3x$（円），

売価…$(1.3x - 500)$ 円

利益が原価の 2 割なので，売価は，

$x \times (1 + 0.2) = 1.2x$（円）とも表せるから，

$1.3x - 500 = 1.2x$

これを解いて，$x = 5000$（円）

これは問題に適している。

25 (1) $x = 6$ (2) $x = 21$
(3) $x = \dfrac{3}{4}$ (4) $x = 8$

解説 $a : b = c : d$ ならば，$ad = bc$ を使う。

(1) $3 : 18 = x : 36$

$18x = 108$

$x = 6$

(2) $15 : x = 5 : 7$

$5x = 105$

$x = 21$

(3) $x : \dfrac{1}{3} = 6 : \dfrac{8}{3}$

$\dfrac{8}{3}x = 2$

$x = 2 \div \dfrac{8}{3} = 2 \times \dfrac{3}{8} = \dfrac{3}{4}$

(4) $x : (x + 2) = 4 : 5$

$5x = 4(x + 2)$

$x = 8$

26 1500 円

解説 まさおさんが出す金額を x 円とすると，弟が出す金額は，$(2400 - x)$ 円と表せる。

$x : (2400 - x) = 5 : 3$ より，

$3x = 5(2400 - x)$

$8x = 12000$

$x = 1500$（円）

これは問題に適している。

❶ ②，④

解説 x に -2 を代入して，（左辺の値）$=$（右辺の値）となるものを選ぶ。

① $x - 3 = -4$

（左辺）$= (-2) - 3 = -5$ より，

$x = -2$ は解ではない。

② $3x - 4 = x - 8$

（左辺）$= 3 \times (-2) - 4 = -10$

（右辺）$= (-2) - 8 = -10$ より，$x = -2$ は解である。

❷ (1)エ   (2)イ   (3)ウ   (4)ア

❸ (1) $x = 32$ (2) $x = -\dfrac{1}{12}$

(3) $x = 9$ (4) $x = -1$

(5) $x = 2$ (6) $x = 4$

(7) $x = -4$ (8) $x = -3$

(9) $x = -1$ (10) $x = -7$

(11) $x = 0$ (12) $x = \dfrac{1}{3}$

(13) $x = 2$ (14) $x = 2$

解説 (1) $\dfrac{x}{4} = 8$ 両辺に 4 をかける

$\dfrac{x}{4} \times 4 = 8 \times 4$ $x = 32$

(2) $6x = -\dfrac{1}{2}$ 両辺を 6 でわる

$6x \div 6 = -\dfrac{1}{2} \div 6$

$x = -\dfrac{1}{2} \times \dfrac{1}{6}$ $x = -\dfrac{1}{12}$

(3) $\dfrac{2}{3}x = 6$ 両辺を $\dfrac{2}{3}$ でわる

$\dfrac{2}{3}x \div \dfrac{2}{3} = 6 \div \dfrac{2}{3}$

$x = 6 \times \dfrac{3}{2}$ $x = 9$

(12) $-2 + 7x = -2x + 1$

$\quad 7x + 2x = 1 + 2$

$\qquad 9x = 3$

$\qquad x = \dfrac{3}{9} \quad x = \dfrac{1}{3}$

❹ (1) $x = -10$ (2) $x = -2$

(3) $x = -3$ (4) $x = -21$

(5) $x = 9$ (6) $x = -3$

(7) $x = -4$ (8) $x = 1$

(9) $x = 1$ (10) $x = -6$

(11) $x = 3$ (12) $x = -2$

（解説） (3) $-7x + 8 = 5 - 2(x - 9)$

$\qquad -7x + 8 = 5 - 2x + 18$

$\qquad -7x + 2x = 5 + 18 - 8$

$\qquad\quad -5x = 15$

$\qquad\qquad x = -3$

(7) $\quad 1.33 - 2.3x = -1.67 - 3.05x \Big)_{\times 100}$

$\quad 133 - 230x = -167 - 305x$

$-230x + 305x = -167 - 133$

$\qquad\quad 75x = -300$

$\qquad\qquad x = -4$

(8) $\quad -(6 - 4x) = 0.4(3x - 8) \Big)_{\times 10}$

$\quad -10(6 - 4x) = 4(3x - 8)$

$\quad -60 + 40x = 12x - 32$

$\qquad\quad 28x = 28$

$\qquad\qquad x = 1$

(9) $\dfrac{3}{4}x + \dfrac{5}{12} = \dfrac{1}{3}x + \dfrac{5}{6} \Big)_{\times 12}$

$\qquad 9x + 5 = 4x + 10$

$\qquad\quad 5x = 5$

$\qquad\qquad x = 1$

(10) $\dfrac{2x - 3}{3} = \dfrac{3x + 8}{2} \Big)_{\times 6}$

$\quad 2(2x - 3) = 3(3x + 8)$

$\quad 4x - 6 = 9x + 24$

$\quad 4x - 9x = 24 + 6$

$\qquad -5x = 30$

$\qquad\quad x = -6$

(11) $\dfrac{3x + 1}{2} - \dfrac{x + 2}{5} = 4 \Big)_{\times 10}$

$\quad 5(3x + 1) - 2(x + 2) = 40$

$\qquad 15x + 5 - 2x - 4 = 40$

$\qquad 15x - 2x = 40 - 5 + 4$

$\qquad\qquad 13x = 39$

$\qquad\qquad\quad x = 3$

(12) $-0.4 - 0.1x = 0.3x + \dfrac{2}{5} \Big)_{\times 10}$

$\qquad -4 - x = 3x + 4$

$\qquad -x - 3x = 4 + 4$

$\qquad\quad -4x = 8$

$\qquad\qquad x = -2$

❺ (1) $x = -14$ (2) $a = -2$

(3) $a = 19$

（解説） (1) $-2x + 17 = 3(1 - x)$

これを解いて，$x = -14$

(2) $2a + x = 6$ に $x = 10$ を代入すると，

$2a + 10 = 6$ よって，$a = -2$

(3) $5 - \dfrac{a - 4x}{3} = 2x$ に $x = -2$ を代入すると，

$\quad 5 - \dfrac{a + 8}{3} = -4$

$\quad 15 - (a + 8) = -12$

$\quad 15 - a - 8 = -12$

$\qquad\quad a = 19$

❻ 62

（解説）連続する 3 つの整数で，いちばん大きい数を x とおくと，3 つの整数は，$x - 2$，$x - 1$，x と表せる。これらの和が 183 だから，

$(x - 2) + (x - 1) + x = 183$ より，

$\qquad\qquad 3x = 186$

$\qquad\qquad\quad x = 62$

これは問題に適している。

❼ りんご 8 個，なし 7 個

（解説）りんごの個数を x 個とすると，なしの個数は $(15 - x)$ 個と表される。

代金を表す式は，$150x+200(15-x)=2600$

これを解いて，$x=8$（個）

なしの個数は，$15-8=7$（個）

これは問題に適している。

❽ 3 年前

（解説）x 年後に父の年齢が子の年齢の 3 倍になるとする。

x 年後の父の年齢は，$(48+x)$ 歳

子の年齢は，$(18+x)$ 歳だから，

$48+x=3(18+x)$

これを解いて，$x=-3$　よって，3 年前。

これは問題に適している。

❾ 15km

（解説）ふもとから山頂までの道のりを $x$km とする。時間＝道のり÷速さより，

登りにかかる時間は $\dfrac{x}{3}$（時間），

下りにかかる時間は $\dfrac{x}{5}$（時間）だから，

$\dfrac{x}{3}=\dfrac{x}{5}+2$

これを解いて，$x=15$（km）

これは問題に適している。

❿ 4 分後

（解説）弟が出発して x 分後に兄に追いついたとする。道のり＝速さ×時間より，

兄が進んだ道のり…$\{80(10+x)\}$m，

弟が進んだ道のり…$280x$（m）だから，

$80(10+x)=280x$

これを解いて，$x=4$（分後）

これは問題に適している。

⓫ A…1000 円，B…1500 円

（解説）B の仕入れ値を x 円とすると，A の仕入れ値は $(x-500)$ 円と表せる。A に 2 割 5 分の利益を見こんで定価をつけると，

（仕入れ値）×$(1+0.25)$ つまり $\{1.25(x-500)\}$ 円

B は 2 割の利益を見こんでいるので，$1.2x$（円）となるから，

$1.25(x-500)=1.2x-550$

これを解いて，$x=1500$（円）

したがって，A は，$1500-500=1000$（円）

これは問題に適している。

⓬ (1) $x=5$　(2) $x=2$

　　(3) $x=\dfrac{6}{7}$　(4) $x=9$

（解説）(3) $x:\dfrac{1}{2}=6:\dfrac{7}{2}$

$\dfrac{7}{2}x=3$　$x=3\div\dfrac{7}{2}=3\times\dfrac{2}{7}=\dfrac{6}{7}$

(4) $x:(x+3)=3:4$

$\quad\quad 3(x+3)=4x$

$\quad\quad 3x+9=4x$

$\quad\quad\quad\quad x=9$

⓭ (1)生徒の人数

　　(2) $\dfrac{x-3}{6}=\dfrac{x+5}{7}$

　　(3)長いす 8 脚，生徒 51 人

（解説）(2) 6 人ずつかけるとき，座った生徒は，$(x-3)$ 人

7 人ずつかけるとき，あと 5 人多ければ，長いすすべてに 7 人ずつ座れる。長いすの数を x を使って表すと，

$\dfrac{x-3}{6}=\dfrac{x+5}{7}$

4章 比例と反比例

✓ 類題

1 ③

(解説) ①同じ体重でも，身長が高い人，低い人がいる。

②たとえば，2の絶対値は，2と−2の2つある。

2 (1)$x<0$ (2)$x≧−3$
(3)$5≦x≦7$ (4)$−5<x≦3$

(解説) (1)負の数は 0 より小さい数。

(2)(3)「〜以上」「〜以下」は，その数をふくむので，等号をつける。

(4)「〜より大きい」は，その数をふくまない。

3 (1)$y=25x$，比例する
比例定数は **25**
(2)$y=−x+20$，比例しない

(解説) (1)(道のり) = (速さ)×(時間)より，

$y=25×x$　$y=25x$

$y=ax$ の形なので比例する。

(2)(縦の長さ)+(横の長さ)=40÷2

$y=20−x$　$y=−x+20$

$y=ax$ の形ではないので，比例しない。

4 (1)$y=150x$，比例定数は **150**
(2)$y=12x$，比例定数は **12**
(3)$y=14x$，比例定数は **14**

(解説) 関係を式で表して，$y=ax$ の形になることを確かめる。

(1)(代金) = (ノート 1 冊の値段)×(冊数)より，

$y=150x$

(2)(平行四辺形の面積) = (底辺)×(高さ)より，

$y=12×x$　$y=12x$

(3)(進む道のり) = (1L のガソリンで進む道のり)×(ガソリンの量)より，$y=14×x$　$y=14x$

5 (1)$y=−3x$ (2)$y=\dfrac{5}{3}x$

(解説) y が x に比例するから，a を比例定数として，$y=ax$ とおく。

(1)$x=−2$ のとき $y=6$ なので，

$y=ax$ に代入すると，

$6=a×(−2)$　$−2a=6$

$a=−3$ より，$y=−3x$

(2)$x=3$ のとき $y=5$ なので，

$y=ax$ に代入すると，

$5=a×3$　$3a=5$

$a=\dfrac{5}{3}$ より，$y=\dfrac{5}{3}x$

6 (1)$y=12$ (2)$x=−25$

(解説) y が x に比例するから，a を比例定数として，$y=ax$ とおく。

(1)$x=−2$ のとき $y=−8$ なので，

$y=ax$ に代入すると，

$−8=−2a$

$a=4$ より，$y=4x$

$y=4x$ に $x=3$ を代入して，

$y=4×3=12$

(2)$x=−5$ のとき $y=2$ なので，

$y=ax$ に代入すると，

$2=−5a$

$a=−\dfrac{2}{5}$ より，$y=−\dfrac{2}{5}x$

$y=−\dfrac{2}{5}x$ に $y=10$ を代入して，

$10=−\dfrac{2}{5}x$　$10×5=−2x$

$50=−2x$　$x=−25$

7 D(4，−5)，E(3，0)，
F(0，−4)

（解説）（x 座標, y 座標）の順に表す。

点 F は y 軸上にあるので, x 座標は 0 となる。

8 右の図

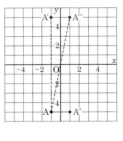

（解説）B(-4, 1) は, 原点から左へ 4, 上へ 1 進んだところにある点をとる。

E(0, -1) は x 座標が 0 なので y 軸上に,

F(-3, 0) は y 座標が 0 なので x 軸上にある。

9 (1) A′(-1, 5)　(2) A″(1, -5)
　　 (3) A‴(1, 5)

（解説）(1) x 軸について
対称→y 座標の符号を
変える。

A(-1, -5)
→ A′(-1, 5)

(2) y 軸について対称
→x 座標の符号を変える。

A(-1, -5)→A″(1, -5)

(3) 原点について対称→x 座標, y 座標とも符号を変える。

A(-1, -5)→A‴(1, 5)

10 (1) A′(-1, -1)　(2) A″(4, 2)
　　 (3) A‴(1, -3)

（解説）座標平面上で点を
移動させて確認する。

(1) A(4, -1) を左へ 5 移動→A′(4-5, -1) より,
A′(-1, -1)

(2) A(4, -1) を上へ 3 移動
→ A″(4, $-1+3$) より, A″(4, 2)

(3) A(4, -1) を左へ 3, 下へ 2 移動
→ A‴(4-3, $-1-2$) より, A‴(1, -3)

11 右の図

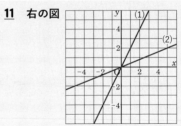

（解説）原点とグラフが通るもう 1 点を見つける。

(1) $y=2x$ で, $x=1$ のとき $y=2\times1=2$ なので,
点 (1, 2) を通る。

原点と点 (1, 2) を通る直線をひく。

(2) $y=\dfrac{2}{5}x$ で $x=5$ のとき, $y=\dfrac{2}{5}\times5=2$ より,
点 (5, 2) を通る。

原点と点 (5, 2) を通る直線をひく。

12 右の図

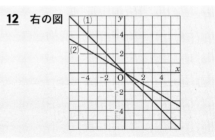

（解説）a の値が $a<0$ のときは, グラフは右下がりの直線になる。

(1) $y=-x$ で, $x=1$ のとき $y=-1$ より,
点 (1, -1) を通る。

原点と点 (1, -1) を通る直線をひく。

(2) $y=-\dfrac{3}{5}x$ で $x=5$ のとき $y=-\dfrac{3}{5}\times5=-3$
より, 点 (5, -3) を通る。

原点と点 (5, -3) を通る直線をひく。

13 (1)増加する　(2)4 ずつ増加する

解説　右の $y=4x$ のグ
ラフ参照。
(1), (2)グラフから，x
の値（あたい）が 1 増加すると，
y の値は 4 増加してい
ることがわかる。すな
わち，x の値が 1 ずつ
増加すると，y の値は 4 ずつ増加する。

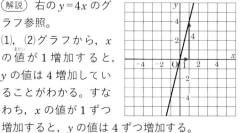

14 (1)減少する　(2)$\dfrac{1}{3}$ ずつ減少する

解説　右の $y=-\dfrac{1}{3}x$
のグラフ参照。
(1), (2)グラフから，x
の値（あたい）が 1 増加すると，
y の値は $\dfrac{1}{3}$ 減少して
いることがわかる。す
なわち，x の値が 1 ずつ増加すると，y の値は
$\dfrac{1}{3}$ ずつ減少する。

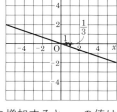

15 (1)$y=\dfrac{4}{3}x$　(2)$y=-x$

解説　$y=ax$ の式にグラフが通る点の x 座標，
y 座標（ざひょう）を代入して，a の値を求める。
(1)点 (3, 4) を通るので，$x=3$，$y=4$ を代入す
る。
$4=3a$ より，$a=\dfrac{4}{3}$　$y=\dfrac{4}{3}x$
(2)点 (-3, 3) を通るので，$x=-3$，$y=3$ を代
入する。
$3=-3a$ より，$a=-1$　$y=-x$

16 $y=4x$　$(0\leqq x\leqq 5)$
右の図

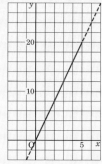

解説　(道のり)=(速さ)×(時間)より，$y=4x$
20km はなれた図書館に着くのは，
$20=4x$　$x=5$
5 時間後だから，x の変域（へんいき）は，$0\leqq x\leqq 5$
グラフの実線部分が求める部分である。

17 (1)$y=\dfrac{x}{60}$，反比例（はんぴれい）しない

　　(2)$y=\dfrac{24}{x}$，反比例する，比例定数は 24

　　(3)$y=-x+18$，反比例しない

解説　(1)(時間)$=\dfrac{(道のり)}{(速さ)}$ より，$y=\dfrac{x}{60}$

(2)(三角形の面積)$=\dfrac{1}{2}\times(底辺)\times(高さ)$ より，

(高さ)$=\dfrac{(三角形の面積)\times 2}{(底辺)}$　$y=\dfrac{24}{x}$

$y=\dfrac{a}{x}$ の形なので，反比例する。比例定数は 24

(3)(横の長さ)$=\dfrac{(周りの長さ)}{2}-(縦の長さ)$ よ

り，$y=18-x$

18 (1)$y=\dfrac{36}{x}$，比例定数は 36

　　(2)$y=\dfrac{100}{x}$，比例定数は 100

解説　(1)(横の長さ)$=\dfrac{(長方形の面積)}{(縦の長さ)}$ より，

$y=\dfrac{36}{x}$

x	1	2	3	4	…
y	36	18	12	9	…

(2)(1本の長さ) = $\dfrac{(はじめの長さ)}{(等分する数)}$ より,

$y = \dfrac{100}{x}$

x	1	2	3	4	$\cdots$
y	100	50	$\dfrac{100}{3}$	25	$\cdots$

19 (1)$y = \dfrac{36}{x}$ (2)$y = -\dfrac{48}{x}$

(解説) y が x に反比例するので, $y = \dfrac{a}{x}$ とおき, x, y の値を代入し, 比例定数 a を求める。

(1)$x = -3$, $y = -12$ を代入すると,

$-12 = \dfrac{a}{-3}$

$a = 36$ より, $y = \dfrac{36}{x}$

(2)$x = 12$, $y = -4$ を代入すると,

$-4 = \dfrac{a}{12}$

$a = -48$ より, $y = -\dfrac{48}{x}$

20 ①-6 ②$12$ ③$4$

(解説) y が x に反比例するとき, $xy = a$ より x と y の積は比例定数 a に等しい。これをもとに, x, y の値を求めればよい。
$x = -2$ のとき $y = -18$ だから,
$xy = -2 \times (-18) = 36$ より, $a = 36$
すなわち, x と y の積はつねに 36 になる。

① $y = \dfrac{36}{x}$ に $x = -6$ を代入して,

$y = \dfrac{36}{-6} = -6$

あるいは $xy = 36$ より, $y = 36 \div (-6) = -6$

② $y = \dfrac{36}{x}$ に $x = 3$ を代入して,

$y = \dfrac{36}{3} = 12$

あるいは $xy = 36$ より, $y = 36 \div 3 = 12$

③ $y = \dfrac{36}{x}$ に $y = 9$ を代入して,

$9 = \dfrac{36}{x}$　$x = 4$

あるいは $xy = 36$ より, $x = 36 \div 9 = 4$

21 右の図

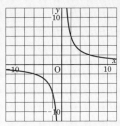

(解説) x の値に対応する y の値を求め, x, y の値の組を座標とする点を図にかき入れ, なめらかな曲線で結ぶ。グラフは, 双曲線になる。

x	$\cdots$	-4	-3	-2	-1	0	1	2	3	4	$\cdots$
y	$\cdots$	-3	-4	-6	-12	$\times$	12	6	4	3	$\cdots$

22 右の図

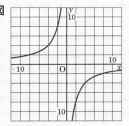

(解説) x, y の値の組は次の表のようになる。

x	$\cdots$	-8	-4	-2	0	2	4	8	$\cdots$
y	$\cdots$	2	4	8	$\times$	-8	-4	-2	$\cdots$

23 (1)$y = -\dfrac{24}{x}$ (2)$y = \dfrac{36}{x}$

(解説) (1)$x = 4$, $y = -6$ より,
$a = 4 \times (-6) = -24$

グラフの式は, $y = -\dfrac{24}{x}$

(2)$x = -4$, $y = -9$ より,
$a = (-4) \times (-9) = 36$

グラフの式は, $y = \dfrac{36}{x}$

24 (1)反比例の関係
(2)比例の関係

(解説) (1)$V=Sh$ の関係で，V の値を 48 に決めたとき，$48=Sh$ の関係式になる。$S=1$ のとき $h=48$，$S=2$ のとき $h=24$，$S=3$ のとき $h=16$，…と S の値が 2 倍，3 倍，…になると，h の値は $\frac{1}{2}$ 倍，$\frac{1}{3}$ 倍，…になるので，S と h は反比例の関係になる。

(2)$V=Sh$ の関係で，h の値を 8 に決めたとき，$V=8S$ の関係式になる。$S=1$ のとき $V=8$，$S=2$ のとき $V=16$，$S=3$ のとき $V=24$，…と S の値が 2 倍，3 倍，…になると，V の値も 2 倍，3 倍，…になるので，V と S は比例の関係になる。

25 225 枚

(解説) 紙の重さは，紙の枚数に比例するので，x 枚の紙の重さを yg とすると，$y=ax$ の式で表せる。50 枚の紙の重さが 80g だから，$80=50a$

$a=\frac{8}{5}$ より，$y=\frac{8}{5}x$

$y=360$ を代入して，

$360=\frac{8}{5}x$　$x=225$（枚）

26 $y=80x$，$0\leqq x\leqq 10$

(解説) （道のり）＝（速さ）×（時間）より，兄の歩く速さは分速 80m なので，$y=80x$
兄は出発してから 10 分後に図書館に着くので，変域は $0\leqq x\leqq 10$

27 $y=\frac{360}{x}$，20 秒

(解説) 毎秒 xL の割合で水を入れていくとき，満水になるまでの時間を y 秒とする。y が x に反比例するので，$y=\frac{a}{x}$ の式に $x=12$，$y=30$ を代入する。

$30=\frac{a}{12}$ より，$a=360$

y を x の式で表すと，$y=\frac{360}{x}$

$x=18$ のとき $y=\frac{360}{18}=20$ より，20 秒

28 (1)$y=\frac{150}{x}$　(2)6 回転

(解説) 一定時間にかみあう歯の数は等しいので，歯車の歯数が 2 倍，3 倍，…になると，1 秒間の回転数は $\frac{1}{2}$ 倍，$\frac{1}{3}$ 倍，…となる。

したがって，1 秒間の回転数 y は歯数 x に反比例している。

(1)$y=\frac{a}{x}$ の式で $x=30$，$y=5$ を代入すると，

$a=150$

よって，$y=\frac{150}{x}$

(2)(1)の式で，$x=25$ のとき

$y=\frac{150}{25}=6$ より，6 回転

29 $y=3x$，$0\leqq x\leqq 15$

(解説) 三角形 ABP の底辺を AB，高さを BP とすると，

（三角形 ABP の面積）$=\frac{1}{2}\times$AB$\times$BP

$=\frac{1}{2}\times 6\times x$

$=3x$

よって，$y=3x$

BC $=15$（cm）より，変域は $0\leqq x\leqq 15$

30 (1)$a=-2$　(2)$b=-8$

(解説) (1)点 B は直線①上の点だから，B の座標（3，-6）より，$-6=3a$　$a=-2$

(2)(1)より，直線①の式は，$y=-2x$
点 A も直線①上の点なので，$y=-2x$ に $y=4$ を代入して，$4=-2x$ より，

$x = -2$　点 A の座標は $(-2,\ 4)$

また，点 A は②のグラフ上の点でもあるので，

$y = \dfrac{b}{x}$ に $x = -2,\ y = 4$ を代入して，

$4 = \dfrac{b}{-2}$ より，$b = -8$

定期テスト対策問題

❶ (1) $y = -x + 24,$　×

(2) $y = 2\pi x,$　○

(3) $y = \dfrac{16}{x},$　△

(4) $y = 60x,$　○

(5) $y = 70x + 120,$　×

(6) $y = \dfrac{50}{x},$　△

(解説) 式が $y = ax$ の形で表せれば比例，$y = \dfrac{a}{x}$ の形になれば反比例の関係である。

❷ (1) $y = -4x$

(2) $y = \dfrac{3}{2}x,\ \ y = -6$

(3)⑦ **1**　④ **-2**　⑦ **-3**

(解説) (1) $y = ax$ とおく。$x = -3,\ y = 12$ を代入すると，$12 = -3a$ より，$a = -4$

よって，$y = -4x$

(2) $y = ax$ とおく。$x = 6,\ y = 9$ を代入すると，

$9 = 6a$ より，$a = \dfrac{9}{6} = \dfrac{3}{2}$

よって，$y = \dfrac{3}{2}x$

(3)比例の関係なので，x の値が 2 倍，3 倍，… になると，y の値も 2 倍，3 倍，…になる。

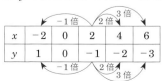

また，$y = ax$ で，$x = 2$ のとき $y = -1$ より，

$a = -\dfrac{1}{2}$

よって，$y = -\dfrac{1}{2}x$

この式に，x の値を代入して，y の値を求めてもよい。

❸ (1) A(2,　3),

B(-3,　1),

C(4,　-2),

D(0,　-3)

(2)**右の図**

(3) A′(-2,　-3)

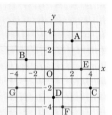

(解説) (1) y 軸上の点の x 座標は 0 である。

(2) y 座標が 0 の点は x 軸上の点である。

(3)点 A と原点について対称な点は，x 座標，y 座標とも点 A のものと符号が異なる。

❹ **右の図**

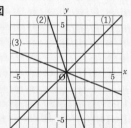

❺ (1)① $y = 2x$　② $y = -\dfrac{2}{3}x$

③ $y = \dfrac{1}{4}x$

(2)②　(3) $\dfrac{1}{4}$　(4) **-4**

(解説) (2)比例定数 a が $a < 0$ のとき，x の値が増加すると y の値は減少する。グラフは右下がりの直線になる。

(3)比例定数 a は，x が 1 増加するときの y の増加量を表す。

(4)①のグラフの式は $y = 2x$ なので，$y = -8$ を代入して，x の値を求める。

⑥ (1) $y=\dfrac{6}{x}$　(2) $y=-8$

　(3)⑦ **1**　④ **2**　⑨ **-2**　④ **18**

解説　反比例のとき比例定数を求めるには，$xy=a$ の式に，x，y の値を代入する。

(2)$x=4$，$y=-6$ より，$xy=-24$　$a=-24$

$y=-\dfrac{24}{x}$ で $x=3$ のとき $y=-\dfrac{24}{3}=-8$

(3)表より $x=-3$ のとき $y=6$ より，$xy=-18$

$a=-18$ だから，xy が -18 となるように空欄をうめればよい。

⑦ (1)(2)右の図

(3) $y=\dfrac{15}{x}$

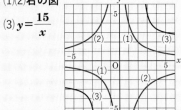

⑧ (1) **6**　(2) $y=\dfrac{6}{x}$　(3) $-\dfrac{3}{2}$

解説　(1)点 A(3，2) より，$x=3$ のとき $y=2$ なので，$xy=6$　$a=6$

(2)$a=6$ より，$y=\dfrac{6}{x}$

(3)$y=\dfrac{6}{x}$ に $x=-4$ を代入して，

$y=\dfrac{6}{-4}=-\dfrac{3}{2}$

⑨ (1) $y=6x$

　(2) $0\leqq x\leqq16$，$0\leqq y\leqq96$

　(3) $y=18$　(4) $x=\dfrac{10}{3}$

解説　(1)三角形 ABP の底辺を AB,高さを AP とすると，

(三角形の面積)$=\dfrac{1}{2}\times$AB$\times$AP

$=\dfrac{1}{2}\times12\times x=6x$

よって，$y=6x$

(2)x の変域は，AD の長さの範囲なので

$0\leqq x\leqq16$

$y=6x$ で $x=0$ のとき $y=0$

$x=16$ のとき $y=96$ より，

y の変域は $0\leqq y\leqq96$

(3)$y=6x$ に $x=3$ を代入すると，$y=6\times3=18$

(4)$y=6x$ に $y=20$ を代入すると，

$20=6x$

$x=\dfrac{10}{3}$

⑩ (1) $a=\dfrac{1}{4}$，$b=16$　(2) B$(-8,\ -2)$

　(3) **10 個**　(4) -3

　(5) $y=x$

解説　(1)点 A の座標(8，2) より，

$y=ax$ に $x=8$，$y=2$ を代入すると，

$2=8a$　$a=\dfrac{1}{4}$

また，$y=\dfrac{b}{x}$ で $x=8$，$y=2$ を代入すると，

$2=\dfrac{b}{8}$　$b=2\times8=16$

(2)点 A と点 B は原点について対称な点である。

(3) $(1,\ 16)$, $(2,\ 8)$, $(4,\ 4)$, $(8,\ 2)$, $(16,\ 1)$, $(-1,\ -16)$, $(-2,\ -8)$, $(-4,\ -4)$, $(-8,\ -2)$, $(-16,\ -1)$ の 10 個。

(4)①のグラフの式 $y=\dfrac{1}{4}x$ に $x=-12$ を代入して，$y=\dfrac{1}{4}\times(-12)=-3$

(5)②のグラフの式 $y=\dfrac{16}{x}$ に $x=4$ を代入して，

$y=\dfrac{16}{4}=4$

よって，点 C の座標は $(4,\ 4)$

$y=cx$ の式に $x=4$，$y=4$ を代入して，$c=1$

原点と点 C を通る直線の式は $y=x$

5章 平面図形

✓ 類題

1 線分 CD

（解説）直線 CD のうち点 C から点 D までの部分を線分 CD という。

2 10cm

（解説）PE＝PB－EB＝PB－2AC
＝28－2×4＝20（cm）

$PN = \dfrac{1}{2}PE = \dfrac{1}{2} \times 20 = 10 \,(cm)$

3 ∠ACD の頂点… **C**
∠DBC の辺… **DB，BC**

（解説）∠ACD は右の図の(1)，∠DBC は右の図の(2)を指す。∠DBC の辺は頂点 B をはさむ 2 辺になる。

4 ∠a＝**25°**，∠b＝**55°**，∠c＝**125°**

（解説）∠a＝360°－335°＝25°
∠b＝180°－125°＝55°
∠c＝180°－∠b＝180°－55°＝125°

5 AB⊥EF

（解説）線分 AB に直角に交わっている線分を見つける。

6 AC∥DE，AE⊥BC

（解説）⫽ は平行を表す記号，┬ は垂直を表す記号である。

7 △ABC，△ADF，△DBE，△DEF，△EFC

（解説）記号△を使って，頂点を順に表す。どの頂点から始めてもよい。

8 AB＝CD，AD＝BC，
∠BAD＝∠BCD（∠A＝∠C），
∠ABC＝∠ADC（∠B＝∠D）

（解説）平行四辺形の向かい合う辺，角はそれぞれ等しい。

9 右の図

（解説）点 A から点 E の方向に，線分 AE の長さだけ平行移動する。

10 正三角形… **120°，240°**
正方形… **90°，180°，270°**

（解説）正三角形の場合，1 つの頂点をとなりの頂点に重ねるには 120° ずつ回転させればよい。同様に正方形は 90° ずつ回転させる。

11 (1)下の図　　(2)下の図

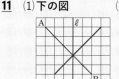 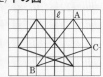

（解説）点を対称移動させるときは，対称の軸が対応する 2 点を結ぶ線分を垂直に 2 等分する直線となるようにする。

12 線分 AB と線分 CD の交点を P，線分 AB と線分 OC の交点を Q とする。

△AQO と △PQC で，△OAB と △OCD
は合同より，
∠A＝∠C　…①
また，∠AQO＝∠PQC　…②
①，②より，三角形の残りの角なので，
∠AOQ＝∠CPQ
すなわち，線分 AB と線分 CD のつく
る角∠QPC の大きさは∠AOC の大き
さに等しい。

(解説) △OAB は，点 O を中心として∠AOC の
大きさだけ回転させると，△COD に重ね合わ
せることができるので，△OCD と合同である。

13 右の図

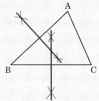

(解説) 点 A，B を中心として等しい半径の円を
かき，その交点を通る直線をひく。これで線分
AB の垂直二等分線がかける。同様にして線分
BC の垂直二等分線もかく。

14 右の図

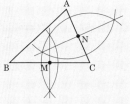

(解説) 線分の垂直二等分線は，線分の中点を通
る垂線なので，辺とその辺の垂直二等分線との
交点が，辺の中点になる。

15 右の図

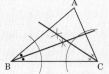

16 右の図

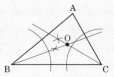

(解説) AB，BC から等しい距離にある点は，
∠B の二等分線上にある。BC，AC から等しい
距離にある点は，∠C の二等分線上にあるので，
∠B と∠C の二等分線の交点が求める点である。

17 右の図

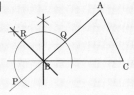

(解説) 頂点 B を中心とする円をかき，直線 AB
との交点を P，Q とする。点 P，Q を中心に等
しい半径の円をかき，その交点と頂点 B を結ぶ。
これが頂点 B を通る直線 AB に垂直な直線とな
る。同様に直線 BC に垂直な直線をかく。

18 右の図

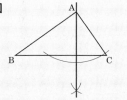

19 右の図

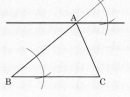

(解説) 線分 BA を延長し，∠B を点 A の位置に
移すと考える。

20 右の図

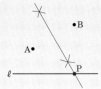

(解説) 点A, Bから等しい距離にある点は, 点A, Bを両端とする線分の垂直二等分線上にあるので, 垂直二等分線と直線 ℓ との交点がPとなる。

21 半直線 OX について点 P を対称移動した点を P′ とする。点 P′ から半直線 OY に垂線をひき, 半直線 OX, OY との交点をそれぞれ Q, R とする。

(解説) 右の図のようになる。

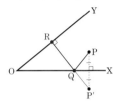

22 右の図(例)

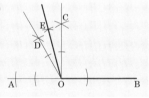

(解説) 105°＝90°＋15° と考える。
点 O を通る線分 AB の垂線 OC をひく。線分 OA を 1 辺とする正三角形 AOD をかき, ∠AOD＝60° をつくる。∠DOC の二等分線 OE をひけば, ∠EOC＝15° となるので,
∠EOB＝∠COB＋∠EOC
＝90°＋15°＝105° となる。

23 右の図

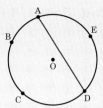

24 右の図

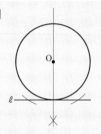

(解説) 円の接線はその接点を通る半径に垂直であることを利用する。点 O を通る, 直線 ℓ の垂線をひく。点 O を中心として, 垂線と直線 ℓ との交点と点 O を結ぶ線分を半径とする円をかく。

25 (1) 20π cm　(2) 30π cm

(解説) (1) $20 \times \pi = 20\pi$ (cm)
(2)(周の長さ)＝ $2\pi r$ より,
$2\pi \times 15 = 30\pi$ (cm)

26 (1) 25π cm²　(2) 81π cm²
　　(3) $\dfrac{\pi}{4} a^2$ cm²

(解説) (円の面積)＝ πr^2 より,
(1) $\pi \times 5^2 = 25\pi$ (cm²)
(2)半径は $18 \div 2 = 9$ (cm)だから,
$\pi \times 9^2 = 81\pi$ (cm²)
(3)半径は $a \div 2 = \dfrac{a}{2}$ (cm)だから,
$\pi \times \left(\dfrac{a}{2}\right)^2 = \dfrac{\pi}{4} a^2$ (cm²)

27 (1) 28π cm　(2) 15π cm

解説 $\ell = 2\pi r \times \dfrac{x}{360}$ より,

(1) $\ell = 2\pi \times 18 \times \dfrac{280}{360} = 28\pi$ (cm)

(2) $\ell = 2\pi \times 12 \times \dfrac{225}{360} = 15\pi$ (cm)

28 (1) $24\pi\,\mathrm{cm}^2$ (2) $58\pi\,\mathrm{cm}^2$

解説 $S = \pi r^2 \times \dfrac{x}{360}$ より,

(1) $S = \pi \times 8^2 \times \dfrac{135}{360} = 24\pi$ (cm²)

(2) $S = \pi \times 12^2 \times \dfrac{145}{360} = 58\pi$ (cm²)

29 (1) $6\pi\,\mathrm{cm}$ (2) $(8\pi+8)\,\mathrm{cm}$

解説 (1)半径 6cm, 中心角 90° のおうぎ形の弧の長さ 2 つ分なので,

$2\pi \times 6 \times \dfrac{90}{360} \times 2 = 6\pi$ (cm)

(2)(半径 8cm, 中心角 90° のおうぎ形の弧の長さ) + (半径 4cm の半円の弧の長さ) + 8 なので,

$2\pi \times 8 \times \dfrac{90}{360} + 2\pi \times 4 \times \dfrac{1}{2} + 8$

$= 4\pi + 4\pi + 8 = 8\pi + 8$ (cm)

30 (1) $(16\pi-32)\,\mathrm{cm}^2$ (2) $24\,\mathrm{cm}^2$
(3) $(192-48\pi)\,\mathrm{cm}^2$

解説 (1)右の図のように図を分ける。A の部分は 1 辺 4cm の正方形の面積から B 部分の面積を 2 つ分ひいたもの。

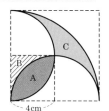

B の部分の面積は 1 辺 4cm の正方形の面積から半径 4cm, 中心角 90° のおうぎ形の面積をひいたもの。

(B の面積) $= 4 \times 4 - \pi \times 4^2 \times \dfrac{90}{360} = 16 - 4\pi$

(A の面積) $= 4 \times 4 - (16 - 4\pi) \times 2 = 8\pi - 16$

C の部分の面積は半径 8cm, 中心角 90° のおうぎ形の面積から半径 4cm の半円 1 つ分の面積と 1 辺 4cm の正方形の面積をひいたもの。

(C の面積)

$= \pi \times 8^2 \times \dfrac{90}{360} - \pi \times 4^2 \times \dfrac{1}{2} - 4 \times 4$

$= 8\pi - 16$

よって,

A + C $= (8\pi - 16) + (8\pi\ \ 16) = 16\pi - 32$ (cm²)

(2)図形全体の面積から, 半径 5cm の半円の面積をひけばよい。

(図形全体の面積) = (半径 4cm の半円の面積) + (半径 3cm の半円の面積) + (底辺 8cm, 高さ 6cm の三角形の面積)

したがって,

$\pi \times 4^2 \times \dfrac{1}{2} + \pi \times 3^2 \times \dfrac{1}{2}$

$+ \dfrac{1}{2} \times 8 \times 6 - \pi \times 5^2 \times \dfrac{1}{2}$

$= 24$ (cm²)

(3)求める面積は, 右の図の色の部分の 12 個分である。

1 つ分は 1 辺 4cm の正方形の面積から, 半径 4cm, 中心角 90° のおうぎ形の面積をひいたものである。したがって,

$12 \times \left(4 \times 4 - \pi \times 4^2 \times \dfrac{90}{360}\right)$

$= 192 - 48\pi$ (cm²)

31 225°

解説 半径 12cm の円の周の長さは

$2\pi \times 12 = 24\pi$ より, 中心角を $x°$ とすると,

$24\pi : 15\pi = 360 : x$

$\qquad 8 : 5 = 360 : x$

$\qquad\quad 8x = 1800$

$\qquad\quad\ x = 225$

32 28°

解説 OC は半径だから, ∠OCD = 90° より,

∠COD = 180° − (90° + 34°) = 56°

∠COA = 180° − 56° = 124°

△OCA は二等辺三角形だから,

∠x = (180° − 124°) ÷ 2 = 28°

定期テスト対策問題

1 (1)**線分 AB**

(2)

A ●————————————● B

(解説) (2)線分 AB を点 B のほうへまっすぐにか
ぎりなくのばしたものを，半直線 AB という。

2 (1)**AB∥DC，AB＝DC**

(2)**AB⊥AD**

(3)**△ADC，△ABC**

(4)**∠ACB（∠BCA）**

(解説) (1)長方形の向かい合う辺は，平行で長さ
が等しい。

(2)長方形の 4 つの角は直角なので，辺 AB と辺
AD は垂直である。

(4)頂点 C をはさむように ∠ACB または
∠BCA とかく。

3 下の図

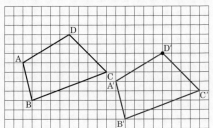

4 下の図

(1)

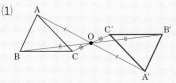

(2)右の図

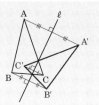

(解説) (1)点対称移動は，図形を 180° だけ回転
移動させることである。

(2)対称の軸 ℓ は線分 AA′，BB′，CC′ の垂直二
等分線になる。

5 (1) **△EDO** (2) **△GHO**

(3)**直線 OH** (4) **△CBO**

(解説) (1)直線 CG を対称の軸としたとき，点 A
に対応するのは点 E，点 B に対応するのは点
D となる。

(2)点 O を中心として時計回りに 90° 回転させる
と，線分 AO は線分 GO に，線分 BO は線分
HO に移動する。

(4) △ABO を点 O を中心として点対称移動する
と，△EFO に重なる。△EFO を直線 DH を対
称の軸として対称移動させればよい。

6 下の図

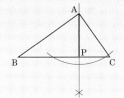

(解説) 頂点 A から辺 BC に垂線をひき，BC と
の交点を P とすれば，AP が △ABC の高さと
なる。

7 右の図

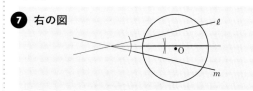

(解説) 直線 ℓ と直線 m のつくる角の二等分線

が，直線 ℓ，m から等しい距離にある点の集まりになるので，直線 ℓ，m を延長して交点を求め，角の二等分線を作図する。

❽ 右の図

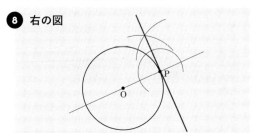

(解説) 点 P を通り，直線 OP に垂直な直線を作図する。

❾ 右の図

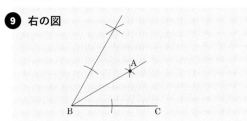

(解説) 線分 BC を底辺とする正三角形の頂点をしるし，$60°$ の角をつくる。この角の二等分線 BA をひくと，$\angle ABC = 30°$ となる。

❿ (1)**$60°$** (2)**6cm** (3)**$30°$**
(4)弧…**2πcm**，面積…**6πcm²** (5)**8πcm**

(解説) (1)円を 6 等分したので，$360° \div 6 = 60°$
(2) $\overset{\frown}{AB}$ の両端の点を結んだ線分が，弦 AB である。正六角形なので，どの辺も半径と長さが等しくなり，6cm
(3)円の接線は，その接点を通る半径に垂直なので，$\angle x = 90° - \angle ODE = 90° - 60° = 30°$
(4)弧の長さは，
$$2\pi \times 6 \times \frac{60}{360} = 2\pi \, (\text{cm})$$
面積は，
$$\pi \times 6^2 \times \frac{60}{360} = 6\pi \, (\text{cm}^2)$$
(5) $\angle AOE = 4\angle AOB$ なので，弧の長さも 4 倍になる。

よって，$2\pi \times 4 = 8\pi \, (\text{cm})$

⓫ (1)**4πcm** (2)**180πcm²**
(3)中心角…**$270°$**，面積…**12πcm²**

(解説) (1)$2\pi \times 9 \times \dfrac{80}{360} = 4\pi \, (\text{cm})$

(2)$\pi \times 15^2 \times \dfrac{288}{360} = 180\pi \, (\text{cm}^2)$

(3)中心角を $x°$ とすると，
$$2\pi \times 4 : 6\pi = 360 : x$$
$$8\pi : 6\pi = 360 : x$$
$$4\pi \times x = 3\pi \times 360$$
$$4x = 1080$$
$$x = 270$$
面積は，
$$\pi \times 4^2 \times \frac{270}{360} = 12\pi \, (\text{cm}^2)$$

⓬ (1)周の長さ…**24πcm**，面積…**27πcm²**
(2)周の長さ…**$(9\pi + 18)$cm**，
　　面積…$\left(\dfrac{27}{2}\pi + 54\right)$**cm²**

(解説) (1)周の長さは，
$$(18+6)\pi \times \frac{1}{2} + 18\pi \times \frac{1}{2} + 6\pi \times \frac{1}{2} = 24\pi \, (\text{cm})$$
面積は，
$$\pi \times \left(\frac{18+6}{2}\right)^2 \times \frac{1}{2} - \left(\pi \times 9^2 \times \frac{1}{2} + \pi \times 3^2 \times \frac{1}{2}\right)$$
$$= 72\pi - \left(\frac{81}{2}\pi + \frac{9}{2}\pi\right) = 72\pi - 45\pi = 27\pi \, (\text{cm}^2)$$
(2)外側の周りの長さは，
$$2\pi \times 3 \times \frac{120}{360} \times 3 + 6 \times 3 = 6\pi + 18 \, (\text{cm})$$
内側の周りの長さは，
$$2\pi \times 3 \times \frac{60}{360} \times 3 = 3\pi \, (\text{cm})$$
よって，周の長さは，
$$6\pi + 18 + 3\pi = 9\pi + 18 \, (\text{cm})$$
面積は，
$$\pi \times 3^2 \times \frac{120}{360} \times 3 + 3 \times 6 \times 3 + \pi \times 3^2 \times \frac{60}{360} \times 3$$

$$= \frac{27}{2}\pi + 54 \, (\text{cm}^2)$$

⓭ (1) 3π **cm**　(2) $(25\pi - 30)$ **cm²**

（解説）(1)点 B から点 E まで，点 C を中心とする円周上を動く。

$BC = CE = 6$ cm より，

$$2\pi \times 6 \times \frac{90}{360} = 3\pi \, (\text{cm})$$

(2)おうぎ形 ACD の面積から三角形 DEC の面積をひく。

$CD = AC = 10 \, (\text{cm})$ より，

$$\pi \times 10^2 \times \frac{90}{360} - \frac{1}{2} \times 6 \times 10 = 25\pi - 30 \, (\text{cm}^2)$$

6章　空間図形

✓ 類題

1　立体…**四面体**，面の形…**三角形**

2　**正十二面体**

（解説）合同な正五角形の面が 12 個集まってできている。また，どの頂点でも集まる面の数は 3 個である。

3　(1)**面お**　(2)**面い，面う，面え，面お**
　　(3)**辺 BD，辺 GE，辺 HF**
　　(4)**辺 AB，辺 CD，辺 AG，辺 CE**

（解説）展開図を組み立てると，右の図のようになる。

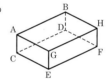

4　(1)**四角錐**　(2)**辺 ED**

（解説）底面が四角形で，側面がすべて三角形で 1 点を共有するので，四角錐である。
側面の三角形は底面の四角形のまわりを囲んでいる。

5　(1)**円柱**　(2) **9 cm**
　　(3) **6 cm**

（解説）(2)側面の長方形の縦の長さが円柱の高さになる。
(3) AD の長さと底面の円周の長さが等しいので，半径を x cm とすると，

$2\pi \times x = 12\pi$ より，

$x = 6 \, (\text{cm})$

6 4.5cm

(解説) おうぎ形の弧の長さと底面の円周の長さ
は等しい。
おうぎ形の弧の長さは、

$$2\pi \times 12 \times \frac{135}{360} = 9\pi \,(\text{cm})$$

これが底面の円周の長さなので、円の半径は、

$$\frac{9\pi}{2\pi} = \frac{9}{2} = 4.5\,(\text{cm}) \quad \left(\frac{9}{2}\,\text{cm}\right)$$

7 直方体

8 右の図(例)

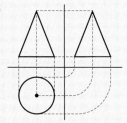

9 三角錐

(解説) 真上から見ても、真正面から見ても、三
角形なので、三角錐である。

10 右の図

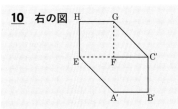

(解説) もとの立体で AB∥DC より、C′ から A′B′
に平行な線分 FC′ をひけばよい。

11 下の図(例)

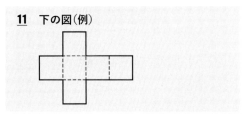

12 右の図(例)

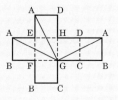

(解説) 展開図は別の形でもよい。

13 すべての面は合同な正多角形であるが、頂点に集まる面の数が同じではない。

(解説) たとえば、右の図のよう
に重ねたとき、頂点 A には 3 つ、
頂点 B には 4 つの面が集まる。

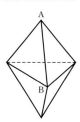

14 20

(解説) (面の数)−(辺の数)+(頂点の数)=2 の
式にあてはめる。面の数を x とすると、
$x - 30 + 12 = 2$ より、$x = 20$

15 ②、③

(解説) ① 3 点を通る平面上に、第 4 の点がない
とき、4 つの点をふくむ平面は存在しない。ま
た、4 つの点がすべて同じ直線上にあるとき、
4 つの点をふくむ平面は 1 つに定まらない。

16 (1)辺 BE、辺 CF
(2)辺 DE、辺 EF、辺 BE

(解説) (2)辺 AC と平行な辺は辺 DF、辺 AC と
交わっている辺は辺 AD、辺 CF、辺 AB、辺
BC
よって、それ以外の辺は、辺 AC とねじれの位
置にある。

17 (1)面 DEF
(2)辺 AD，辺 BE，辺 CF

(解説) (1)辺 AB と交わらず，同一平面上にもないのは，面 DEF

18 点 C を通る3直線 AC，BC，CD のうち，2直線が EC と垂直になっていればよい。

(解説) 点 A，B，C，D のうち，どの3点をとっても一直線上にないので，点 C を通る2直線を考えればよい。

19 (1)辺 BC　(2)垂線 BH

(解説) (1)面 ABD を底面としたとき，辺 AB⊥辺 BC，辺 BD⊥辺 BC より，辺 BC⊥面 ABD
(2)面 ACD に点 B からひいた垂線 BH が点 B と面 ACD との距離(高さ)である。

20 (1)平面 EFGH
(2)平面 ABCD，平面 AEHD，
　　平面 EFGH，平面 BFGC

(解説) (1)平面 ABCD に交わらない平面である。
(2)平面 ABFE に垂直な辺をふくむ平面である。

21 (1) ∠BNM(∠CNM，∠AMN，∠DMN)
(2) ∠BNM(∠CNM，∠AMN，∠DMN)
(3) ∠BNC(∠AMD)

(解説) 線分 MN が平面 P に垂直であるとき，線分 MN をふくむ平面 Q，平面 R は平面 P に垂直になる。

22 (1)正しい。　(2)正しい。
(3)正しい。　(4)正しい。

(解説) 鉛筆やノートを直線や平面と考えて，位置関係を調べてみる。1つでも成り立たない例があれば，成り立つとはいえないので注意する。

23 (1)長方形　(2)円

(解説) (1)角柱の側面は，すべて長方形になる。

24 ひし形，円

(解説) 見取図は右の図のようになる。そろばんの玉のような形になる。

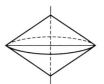

25 (1)　　　(2)

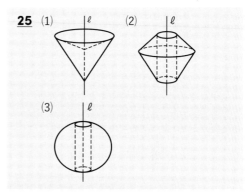

(3)

26 (1)三角柱　(2)高さ

(解説) (2)三角柱の側面をつくる線分 PQ の長さは，三角柱の高さと等しくなる。

27 長方形

(解説) A，D，F を通る平面は，A，D，F，G を通る平面と同じだから，長方形。

28 右の図

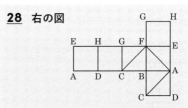

29 (1) **120cm³**　(2) **175π cm³**

(解説) (1) $5 \times 4 \times 6 = 120 \, (\text{cm}^3)$
(2) $\pi \times 5^2 \times 7 = 175\pi \, (\text{cm}^3)$

30 (1) $21\,\mathrm{cm}^3$ (2) $18\pi\,\mathrm{cm}^3$

解説 (1) $\dfrac{1}{3}\times\underbrace{\left(\dfrac{1}{2}\times 6\times 3\right)}_{\text{底面積}}\times 7=21\,(\mathrm{cm}^3)$

(2) $\dfrac{1}{3}\times\underbrace{\pi\times 3^2}_{\text{底面積}}\times 6=18\pi\,(\mathrm{cm}^3)$

31 (1) $84\,\mathrm{cm}^2$ (2) $60\pi\,\mathrm{cm}^2$

解説 (1)底面積… $\dfrac{1}{2}\times 4\times 3=6\,(\mathrm{cm}^2)$
側面積… $6\times(4+3+5)=72\,(\mathrm{cm}^2)$
表面積… $6\times 2+72=84\,(\mathrm{cm}^2)$
(2)底面積… $\pi\times 3^2=9\pi\,(\mathrm{cm}^2)$
側面積… $7\times 2\pi\times 3=42\pi\,(\mathrm{cm}^2)$
表面積… $9\pi\times 2+42\pi=60\pi\,(\mathrm{cm}^2)$

32 (1) $85\,\mathrm{cm}^2$ (2) $138\,\mathrm{cm}^2$

解説 (1)底面積… $5\times 5=25\,(\mathrm{cm}^2)$
側面積… $\dfrac{1}{2}\times 5\times 6\times 4=60\,(\mathrm{cm}^2)$
表面積… $25+60=85\,(\mathrm{cm}^2)$
(2)底面積… $6\times 6=36\,(\mathrm{cm}^2)$
側面積… $\dfrac{1}{2}\times 6\times 8.5\times 4=102\,(\mathrm{cm}^2)$
表面積… $36+102=138\,(\mathrm{cm}^2)$

33 (1) $56\pi\,\mathrm{cm}^2$ (2) $33\pi\,\mathrm{cm}^2$

解説 (1)底面積… $\pi\times 4^2=16\pi\,(\mathrm{cm}^2)$
側面積… $\pi\times 10^2\times\dfrac{2\pi\times 4}{2\pi\times 10}=40\pi\,(\mathrm{cm}^2)$
表面積… $16\pi+40\pi=56\pi\,(\mathrm{cm}^2)$
(2)底面積… $\pi\times 3^2=9\pi\,(\mathrm{cm}^2)$
側面積… $\pi\times 8^2\times\dfrac{2\pi\times 3}{2\pi\times 8}=24\pi\,(\mathrm{cm}^2)$
表面積… $9\pi+24\pi=33\pi\,(\mathrm{cm}^2)$

34 体積… $288\pi\,\mathrm{cm}^3$, 表面積… $144\pi\,\mathrm{cm}^2$

解説 体積… $\dfrac{4}{3}\times\pi\times 6^3=288\pi\,(\mathrm{cm}^3)$
表面積… $4\times\pi\times 6^2=144\pi\,(\mathrm{cm}^2)$

35 (1) $576\pi\,\mathrm{cm}^2$ (2) $\dfrac{4100}{3}\,\mathrm{cm}^3$

解説 (1)円錐の側面積…
$\pi\times 15^2\times\dfrac{2\pi\times 9}{2\pi\times 15}=135\pi\,(\mathrm{cm}^2)$
円柱の側面積… $20\times 18\pi=360\pi\,(\mathrm{cm}^2)$
底面積… $\pi\times 9^2=81\pi\,(\mathrm{cm}^2)$
全体の表面積… $135\pi+360\pi+81\pi=576\pi\,(\mathrm{cm}^2)$
(2)四角錐の体積… $\dfrac{1}{3}\times 10\times 10\times 11=\dfrac{1100}{3}\,(\mathrm{cm}^3)$
四角柱の体積… $10\times 10\times 10=1000\,(\mathrm{cm}^3)$
全体の体積… $\dfrac{1100}{3}+1000=\dfrac{4100}{3}\,(\mathrm{cm}^3)$

36 (1) $672\pi\,\mathrm{cm}^3$ (2) $360\pi\,\mathrm{cm}^2$

解説 (1)大きい円錐から上の小さい円錐をひいて体積を求める。
大きい円錐の体積…
$\dfrac{1}{3}\times\pi\times 12^2\times(8+8)=768\pi\,(\mathrm{cm}^3)$

小さい円錐の体積… $\dfrac{1}{3}\times\pi\times 6^2\times 8=96\pi\,(\mathrm{cm}^3)$
円錐台の体積… $768\pi-96\pi=672\pi\,(\mathrm{cm}^3)$
(2)円錐台の上の底面積… $\pi\times 6^2=36\pi\,(\mathrm{cm}^2)$
円錐台の下の底面積… $\pi\times 12^2=144\pi\,(\mathrm{cm}^2)$
円錐台の側面積は，大きい円錐の側面積から小さい円錐の側面積をひいたものなので，
大きい円錐の側面積…
$\pi\times(10+10)^2\times\dfrac{2\pi\times 12}{2\pi\times(10+10)}=240\pi\,(\mathrm{cm}^2)$
小さい円錐の側面積…
$\pi\times 10^2\times\dfrac{2\pi\times 6}{2\pi\times 10}=60\pi\,(\mathrm{cm}^2)$
円錐台の側面積… $240\pi-60\pi=180\pi\,(\mathrm{cm}^2)$
円錐台の表面積…
$36\pi+144\pi+180\pi=360\pi\,(\mathrm{cm}^2)$

37 (1)円錐の体積… $72\pi\,\mathrm{cm}^3$
　　　球の体積… $144\pi\,\mathrm{cm}^3$
　　(2) $96\pi\,\mathrm{cm}^2$

(1)底面の半径を r，高さを $2r$ とすると，円柱の体積は，$\pi \times r^2 \times 2r = 2\pi r^3$

半径が r，高さが $2r$ の円錐の体積は，

$$\frac{1}{3} \times \pi \times r^2 \times 2r = \frac{2}{3}\pi r^3$$

また，半径が r の球の体積は，$\dfrac{4}{3}\pi r^3$

したがって，半径が r，高さが $2r$ の円柱，円錐，半径が r の球の体積の比は，

$$2\pi r^3 : \frac{2}{3}\pi r^3 : \frac{4}{3}\pi r^3 = 3 : 1 : 2$$

円柱の体積が $216\pi \text{ cm}^3$ なので，

$3 : 1 : 2 = 216\pi : (\text{円錐の体積}) : (\text{球の体積})$ より，

円錐の体積は，$216 \times \dfrac{1}{3} = 72\pi \text{ (cm}^3)$

球の体積は，$216\pi \times \dfrac{2}{3} = 144\pi \text{ (cm}^3)$

(2)底面の半径を r とすると，円柱の表面積は，

$2\pi r^2 + 2r \times 2\pi r = 144\pi$

$2\pi r^2 + 4\pi r^2 = 144\pi$　$6\pi r^2 = 144\pi$

半径 r の球の表面積は $4\pi r^2$

したがって，(1)と同様に考えて，

$6\pi r^2 : 4\pi r^2 = 3 : 2$

よって，この球の表面積は，

$$144\pi \times \frac{2}{3} = 96\pi \text{ (cm}^2)$$

38 (1)27cm (2)324πcm²

解説 (1)円 O の周の長さは，半径 9cm の円の周の長さの 3 倍だから，

$2\pi \times 9 \times 3 = 54\pi \text{ (cm)}$

よって，円 O の半径 r は，

$2\pi r = 54\pi$　$r = 27 \text{ (cm)}$

(2)円錐の底面の面積は，

$\pi \times 9^2 = 81\pi \text{ (cm}^2)$

円錐の側面積は，

$$\pi \times 27^2 \times \frac{2\pi \times 9}{2\pi \times 27} = 243\pi \text{ (cm}^2)$$

よって，表面積は，

$81\pi + 243\pi = 324\pi \text{ (cm}^2)$

定期テスト対策問題

1 (1)⑦，⑦，⑤　(2)⑦，⑦
(3)⑤　(4)⑦
(5)⑨，⑦

解説 (1)平面だけで囲まれた立体を多面体という。
(5)円柱，円錐，球は，1 つの直線を軸として，平面図形を回転してできる回転体である。

2 (1)正四面体（正三角錐）
(2)① A　② C
(3)右の図

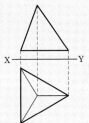

解説 4 つの面がすべて正三角形の多面体は正四面体である。

3 (1)三角柱　(2)球
(3)四角錐（正四角錐）

解説 (1)真上から見ると三角形，正面から見ると長方形なので，三角柱である。
(2)球はどこから見ても円に見える。
(3)真上から見ると正方形，正面から見ると三角形なので，(正)四角錐である。

4 ②，④

解説 1 つでもあてはまらない例があれば，正しいとはいえない。
③ 3 点が一直線上にあるときは，平面は 1 つだけとは限らない。
⑤空間の中で考えると，つねに成り立つとはいえない。

5 (1)辺 EF，辺 FG，辺 GH，辺 HE
(2)ねじれの位置
(3)辺 AE，辺 BF，辺 CG，辺 DH
(4)垂直

(解説) 直方体や立方体では，向かいあう面は平行，となりあう面は垂直である。
(2)ねじれの位置は，平行でもなく，交わりもしない 2 直線の位置関係のこと。

6 下の図
(1) (2)
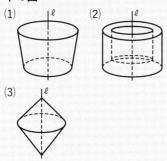
(3)

7 (1)二等辺三角形
(2)三角錐(四面体)
(3)七面体

(解説) (1)△PGD は PD＝PG の二等辺三角形になる。
(3)立方体の 6 つの面に，切りとった面が加わるので，七面体になる。

8 面の数…**14**，辺の数…**24**，
頂点の数…**12**

(解説) 面の数は，6＋8＝14
辺の数は，立方体の 1 つの頂点について，3 つずつあるから，3×8＝24
頂点の数は，(面の数)－(辺の数)＋(頂点の数)
＝2 より，2－14＋24＝12

9 (1)体積…**96.9cm³**，表面積…**134.4cm²**
(2)体積…**90πcm³**，表面積…**78cm²**
(3)体積…**108cm³**，表面積…**150cm²**

(解説) (1)底面積…$1.7×6＝10.2$ (cm²)
体積…$10.2×9.5＝96.9$ (cm³)
表面積…$10.2×2＋9.5×2×6$
$＝20.4＋114＝134.4$ (cm²)
(2)展開図を組み立てると円柱になる。
底面積…$π×3^2＝9π$ (cm²)
体積…$9π×10＝90π$ (cm³)
側面積…$10×2π×3＝60π$ (cm²)
表面積…$9π×2＋60π＝78π$ (cm²)
(3)底面積…$6×6＝36$ (cm²)
体積…$\dfrac{1}{3}×36×9＝108$ (cm³)
側面積…$\dfrac{1}{2}×6×9.5×4＝114$ (cm²)
表面積…$36＋114＝150$ (cm²)

10 (1)**90πcm²** (2)**240πcm³**

(解説) (1)辺 BC を軸として回転すると，底面の半径が 5cm，高さが 12cm，母線の長さが 13cm の円錐になる。
底面積…$π×5^2＝25π$ (cm²)
側面積…$π×13^2×\dfrac{2π×5}{2π×13}＝65π$ (cm²)
表面積…$25π＋65π＝90π$ (cm²)
(2)辺 AB を軸として回転すると，底面の半径が 12cm，高さが 5cm の円錐になる。
体積は，$\dfrac{1}{3}×π×12^2×5＝240π$ (cm³)

11 体積…**30πcm³**，表面積…**33πcm²**

(解説) 体積…$\dfrac{1}{3}×π×3^2×4＋\dfrac{4}{3}×π×3^3×\dfrac{1}{2}$
　　　　　　　円錐の体積　　　　　　半球の体積
$＝12π＋18π＝30π$ (cm³)
表面積を求めるとき，円錐の部分の底面積，半球の部分の円の面積はふくめない。
表面積…$π×5^2×\dfrac{2π×3}{2π×5}＋4π×3^2×\dfrac{1}{2}$
　　　　　　円錐の側面積　　　　　　半球の表面積
$＝15π＋18π＝33π$ (cm²)

7章 データの分析と活用

✓ 類題

1 (1) **5m**
(2) **25m 以上 30m 未満の階級**
(3) **39 人**
(4) **右の図**

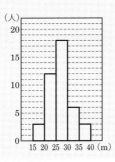

(解説) (1) 1 つの階級の幅が 15m 以上 20m 未満と 5m になっている。
(2) 18 人が最も多い。
(3) 30m 以上 35m 未満の階級の累積度数をみる。

2 A 班… **7.8kg**, B 班… **19.9kg**

(解説) 最も大きい値から最も小さい値をひいたものが範囲となる。範囲が大きいほど, データは広く散らばっている。

3 右の図

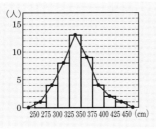

4 右の図

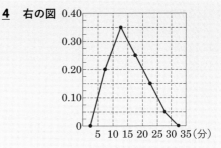

5 下の表と図

時間 (分)	A 中学校		B 中学校	
	度数 (人)	相対 度数	度数 (人)	相対 度数
以上 未満				
0〜5	6	0.13	4	0.10
5〜10	12	0.25	6	0.15
10〜15	15	0.31	10	0.25
15〜20	10	0.21	8	0.20
20〜25	3	0.06	6	0.15
25〜30	2	0.04	6	0.15
計	48	1.00	40	1.00

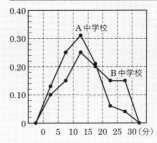

<u>6</u> **0.80**

解説 （ふ化する確率）= （ふ化した卵の数） / （人工ふ化した卵の数）

$= \dfrac{79600}{100000}$

$= 0.796 \fallingdotseq 0.80$

<u>7</u> **0.25**

解説 投げる回数を多くしていくと，相対度数は，起こりやすさの程度に近づいていくので，1000 回投げたときで考えると，0.251 の小数第 3 位を四捨五入して 0.25

これが，1 または 2 が上面に出る確率と考えられる。

TEST 定期テスト対策問題

❶ (1) **5m** (2) **20m 以上 25m 未満の階級**
(3) **下の図** (4) **0.25** (5) **0.30**

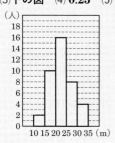

解説 (4) 15m 以上 20m 未満の人数は，表から 10 人である。
相対度数は， $10 \div 40 = 0.25$
(5) 20m 未満の人数は，
$2 + 10 = 12$（人）
その割合は， $12 \div 40 = 0.30$

❷ (1) **8 人** (2) **36 人** (3) **75%**

解説 (2) 度数をすべてたすと，
$2 + 6 + 8 + 11 + 7 + 2 = 36$（人）
(3) $(2 + 6 + 8 + 11) \div 36 \times 100 = 75$（%）

❸ (1) **52 点** (2) **80 点** (3) **75.8 点**

解説 (1)（範囲）=（最大値）−（最小値）より，
$95 - 43 = 52$（点）
(2) 得点を大きさの順に並べたときの中央の値を中央値という。この問題では総数が 10 なので，小さいほうから数えて 5 番目の 74 点と 6 番目の 86 点の平均を中央値とする。
(3) $(65 + 43 + 88 + 72 + 90 + 58 + 95 + 87 + 74 + 86) \div 10 = 75.8$（点）

❹ (1) ⑦ **0.30** ④ **95** ⑦ **1.00**
(2) **右の図**
(3) **2.5km**

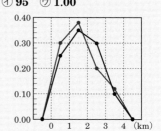

解説 (1) ⑦ $75 \div 250 = 0.3$
④ $250 \times 0.38 = 95$
または $250 - (75 + 50 + 30) = 95$
(3) グラフより 2km 以上 3km 未満の階級である。
よって $(2 + 3) \div 2 = 2.5$（km）

❺ (1) ① **0.190** ② **0.155** ③ **0.175**
④ **0.168** ⑤ **0.165** ⑥ **0.167**
(2) **下の図**

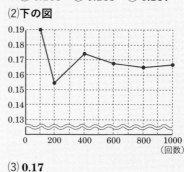

(3) **0.17**

解説 (1) 1 の目が出た回数を投げた回数でわって求める。
① $19 \div 100 = 0.190$

② $31 \div 200 = 0.155$

③ $70 \div 400 = 0.175$

④ $101 \div 600 = 0.16833\cdots$

四捨五入して，小数第 3 位まで求める。

⑤ $132 \div 800 = 0.165$

⑥ $167 \div 1000 = 0.167$

(3)投げる回数を多くしていくと，相対度数は，起こりやすさの程度に近づいていくので，1000 回投げたときで考えると，0.167 の小数第 3 位を四捨五入して 0.17

これが，1 の目の出る確率と考えられる。

思考力を鍛える問題

❶ (1)ア…4　イ…2　ウ…2　エ…4
　 (2)ア…4　イ…5　ウ…5

(解説) (1)英太さんの生まれた月の数を a とすると，手順どおりに求めた数は，

$\{(a+1) \times 6 - 12\} \div 2 + (a+1)$

$= (6a + 6 - 12) \div 2 + (a+1)$

$= (6a - 6) \div 2 + (a+1)$

$= (3a - 3) + (a+1)$

$= 4a - 2$

だから，生まれた月の数 a を求めるには，

$4a-2$ に 2 をたしてから 4 でわればよい。

(2)文香さんの生まれた月の数を b とすると，手順どおりに求めた数は，

$\{(b+1) \times 8 + 16\} \div \boxed{\text{ア}} - (b+1)$

$= (8b + 8 + 16) \div \boxed{\text{ア}} - (b+1)$

$= (8b + 24) \div \boxed{\text{ア}} - (b+1)$

英太さんの発言より，**これが $b +$ $\boxed{\text{ウ}}$ と表されること**がわかるので，b の係数を考えると，

$8 \div \boxed{\text{ア}} - 1 = 1$ より，アは 4 となる。

よって，手順どおりに求めた数は，

$(8b + 24) \div 4 - (b+1) = 2b + 6 - b - 1 = b + 5$

となり，ウは 5 で，$10 - 5 = 5$ より，イは 5 となる。これらは，英太さんと文香さんとの会話の内容とも合致する。

❷ (1)① A，B，C，E，F，H，I，K，L
　　 ② B，C，E，F，G，H，I，J，K，L
　 (2)① 6 回目　② 18 回目
　　 ③ A，B，C，D，E，F，G，H，J，K，L
　　 ④ A，E
　 (3)① 24 回目
　　 ② B，C，E，G，H，I，J，L
　　 ③ B，C，E，G，H，J，L

（解説）(1)カードを時計回りに2枚とばして裏返していくと、次のようになる。

1回目…Aのカードを裏返す（白になる）

2回目…Dのカードを裏返す（白になる）

3回目…Gのカードを裏返す（白になる）

4回目…Jのカードを裏返す（白になる）

5回目…Aのカードを裏返す（赤になる）

①5回目まで裏返すと、D, G, Jが白で、残りのカードはすべて赤になるから、表が赤であるカードは、A, B, C, E, F, H, I, K, L

②5回目から8回目までは、1回目から4回目までで白になったカードを裏返すことになるから、カードを8回目まで裏返したとき、カードの表がすべて赤になる。よって、10回目まで裏返したとき、10÷8＝1あまり2より、**カードは2回目まで裏返したときと同じ状態になる。**したがって、表が赤であるカードはB, C, E, F, G, H, I, J, K, L

(2)カードを時計回りに3枚とばして裏返していくと、次のようになる。

1回目…Aのカードを裏返す（白になる）

2回目…Eのカードを裏返す（白になる）

3回目…Iのカードを裏返す（白になる）

4回目…Aのカードを裏返す（赤になる）

①4回目から6回目までは、1回目から3回目までで白になったカードを裏返すことになるから、カードを6回目まで裏返したとき、カードの表がすべて赤になる。

②①より、初めてカードの表がすべて赤に戻るのはカードを6回目まで裏返したときだから、3度目にカードの表がすべて赤に戻るのは、カードを6×3＝18（回）裏返したときである。

③6回裏返すごとにカードの表がすべて赤に戻るから、カードを35回目まで裏返したとき、

35÷6＝5あまり5

より、カードは5回目まで裏返したときと同じ状態、すなわち、Iのカードだけが白になっている。

よって、表が赤であるカードは、A, B, C, D, E, F, G, H, J, K, L

④6回裏返すごとにカードの表がすべて赤に戻るから、カードを50回目まで裏返したとき、

50÷6＝8あまり2

より、**カードは2回目まで裏返したときと同じ状態**、すなわち、AとEのカードだけが白になっている。

(3)カードを時計回りに4枚とばして裏返していくと、次のようになる。

1回目…Aのカードを裏返す（白になる）

2回目…Fのカードを裏返す（白になる）

3回目…Kのカードを裏返す（白になる）

4回目…Dのカードを裏返す（白になる）

5回目…Iのカードを裏返す（白になる）

6回目…Bのカードを裏返す（白になる）

7回目…Gのカードを裏返す（白になる）

8回目…Lのカードを裏返す（白になる）

9回目…Eのカードを裏返す（白になる）

10回目…Jのカードを裏返す（白になる）

11回目…Cのカードを裏返す（白になる）

12回目…Hのカードを裏返す（白になる）

13回目…Aのカードを裏返す（赤になる）

①13回目から24回目までは、1回目から12回目までで白になったカードを裏返すことになるから、カードを24回目まで裏返したとき、カードの表がすべて赤になる。

②24回裏返すごとにカードの表がすべて赤に戻るから、カードを100回目まで裏返したとき、

100÷24＝4あまり4

より、カードは4回目まで裏返したときと同じ状態、すなわち、AとFとKとDのカードだけが白になっている。

よって、表が赤であるカードは、B, C, E, G, H, I, J, L

③カードを2021回目まで裏返したとき、

2021÷24＝84あまり5

より、**カードは5回目まで裏返したときと同じ状態**、すなわち、AとFとKとDとIのカードだけが白になっている。

よって、表が赤であるカードは、B, C, E, G, H, J, L

3 (1)下の図

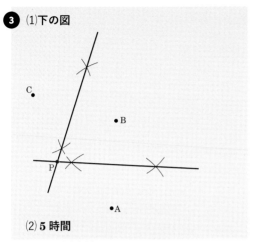

(2)**5 時間**

解説 (1)北斗七星の星は，北極星 P を中心とした円周上を移動してみえることから，
AP＝BP＝CP
よって，点 P は，線分 AB の垂直二等分線と，線分 BC の垂直二等分線の交点にある。
これを利用して作図する。
(2)北斗七星の星は，24 時間で 1 周（＝360°回転）する。∠APC の大きさが 150° であるとき，北斗七星の星が点 A から点 B を通って点 C まで移動するのにかかった時間は，
$$24 \times \frac{150}{360} = 10（時間）$$
よって，10÷2＝5（時間）より，写真は 5 時間ごとに撮影したことがわかる。

4 (1)**7 個** (2)**5 個** (3)**5 個** (4)**6 個**
(5)**1 個**

解説 (1)ヒストグラムから，最頻値は 7 個。
(2)ヒストグラムから，クラスの人数を読みとると，
3＋1＋7＋6＋6＋5＋8＋2＋2＝40（人）
40 は偶数だから，中央値は，40÷2＝20 より，持ってきたペットボトルキャップの個数が小さいほうから数えて**20 番目と 21 番目の値の平均値**となる。
3＋1＋7＋6＝17，17＋6＝23 より，20 番目と

21 番目はいずれも 5 個である。
（5＋5）÷2＝5（個）
(3)各階級で，（ペットボトルキャップの個数）×（人数）を求め，それらを加えて，持ってきたペットボトルキャップの総数を求める。

ペットボトルキャップの数

個	人	個×人
0	0	0
1	3	3
2	1	2
3	7	21
4	6	24
5	6	30
6	5	30
7	8	56
8	2	16
9	2	18
10	0	0
合計	40	200

ペットボトルキャップの総数を人数でわり，平均値を求めると，
200÷40＝5（個）
(4)(1)，(2)より，6 個
(5)英太さんの持ってきたペットボトルキャップの個数がどれだけ減ったかを求めると，
0.2×40＝8（個）
範囲が変わらなかったことから，0 個と 10 個の生徒はいないので，英太さんは 9 個から 1 個になったことがわかる。
このことは，中央値が変わらなかったこととも合致する。

入試問題にチャレンジ

1

❶ (1) **11** (2) **−2** (3) **−1**
(4) $\dfrac{8}{3}$ (5) **6x+1** (6) $\dfrac{x}{6}$

(解説) (3) $-3^2-(-2)^3=-9-(-8)=-1$

(4) $4+2\div\left(-\dfrac{3}{2}\right)=4+2\times\left(-\dfrac{2}{3}\right)$

$=4-\dfrac{4}{3}=\dfrac{8}{3}$

(6) $\dfrac{5x+3}{3}-\dfrac{3x+2}{2}$

$=\dfrac{2(5x+3)-3(3x+2)}{6}$

$=\dfrac{10x+6-9x-6}{6}=\dfrac{x}{6}$ $\dfrac{1}{6}x$ としてもよい。

❷ (1) **イ** (2) **(1500−150a) 円**
(3) **3a+4b<3000** (4) **x=9**
(5) **a=16** (6) **y=−5x**
(7) **4.5 回**

(解説) (2) $1500\times\left(1-\dfrac{a}{10}\right)=1500-150a$ (円)

(5) $2x-a=-x+5$ に $x=7$ を代入すると,
$2\times7-a=-7+5$
$-a=-16$ $a=16$

(7) 生徒が 10 人だから, シュートの入った回数を少ないほうから順に並べたときの 5 人目と 6 人目の回数の平均になる。
少ないほうから順に並べると,
3, 3, 3, 4, 4, 5, 6, 7, 7, 10
よって, $\dfrac{4+5}{2}=4.5$ (回)

❸ 下の図

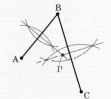

(解説) 線分 AB, BC の垂直二等分線の交点が点 P である。(線分 CA の垂直二等分線を用いてもよい。)

❹ P 地点から R 地点… **1200m,**
R 地点から Q 地点… **4000m**

(解説) P 地点から R 地点までの道のりを x m とすると, R 地点から Q 地点までの道のりは, $(5200-x)$ m と表される。
$\dfrac{x}{80}+\dfrac{5200-x}{200}=35$
これを解くと, $x=1200$ (m)
R 地点から Q 地点までの道のりは,
$5200-1200=4000$ (m)

❺ **a=7**

(解説) $y=-\dfrac{5}{4}x$ に $x=2$ を代入すると,

$y=-\dfrac{5}{4}\times2=-\dfrac{5}{2}$

よって, B $\left(2,\ -\dfrac{5}{2}\right)$ だから,

点 A の y 座標は, $6+\left(-\dfrac{5}{2}\right)=\dfrac{7}{2}$

$y=\dfrac{a}{x}$ に, $x=2$, $y=\dfrac{7}{2}$ を代入すると,

$\dfrac{7}{2}=\dfrac{a}{2}$ $a=7$

❻ (1) **エ** (2) **32π cm³**

(解説) (2) $\dfrac{1}{3}\times\pi\times4^2\times6=32\pi$ (cm³)

②

❶ (1) $-\dfrac{7}{20}$　(2) **2**　(3) **22**

　(4) $\dfrac{7}{6}a$　(5) $3a-7$　(6) $\dfrac{10x-7}{3}$

(解説) (3) $18\div(-6)+(-5)^2$
$=(-3)+25=22$
(5) $-2(a-4)+5(a-3)$
$=-2a+8+5a-15$
$=3a-7$
(6) $\dfrac{7x+2}{3}+x-3$
$=\dfrac{7x+2+3x-9}{3}=\dfrac{10x-7}{3}$

❷ (1) **8 個**　(2) **−9**

　(3) $\dfrac{a}{13}+\dfrac{b}{18}=1$

　(4) $x=9$

　(5) $a=-12$

　(6)右の図

　(7) **18 人**

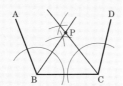

(解説) (1) $\dfrac{2020}{n}$ が $2\times$(自然数)で表されればよい。

$n=1$ のとき，$2\times(2\times5\times101)=2020$
$n=2$ のとき，$2\times(5\times101)=1010$
$n=5$ のとき，$2\times(2\times101)=404$
$n=10$ のとき，$2\times101=202$
$n=101$ のとき，$2\times(2\times5)=20$
$n=202$ のとき，$2\times5=10$
$n=505$ のとき，$2\times2=4$
$n=1010$ のとき，2
となり，$\dfrac{2020}{n}$ が偶数となる自然数は 8 個

(3) $\dfrac{1}{13}a+\dfrac{1}{18}b=1$ としてもよい。

(4) $6x-7=4x+11$
　$6x-4x=11+7$

$2x=18$
　　$x=9$

(5) $y=\dfrac{a}{x}$ に，$x=6$，$y=-2$ を代入すると，

$-2=\dfrac{a}{6}$　$a=-12$

(6)∠ABC，∠BCD のそれぞれの二等分線の交点が P である。

(7)(相対度数)$=\dfrac{(その階級の度数)}{(度数の合計)}$ だから，

7.4 秒以上 7.8 秒未満の階級の人数は，
$120\times0.15=18$(人)

❸ (1) **39 cm²**

　(2)ア…**12**，イ…**n−1**，ウ…**9n+3**

(解説) (1) $4\times3\times4-3\times1\times(4-1)$
$=48-9=39$ (cm²)

❹ (例) $150\times\left(1-\dfrac{2}{10}\right)\times x+150\times(50-x)-$

　　 $500=6280$
　　 $120x+7500-150x-500=6280$
　　　　　　　　　　　 $-30x=-720$
　　　　　　　　　　　　 $x=24$
　　この解は問題に適している。
　　（答え）　24 本

(解説) A 店で買ったジュースの本数を x 本とすると，B 店で買ったジュースの本数は，
$(50-x)$ 本と表される。

③

❶ (1) **−3**　(2) **1**　(3) **19**

　(4) $\dfrac{23}{20}a$　(5) $6x-4$　(6) $\dfrac{11}{15}x$

(解説) (3) $4^2-(-6)\div2=16-(-3)=19$

(5) $(9x-6)\div\dfrac{3}{2}=(9x-6)\times\dfrac{2}{3}$

$=9x\times\dfrac{2}{3}-6\times\dfrac{2}{3}=6x-4$

(6) $\dfrac{2}{3}(2x-3)-\dfrac{1}{5}(3x-10)$

$$= \frac{10(2x-3)-3(3x-10)}{15}$$

$$= \frac{20x-30-9x+30}{15} = \frac{11}{15}x$$

② (1) $4a+3b>100$ (2) $x=\dfrac{4}{5}$

(3) $x=15$ (4) イ (5) $288\pi\,\mathrm{cm^3}$

解説 (2) $\dfrac{3x+4}{2}=4x$ ⎫ ×2

$3x+4=8x$

$-5x=-4$ $x=\dfrac{4}{5}$

(4) y を x の式で表したとき, $y=\dfrac{a}{x}$ の形で表されるもの。

ア… $y=60x$（比例）

イ… $y=\dfrac{500}{x}$（反比例）

ウ… $y=200-x$

エ… $y=150+20x$

(5) 球の半径は, $12\div2=6$ (cm)

よって, 体積は,

$\dfrac{4}{3}\pi\times6^3=288\pi$ (cm³)

③ ア… 0, イ… -4

解説 イにあてはまる数を x とすると, 下の辺の 3 つの数の和は,

$x-1+2=x+1$

だから, 各辺の 3 つの数の和は, それぞれ $x+1$ になる。左の辺の 3 つの数の和は, 1 とイの 2 つの数の和で $x+1$ となるので, 残りの 1 つの数は 0 となる。

よって, アにあてはまる数は 0

右の辺の 3 つの数の和から,

$x+1=0-5+2$

$x+1=-3$

$x=-4$

よって, イにあてはまる数は -4

④ (1) 17 (2) $3n-1$ (3) 5 個

解説 (1) 7 行目の 1 番目の数は, $2\times7=14$

よって, 7 行目の 4 番目の数は,

$14+(4-1)=17$

(2) $2\times n+(n-1)=3n-1$

(3) $31\div2=15$ あまり 1 だから, 16 行目以降に 31 はない。

n 行目で(1 番目の数, n 番目の数)とすると,

$n=15$ のとき, (30, 44)

$n=14$ のとき, (28, 41)

$n=13$ のとき, (26, 38)

$n=12$ のとき, (24, 35)

$n=11$ のとき, (22, 32)

$n=10$ のとき, (20, 29) となり,

$n=11$, 12, 13, 14, 15 のとき 31 があるので 5 個となる。

⑤ a … 3.2, b … 3, c … 24, d … 1.9

解説 a … 40 人の合計点数は 128 点

よって, 平均値は, $128\div40=3.2$（点）

b … 点数の高いほうから順に並べたときの 20 番目と 21 番目の点数の平均

c … 第 1 問を正解した人の点数は, 5 点, 3 点, 1 点のどれかであり, 第 1 問を正解しなかった人の点数は 4 点, 2 点, 0 点のどれかである。

d … 正解した問題数は, 点数の高いほうから順に, 3 問, 2 問, 2 問, 1 問, 1 問, 0 問である。

よって, 正解した問題数の平均値は,

$(3\times9+2\times9+2\times10+1\times6+1\times5+0\times1)\div40$

$=1.9$（問）